飞行器质量与可靠性专业系列教材

软件质量与可靠性保证技术

主编　陆民燕

北京航空航天大学出版社

内容简介

本书采用以软件的正确性和可靠性为中心的质量观点，关注与缺陷作斗争的技术和方法，包含了软件工程中与缺陷预防、缺陷检测相关的技术，如静态测试技术、动态测试技术、配置管理技术等，同时突出加强了软件可靠性工程相关技术，如可靠性分析技术 FMEA、FTA、软件可靠性测试技术、度量技术等，体现了以软件工程为基础，加强软件可靠性工程技术的软件可靠性保证理念。

本书是质量、可靠性专业、计算机软件专业的本科生教材，也可供相关专业自学或从业人员查阅使用。

图书在版编目(CIP)数据

软件质量与可靠性保证技术 / 陆民燕主编. -- 北京 ：北京航空航天大学出版社，2020.9

ISBN 978-7-5124-3346-5

Ⅰ. ①软… Ⅱ. ①陆… Ⅲ. ①软件质量－质量管理－高等学校－教材②软件可靠性－高等学校－教材 Ⅳ. ①TP311.5

中国版本图书馆 CIP 数据核字(2020)第 160972 号

软件质量与可靠性保证技术

主编　陆民燕

责任编辑　蔡　喆

*

北京航空航天大学出版社出版发行

北京市海淀区学院路 37 号(邮编 100191)　http://www.buaapress.com.cn

发行部电话：(010)82317024　传真：(010)82328026

读者信箱：goodtextbook@126.com　邮购电话：(010)82316936

保定市中画美凯印刷有限公司印装　各地书店经销

*

开本：787×1 092　1/16　印张：14.25　字数：365 千字

2020 年 9 月第 1 版　2020 年 9 月第 1 次印刷　印数：2 000 册

ISBN 978-7-5124-3346-5　定价：45.00 元

若本书有倒页、脱页、缺页等印装质量问题，请与本社发行部联系调换。联系电话：(010)82317024

飞行器质量与可靠性专业系列教材

序

1985 年，国防科技界与教育界著名专家杨为民教授创建了国内首个可靠性方向本科专业，开启了我国可靠性工程专业人才培养的篇章。2006 年，在北航的积极申请和原国防科工委的支持与推动下，教育部批准将质量与可靠性工程专业正式增列入本科专业教育目录。2008 年，该专业入选国防紧缺专业和北京市特色专业建设点。2012 年，教育部进行本科专业目录修订，将专业名称改为飞行器质量与可靠性专业(属航空航天类)。2019 年，该专业获批教育部省级一流本科专业建设点。

当今在实施质量强国战略的过程中，以航空航天为代表的高技术产品领域对可靠性专业人才的需求越来越迫切。为适应这种形势，我们组织长期从事质量与可靠性专业教学的一线教师出版了这套《飞行器质量与可靠性专业系列教材》。本系列教材在系统总结并全面展现质量与可靠性专业人才培养经验的基础上，注重吸收质量与可靠性基础理论的前沿研究成果和工程应用的长期实践经验，涵盖质量工程与技术，可靠性设计、分析、试验、评估，产品故障监测与环境适应性等方面的专业知识。

本系列教材是一套理论方法与工程技术并重的教材，不仅可作为质量与可靠性相关本科专业的教学用书，也可作为其他工科专业本科生、研究生以及广大工程技术和管理人员学习质量与可靠性知识的工具用书。我们希望这套教材的出版能够助力我国质量与可靠性专业的人才培养取得更大成绩。

编委会

2019 年 12 月

前　言

随着计算机系统越来越广泛地应用于日常工作和生活的各个方面，个人、组织和社会对于组成计算机系统的核心部分——计算机软件的依赖无所不在。人们除了要求计算机系统提供更加快速、强大的功能外，还要求其具有正确、易用、不易出错、出错后可快速恢复、安全等多种质量特性。计算机软件不正确、不可靠、不安全会带来许多不利，甚至引发灾难性的后果，因此软件工程师、软件质量保证人员、可靠性工程师对此要特别予以重视。

本书的特点是采用以软件正确性和可靠性为中心的质量观点，关注与缺陷作斗争的技术和方法。事实上，与缺陷作斗争也是大多数软件开发组织质量保证的中心工作。因此，本书融合了软件工程中与缺陷预防、缺陷检测相关的技术，如静态测试技术、动态测试技术、配置管理技术等；同时突出加强了软件可靠性工程相关技术，如可靠性分析技术 FMEA、FTA、软件可靠性测试技术、度量技术等，体现了以软件工程为基础、加强软件可靠性工程技术的软件可靠性保证理念。突出加强的软件可靠性工程技术也是编者所在研究团队多年来的研究和应用成果的总结。

本书可作为质量与可靠性专业、计算机软件专业的本科生的教材，也可供自学或从业人员查阅使用。

本书的教学目标是：为软件工程师、软件质量保证人员、可靠性工程师提供在软件开发过程的各个阶段以预防、减少和遏制缺陷为目的的技术和方法。为此，本书分为四部分内容：

第一部分：缺陷预防技术。缺陷预防目的是减少缺陷注入的机会，从而减少检测和排除注入缺陷的费用。

第二部分：缺陷检测技术。对于绝大多数当前使用的软件来说，期望通过前面所述的缺陷预防活动就能百分之百地预防偶然故障的引入是不现实的。因此，必须采用有效的技术在项目资源限定范围内尽可能多地发现并消除引入的故障。

第三部分：缺陷遏制技术。采用缺陷检测和排除技术只能将软件故障数降低到相当低的程度，不能做到完全消除引入的软件故障。因此，需要增加额外的保证措施阻断故障和失效之间的因果关系。

第四部分：缺陷度量技术。从缺陷的角度对软件的产品和过程进行质量度量来实现对质量的评价，为产品和过程的质量改进提供决策依据。

本书内容共11章。第1章概述软件质量与可靠性相关概念、质量与可靠性保证技术;第2章介绍通过管理减少缺陷引入的技术——软件配置管理技术;第3章给出软件开发中的避错设计技术,包括避错设计原理和需求、设计、编码阶段的避错设计准则;第4章介绍软件静态测试技术,包括人工审查和静态分析方法;第5章介绍软件动态测试技术,包括常用的白盒测试和黑盒测试方法;第6章论述软件可靠性测试技术,包括剖面构造技术和测试数据生成技术;第7章阐明软件FMEA方法,重点介绍系统级软件FMEA方法;第8章是关于软件FTA方法的叙述,包括软件故障树的建立、定性定量分析方法;第9章是软件容错技术的介绍,包括故障检测、故障处理、信息容错、时间容错、结构容错;第10章对常用的软件可靠性度量参数及典型的软件可靠性模型的介绍;第11章是有关基于ISO/IEC25010标准的软件可靠性子特性及其度量。

本书第1、11章由陆民燕编写,第2、4、5章由钟德明编写,第3、9章由曾福萍编写,第7、8章由张虹编写,第6、10章分别由艾骏和李秋英编写,此外王轶辰参与了第5章编写,付剑平参与了第6章的编写。全书由陆民燕统稿。

为本书提供帮助和支持的还有:为本书的文字编辑成稿付出了辛勤劳动的博士生王洁,对本书作为讲义试用期间提出宝贵修改建议的北航可靠性与系统工程学院的选课学生。

对所有帮助和支持本书写作的出版的朋友,表示深深的谢意!

由于水平和时间的限制,书中内容如有错误和不当之处,请读者见谅并恳请提出宝贵意见。

编　者

2020年5月

目　　录

第一部分　缺陷预防技术

第二部分 缺陷检测技术

第三部分 缺陷遏制技术

第四部分　缺陷度量技术

第1章 引 言

本章学习目标

本章介绍软件质量与可靠性的重要性及相关概念，主要包括以下内容：

- 有关软件质量与可靠性保证的常见问题；
- 什么是以正确性和可靠性为中心的软件质量观；
- 什么是软件的错误、故障、失效和缺陷；
- 什么是以正确性和可靠性为中心的软件质量与可靠性保证技术及其分类。

1.1 有关软件质量与可靠性保证的常见问题

1.1.1 软件质量及其相关概念

1. 什么是软件质量

什么是软件的质量？对于这个问题，可能会有许多不同的答案。这取决于被提问的对象、在什么情况下、针对何种软件等。

(1) 用户如何看待软件质量

用户对软件最基本的质量要求是按规定完成有用的功能。这里包含两层意思：一是按规定完成正确的功能；二是在反复使用或长时间持续使用的情况下能正确地完成规定的功能。

对于当今使用众多软件的用户，易于使用或称为易用性比可靠性或其他方面更重要。例如，在个人计算机中用图形用户界面(GUI)代替文本命令解释，就是考虑到方便大量用户群体使用的问题。再比如，易于安装也是考虑到大量用户群体的安装和使用，即所谓的“即插即用(plug and play)”。对同一系统的不同用户来说，其对质量的不同方面和优先程度可能有不同的要求。如易用性对初学乍练的人员更重要，而有经验的人员对可靠性要求更高。

如果把用户的概念扩展到人以外，则对质量的要求可能是保证软件和其他非人类用户流畅的交互和运行，以保证软件在其运行环境中工作正常，即互操作性和可适应性。

(2) 开发方如何看软件质量

对于开发人员来说，最基本的质量问题是开发符合产品规范要求的软件产品，完成合同要求。进一步说，一些产品的内部特性，如便于维护、好的设计如高内聚、低耦合也和质量相关。

对于产品经理来说，遵守事先选定的软件过程和相关标准，选择恰当的软件开发方法、语言、工具等也和质量密切相关。他们把这些质量要求转换成易于定义和管理的实际的质量目标，选定相应的质量保证策略，然后在整个开发过程中关注完成的情况。

此外开发方其他人员可能有其他不同的质量要求。如维护人员要求软件易于维护，而对于第三方软件则要求可移植性好等。

按照GB/T 11457—2006 软件工程术语[3]，软件质量的定义是：

① 软件产品中能满足给定需要的性质和特性的总体。例如，符合需求规格说明。

② 软件具有所期望的各种属性的组合程度。

③ 顾客和用户觉得软件满足其综合期望的程度。

④ 确定软件在使用中将满足顾客预期要求的程度。

本书对软件质量的定义是：软件质量是软件产品满足使用要求的程度。

2. 什么是软件质量模型

不同的质量观和不同的质量要求，可以给出不同的质量定义，如前面所说的可靠性、易用性、可维护性、可移植性等。由此提出了用软件质量框架或模型用来包含和定义这些不同的质量观和质量要求。当前，比较权威的软件质量模型是 ISO/IEC 25010：2011[2] 中（相应的国标为 GB/T 25000.10—2016[13]）给出的系统/软件产品的质量模型，如图 1.1 所示。

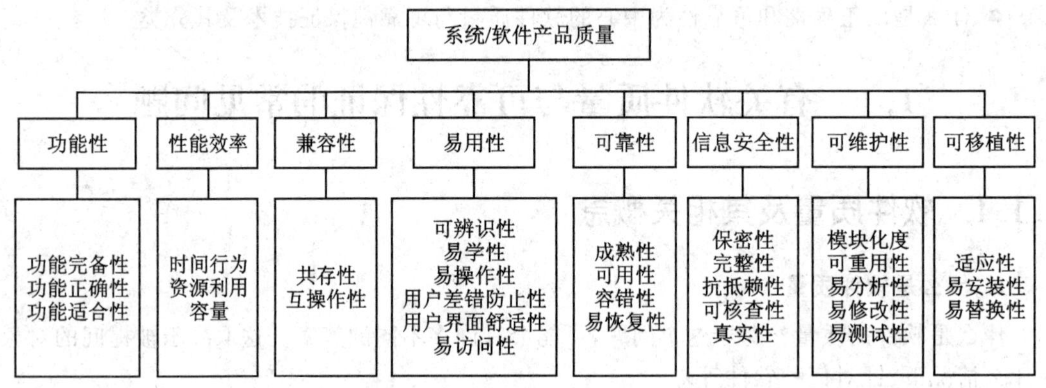

图 1.1　ISO/IEC25010：2011 系统/软件产品质量模型

图中顶层包含 8 个质量特性，每个特性又包含若干个子特性：

（1）功能性

功能性（functional suitability）即在指定的条件下使用时，产品或系统的功能满足明确和隐含要求的程度。其子特性为：

① 功能完备性（functional completeness）：产品或系统的功能对指定的任务和用户目标的覆盖程度。

② 功能正确性（functional correctness）：产品或系统提供具有所需精度的正确结果的程度。

③ 功能适合性（functional appropriateness）：产品或系统的功能便于用户实现指定的任务和目标的程度。

（2）性能效率

性能效率（performance efficiency）与产品或系统在规定条件下运行时使用的资源数量有关。

① 时间行为（Time behavior）：产品或系统执行其功能时，响应时间、处理时间及吞吐率符合需求的程度。

② 资源利用（resource utilization）：产品或系统执行其功能时，所使用资源的数量和类别符合需求的程度。人力资源是效率的一部分。

③ 容量(capacity):产品或系统参数的最大值满足需求的程度。参数可包括存储数据项数量、并发用户数、通信带宽、交易吞吐量和数据库规模等。

(3) 兼容性

兼容性(compatibility)即产品、系统或组件在共享同样的硬件或软件环境的条件下,能够和其他产品、系统或组件交换信息,并且/或者实现要求的功能的程度。

① 共存性(co-existence):在和其他产品共享通用的环境和资源条件下,产品可以有效执行所要求的功能并且不会对其他产品造成负面影响的程度。

② 互操作性(interoperability):两个及以上的系统、产品或组件之间交换并使用信息的程度。

(4) 易用性

易用性(usability)即在规定的使用环境下,软件产品被规定的用户有效、高效和满意使用的程度。

① 可辨识性(appropriateness recognizability):产品或系统具有让用户辨识是否符合其要求的程度。

② 易学性(learnability):在规定的使用环境下,规定的用户能有效、高效、没有风险和满意地学习使用产品和系统的程度。

③ 易操作性(operability):产品和系统具有易操控特性的程度。

④ 用户错误保护(user error protection):系统避免用户犯错的程度。

⑤ 用户界面舒适性(user interface aesthetics):产品和系统具有在交互过程中,使用户对界面感到愉悦和满足的程度。

⑥ 易访问性(accessibility):产品或系统被最大范围用户使用(各种性格和各种能力的用户)并满足特定使用要求和目标的程度。

(5) 可靠性

可靠性(reliability)即系统、产品或组件在规定条件下、规定的时间内完成规定功能的程度。

① 成熟性(maturity):系统、产品或组件在正常运行时满足可靠性要求的程度。

② 可用性(availability):系统、产品或组件在需要时能够运行和可访问的程度。

③ 容错性(fault tolerance):在硬件和软件出现故障的情况下,系统、产品或组件按照预期正常运行的程度。

④ 易恢复性(recoverability):在发生了中断或失效的事件下,产品和软件能够直接恢复受损数据并重建正常系统状态的程度。

(6) 信息安全性

信息安全性(security)即产品或系统保护信息和数据的程度,以使未授权的人员或系统不能阅读或修改这些信息和数据,授权人员或系统则可以访问这些信息和数据。

① 保密性(confidentiality):产品或系统确保其数据只能被授权用户访问的程度。

② 完整性(integrity):系统、产品或组件防止未授权访问或、篡改计算机程序或数据的程度。

③ 抗抵赖性(non-repudiation):活动或事件发生后可以被证实且不可被否认的程度。

④ 可核查性(accountability):一个实体的活动可以被唯一性地追溯到该实体的程度。

⑤ 真实性(authenticity):一个主体或资源的身份标识能够被证实和其声明一致的程度。

(7) 可维护性

可维护性(maintainability)即约定的维护人员对产品或系统进行调整时,具有效果和效率的程度。

① 模块化度(modularity):由多个独立组件组成的系统或计算机程序,在其一个组件受到修改时对其他组件影响最小化的程度。

② 可重用性(reusability):一个资产能够用于多个系统或构建其他资产的程度。

③ 易分析性(analyzability):有效果、有效率地评估行为对产品或系统的影响,这些行为包括待修改系统的组成部分、诊断缺陷或失效的原因、标识需要修改的部分等。

④ 易修改性(modifiability):产品或系统能进行有效果、有效率的修改并且不会引入缺陷或降低已有产品质量的程度。

⑤ 易测试性(testability):系统、产品或组件能够有效果、有效率地建立测试基准的程度,以及测试是否能有效地执行以确定测试基准是否被满足。

(8) 可移植性

可移植性(portability)即系统、产品或组件可从一种硬件、软件或其他使用环境中转移到另外一种环境的有效和高效程度。

① 适应性(adaptability):产品或系统能够有效果、有效率地适应不同的或演变的硬件、软件、运行环境或使用环境的程度。

② 易安装性(installability):产品或系统在特定环境中能够有效果、有效率地进行安装和/或卸载的程度。

③ 易替换性(replaceability):一个软件产品在相同作用相同环境的条件下能被另外一个软件产品替换的程度。

除此之外,有些公司根据自身产品应用领域、市场环境的特点确定自己的质量框架。如IBM确定的本公司的质量属性列表CUPRIMDS包括:能力(Capability)、易用性(Usability)、性能(Performance)、可靠性(Reliability)、安装(Installation)、维护(Maintenance)、文档(Documentation)和服务(Service)。

类似地,有人给出了基于web应用的软件质量属性,包括主要质量属性和次要质量属性两部分。主要质量属性又包括可靠性、易用性和信息安全性(Security),次要质量属性包括可用性(Availability)、可扩展性(Scalability)、可维护性及投放市场时间(Time to market)。

在软件的质量特性和属性中,有些特性或属性直接与功能正确性,即与需求规格说明的符合程度相关;而有些质量特性或属性则与易用性、可移植性、可维护性等方面有关。人们通常认为正确性更多地是面向开发人员的,或者说开发人员更关心的软件质量特性,而可靠性则是面向用户的,是用户最关心的。本书将采用以软件正确性和可靠性为中心的质量观点,并贯穿始终。

3. 什么是软件质量保证

按照GB/T 11457—2006 软件工程术语,质量保证的定义是:

① 为使某项目或产品符合已建立的技术需求提供足够的置信度,而必须采取有计划和有系统的全部动作的模式。

② 设计以估算产品开发或制造过程的一组活动。

这个定义出现在软件相关术语中，所以软件质量保证的定义也和上面的定义相同。

我们来看看微软公司的高级职员是如何看待软件质量保证活动的。

微软公司的 Jim McCarthy 认为软件质量保证是软件开发的“QA(质量保证)”功能：

① QA 的基本功能是不断的评估产品的状态，使开发者的活动关注于开发。

② QA 的评估是软件开发的一个有机组成部分，而不是一个事后发生的事件。

③ QA 的目标是通过不断地对事实进行归纳，对软件开发进行支持。

④ 微软的 Steve McConnell 则认为软件质量保证是一系列填写检查单的活动。

⑤ 你识别出对你的项目很重要的质量特性了吗?

⑥ 你让很多人都知道项目的质量目标了吗?

⑦ 你对外部质量特性和内部质量特性进行区分了吗?

⑧ 你有没有想过有些质量特性是矛盾的，而有些是互补的?

⑨ 你的项目有没有采用几种不同的缺陷发现技术以用于分析不同类型的错误?

⑩ 质量有没有度量，从而你可以知道什么地方质量提高了，什么地方质量下降了?

在本书中，我们采用的软件质量保证定义是：软件质量保证是一系列系统性的活动，它提供了满足使用要求产品的软件过程的能力证据。

4. 什么是软件质量控制

按照美国著名的质量管理大师 J. M. Juran 对质量控制的定义：质量控制是一个常规的过程，通过它量度实际的质量性能，并与标准比较，当出现差异时采取行动。

在 ISO/IEC/IEEE 24765－2010 中[4]，《Systems and Software Engineering－Vocabulary》给出的定义之一是：质量控制是用于评价开发或生产的产品质量的一系列活动。

本书对软件质量控制采用以下定义：软件质量控制是对开发可用软件产品的过程的质量测量与控制。

5. 什么是软件质量工程

目前软件质量工程尚没有一个标准的定义。文献[7]给出的定义是：软件质量工程是指以工程化方法开发高质量软件产品的一切活动。

文献[8]给出的定义是：软件质量工程是评价、估计和提高软件质量的理论和工程实践。

本书参考软件可靠性工程定义给出的软件质量工程定义是：软件质量工程是为了使软件产品满足质量要求而进行的一系列技术和管理活动。

软件质量工程过程活动包括三类：前期质量保证活动、中间质量保证活动和后期质量保证活动[1]。软件质量工程过程如图 1.2 所示。

(1) 前期质量保证活动

质量计划过程包括：

① 确定具体的质量目标。

② 形成整体质保策略，即选择恰当的质保活动，选取恰当的质量度量和模型以提供反馈进行质量评估和过程改进。

(2) 中间质量保证活动

执行计划的质量保证活动并处理发现的缺陷。

(3) 后期质量保证活动

质量度量、评价和改进。这些活动应该在正常的质量保证活动开始后进行，但不是正常质

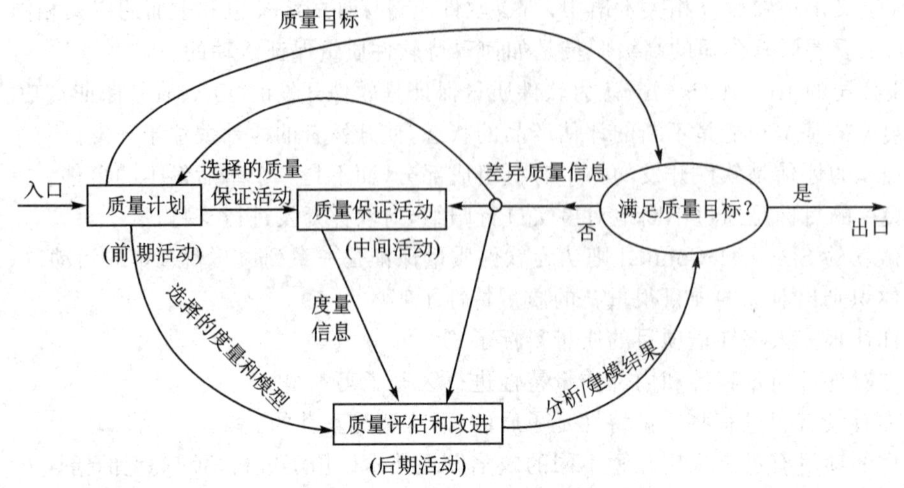

图 1.2 软件质量工程过程活动

量保证活动的组成部分。这些活动的目的是提供质量评估和反馈,为管理决策提供支持。

1.1.2 有关软件可靠性及软件可靠性工程

1. 什么是软件可靠性

按照 GB/T 11457—2006—信息技术 软件工程术语[3]的标准,软件可靠性的定义为:

① 在规定的条件和规定的时间内软件不引起失效的概率。该概率是系统输入和系统使用的函数,也是软件中存在的缺陷的函数。系统输入将确定是否遇到已存在的缺陷(如果有缺陷存在的话)。

② 在规定的时间周期内所述条件下程序执行所要求的功能的能力。

其中定义①是一个定量的定义,用此定义时称为可靠度更为确切,而定义②则是一个定性的定义。下面讨论定义中所述的规定时间和规定条件。

(1) 规定的条件

在软件可靠性定义中,规定的条件是指:

① 软件运行的软、硬件环境:软件环境包括运行的操作系统、应用程序、编译系统、数据库系统等;硬件环境包括计算机的 CPU、CACHE、MEMORY、I/O 等。

② 软件操作剖面:是指软件运行的输入空间及其概率分布。软件的输入空间是指软件所有可能的输入值构成的空间。按照欧空局标准的定义,软件的操作剖面是指"对系统使用条件的定义。即系统的输入值用其按时间的分布或按它们在可能输入范围内的出现概率的分布来定义"[6]。

(2) 规定的时间

规定的时间一般可分为执行时间、日历时间和时钟时间。执行时间(execution time)是指执行一个程序所用的实际时间或中央处理器时间;或者是程序处于执行过程中的一段时间。日历时间(calendar time)指的是编年时间,包括计算机可能未运行的时间。时钟时间(clock time)是指从程序执行开始到程序执行完毕所经过的钟表时间,该时间包括了其他程序运行的时间。大多数软件可靠性模型是针对执行时间建立的,因为真正激励软件发生失效的是 CPU

时间。

按照 ISO/IEC 25010:2011[2] 中的软件质量框架，软件可靠性是软件的八大特性之一，且被认为是最重要的质量特性。因为可靠性是面向用户的质量特性，一个不可靠的系统，会大大增加失效导致的费用，甚至成为一个无用的系统，极大地影响开发商的信誉，从而导致市场份额的丢失。

需要说明的是，在 ISO/IEC 25010:2011 中给出的可靠性定义(见 1.1.1.2)和本节所给出的定义是不完全相同的。前者从概念上更为广义，需进一步划分为不同的四个可靠性子特性(即成熟性、可用性、容错性和可恢复性)进行定量度量。本节所给出的定义相对狭义，相当于 ISO/IEC 25010 质量框架中的质量属性(注：在 ISO/IEC 25010 标准中将质量属性定义为可度量的质量部分)一级，可以直接进行定量度量。

2. 什么是软件可靠性工程

根据《型号可靠性工程手册》[5] 中的叙述，软件可靠性工程是为了使系统中应用的软件产品满足系统可靠性要求而进行的一系列技术和管理活动。

软件可靠性工程涉及软件可靠性的分析、设计、测评和管理等四方面的活动和相关技术。实施软件可靠性工程要解决三个问题，即：① 确定软件可靠性要求；② 保证实现软件可靠性要求；③ 验证软件产品达到了可靠性要求。

(1) 软件可靠性分析

软件可靠性分析是指与软件可靠性有关的分析活动和技术。例如：可靠性需求分析、可靠性指标分配、故障树分析、失效模式和影响分析等。

(2) 软件可靠性设计

软件可靠性设计是指为满足软件可靠性要求而采用相应技术进行的设计活动。例如：避错设计、容错设计等。

(3) 软件可靠性测评

软件可靠性测评是指对软件产品及其相关过程进行的与可靠性相关的测量、测试和评估活动，以及相关的技术。例如：在软件生存周期各阶段有关软件可靠性的设计、管理等方面的属性测量，软件可靠性测试、软件可靠性预计、软件可靠性估计、软件可靠性验证等。

① 软件可靠性测量：使用软件可靠性度量对软件过程及其产品与可靠性相关的属性赋予某种标尺中的一个值的过程。其主要目的是为控制和改进软件过程、提供决策依据、保证实现软件产品可靠性要求服务。因此，在软件生存期间要进行软件可靠性测量，而且应由软件可靠性管理者负责。

② 软件可靠性测试：为了实现和验证软件的可靠性而对软件进行的测试活动和有关技术。例如：软件可靠性增长测试、软件可靠性验证测试。

③ 软件可靠性评估：包括软件可靠性估计和软件可靠性预计。软件可靠性估计是指应用统计技术处理在系统测试和运行期间采集、观测到的失效数据，以评估软件的可靠性；软件可靠性预计是指根据与产品及其开发环境相关联的若干参数对软件可靠性进行的预测。

(4) 软件可靠性管理

软件可靠性管理是指为确定和满足软件可靠性要求所必须进行的一系列组织、计划、协调和监督等工作。例如：制定和监督实施软件可靠性计划，控制和改进开发过程，进行风险管理，改进费用效益关系，改进开发过程，对采购或重用的软件进行可靠性管理。

1.1.3 软件质量、可靠性与软件工程、软件质量工程及软件可靠性工程

如前所述，软件质量是软件产品满足要求的程度，按照ISO/IEC 25010，软件产品质量包含功能适合性、性能效率、可兼容性、易用性、可靠性、信息安全性、可维护性、可移植性八大特性，其中可靠性被认为是最重要的特性。

软件工程是关于软件开发、运行、维护和引退的系统方法[3]，是为了应对软件危机的发生而产生的，目的是解决软件产品生产的工程化问题，目标是在限定资源条件下开发满足质量要求的软件产品。软件工程提供了软件生存周期中相关的过程、方法、技术、工具等，是保证软件质量与可靠性的基础。如采用恰当的需求分析技术、方法甚至工具，可以提高需求分析的质量。

软件质量工程是为了使软件产品满足质量要求而进行的一系列技术和管理活动。解决的问题是如何确定软件质量目标、选定相应的质量保证策略、度量，通过开展质保活动保证软件的质量满足要求，并持续改进过程的质量。亦即软件工程所提供的技术、方法和管理旨在开发一个高质量的软件产品，而软件质量工程则是保证开发出的软件满足质量要求。

软件可靠性工程是为了使系统中应用的软件产品满足系统可靠性要求而进行的一系列技术和管理活动[5]。其涉及软件可靠性的分析、设计、测评和管理等四方面的活动和相关技术。由于可靠性是面向用户的质量特性，该特性决定了其特殊的地位，要开发高可靠的软件，仅仅实施软件工程和软件质量工程是不够的，需要专门的技术、方法、措施。

从某种意义上可以认为，软件质量工程包含在软件工程当中，是软件工程中确定和保证软件质量要求的工程，而软件可靠性工程则是软件质量工程中确定和保证软件可靠性要求的工程。三者之间的关系如图1.3所示。

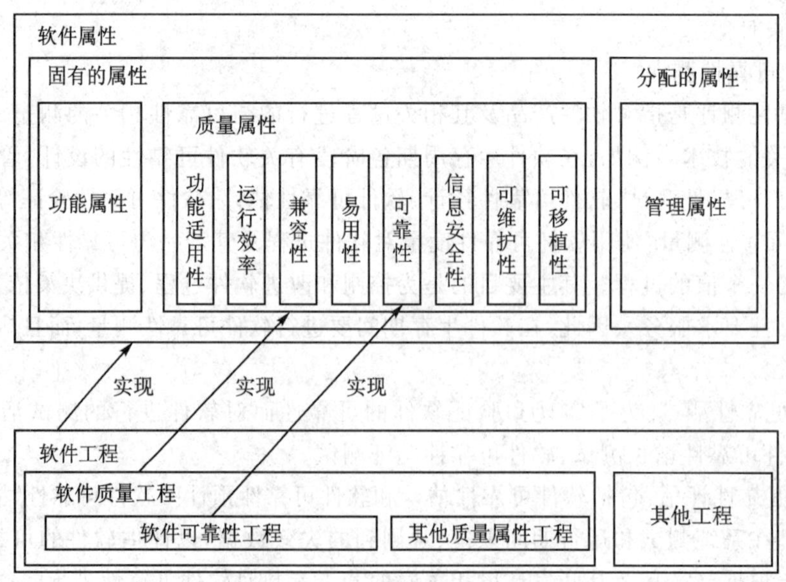

图1.3 软件工程、软件质量工程、软件可靠性工程关系

1.2　软件质量与可靠性保证技术

1.2.1　以正确性和可靠性为中心的软件质量观点

软件的正确性和可靠性是软件质量的最重要的方面。人们的日常生活和工作依赖各种软件，比如遍布世界范围的计算机网络，金融数据库和实时控制软件等。即使是新功能和易用性要求非常高的商用软件，比如基于 web 的个人用计算机软件，正确性和可靠性也是用户的基本要求。因此，本书将采用以软件正确性和可靠性为中心的质量观点，并贯穿始终。

1.2.2　软件正确性、可靠性和缺陷

很多人，特别是用户说到一个高质量的软件系统时，通常指的是软件在运行时不发生问题或发生的问题很少，亦或是当问题发生时，负面影响降到最低。若软件在运行中经常发生问题，用户则认为软件不可靠，而对于开发人员则意味着软件不正确。软件之所以出现正确性问题和可靠性问题是因为软件存在各种各样的缺陷，下面就一些相关的问题进行讨论。

1. 错误、故障、失效和缺陷的定义

软件可靠性文献中常用错误（error）、故障（fault）和失效（failure）来描述故障的因果关系。软件作为一个整体，其故障的因果关系如图 1.4 所示。

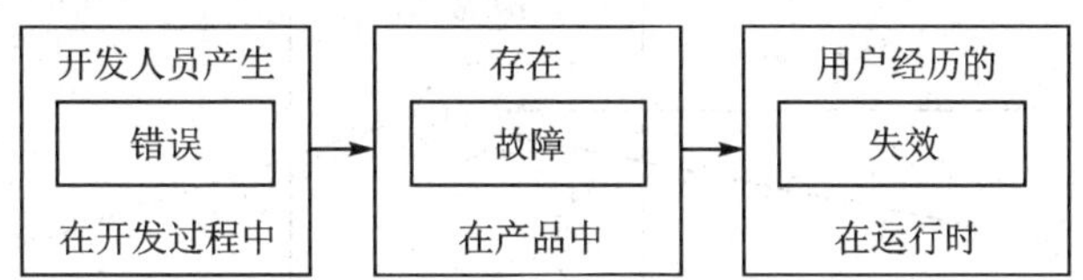

图 1.4　软件故障的因果关系

图 1.4 中涉及如下几个术语：

① 错误（error）：可能产生非期望结果的人的行为。例如，遗漏或误解软件说明书中的用户需求，不正确的翻译或遗漏设计规格说明书的需求。

② 故障（fault）：程序中引起一个或一个以上失效的错误的编码（步骤，过程、数据定义等），软件故障是程序固有的。广义的，软件文档中不正确的描述也称为故障，如不正确的的功能需求，遗漏的性能需求等。

③ 失效（failure）：程序操作背离了软件需求，当遇到软件故障情况时软件系统可能导致失效。

软件失效指的是软件的运行偏离了用户的需求或产品规格说明；软件故障是指软件中引起失效发生的基本条件；错误则是指导致故障引入到软件中的人的遗漏或不正确行为。

本书中把错误、故障和失效统称为缺陷（defect）[①]，根据所出现的地方不同，本书中所说的

① 在许多文献中，有把本书中定义的故障（fault）称为缺陷（defect），而把故障定义为在软件执行过程中，缺陷在一定条件下导致软件出现的错误状态。

缺陷可以指的是故障,也可以是失效。

2. 缺陷相关概念之间的关系

可以进一步将错误、软件故障和软件失效的关系放在“软件开发活动—软件—软件使用”中加以说明,如图 1.5 所示。

① 中间的长方框表示软件系统产品,主要包括软件代码,有时也包括各种设计、规范、需求文档等。在这些产品中散布着各种故障,在长方框图中用圆圈表示,圈中的 f 表示故障。

② 左侧的长六角形表示软件开发活动的输入,包括概念模型和信息,具有某些专业知识和经验的开发人员,可重用的软件部件等。各种错误在六角形框中用圆圈表示,圈中的 e 表示错误。

③ 右侧的椭圆表示使用场景和执行结果,即软件执行的输入、预期的动态行为和输出,还有实际的输出结果。当实际的软件行为模式或输出结果偏离预期的结果时,该部分软件行为模式或输出结果子集称作失效,在图中用圆圈表示,圈中的 x 代表失效。

从图中可以看出,人的错误导致故障引入到软件中,当软件执行的时候故障又会导致失效的发生。但是这种关系不是一对一的。一个错误可以导致多个故障,比如,一个错误的算法应用在多个模块中引起了多个故障。而一个故障在多次运行中可以导致多次失效。相反,一个相同的失效可以由多个故障引起,如一个接口失效可能涉及多个模块,同样,一个故障也可以由多个不同的错误引起。

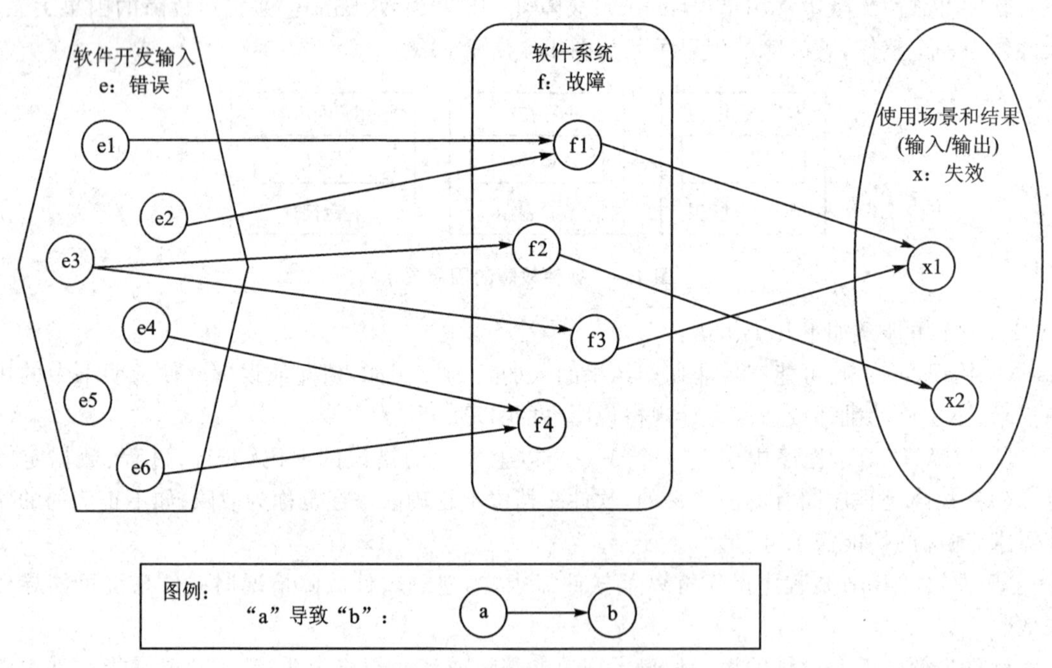

图 1.5 缺陷概念相关关系

如图 1.5 所示:

① 错误 e3 引起了多个故障(f2,f3)。

② 故障 f1 由多个错误(e1,e2)引起。

③ 在特定的情景下,错误可能不导致故障,故障也可能不导致失效,如图中的 e4,f4。这

些故障一般称为潜藏的故障，这些故障在某些情况下可能会产生问题。

3. 从系统的不同层次看错误、软件故障与失效

当把软件作为一个系统看待，或把软件置于系统中讨论时，处于系统的不同层次，对因果关系会有不同的看法。

一个软件产品可能由若干软件部件组成，每个软件部件又可能由若干软件单元组成。假设在运行阶段，某个软件单元遇到故障从而引起该软件单元失效，那么如果包含该软件单元的相关部件没有容错设计，该软件部件将会发生失效事件，当然，该部件在集成开发过程中也可能产生其他故障，从而导致部件的失效。从软件单元到软件部件，从软件部件到软件产品（计算机软件配置项），从软件产品到应用系统，如此类推，都有类似情况。于是，从系统观点来看，故障因果关系如图 1.6 所示。图中箭头从原因指向结果；在各层次中，故障在满足一定输入条件、且无容错设计的情况下，将导致失效的发生。

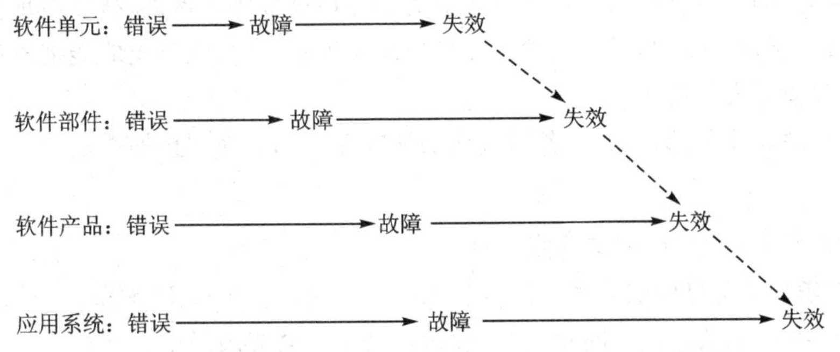

图 1.6 应用系统不同层次的故障因果关系

1.2.3 以正确性、可靠性为中心的软件质量与可靠性保证技术

1. 软件质量与可靠性保证技术分类

由于正确性和可靠性是软件最重要的质量特性，所以大多数软件开发组织的质量保证工作的中心工作就是和缺陷作斗争，只有这样才能保证软件的质量与可靠性。和缺陷作斗争的直接方法主要有以下三种。

（1）缺陷预防——通过错误阻断或错误源的消除防止故障的引入

缺陷预防（defect prevention）活动的目的是通过错误阻断或错误源的消除防止某种类型的故障（fault）引入到软件中去。由于故障是因为人的不正确或遗漏等错误行为而引入到软件中的，因此可以直接改正或阻断这些行为，或者消除产生这些行为的原因。缺陷预防一般有两种方式：

① 消除错误源。即消除模糊不清或纠正人的错误概念，这些是产生错误的最根本的原因。

② 故障预防和阻断。即直接纠正或阻断这些遗漏的或不正确的人的行为。通过使用某些工具和技术、强制使用某些过程和标准等可以斩断错误源和故障之间的关系，从而达到缺陷预防的目的。

（2）缺陷减少——通过故障检测和排除减少缺陷

缺陷减少（defect reduction）的目的是检测和排除已经引入到软件系统中的软件故障，事实上大多数传统的质量保证活动都属于这一类工作，例如：

① 审查(inspection)。即直接检测和排除软件代码、需求、设计等软件产品中的故障。

② 动态测试(Dynamic Testing)。即动态执行软件，根据观测到的失效查找软件故障并将其排除。

(3) 缺陷遏制——进行失效预防和遏制

缺陷遏制(defect containment)的目的是在软件存在故障的情况下，使失效限定在局部区域而不产生用户可观测到的全局失效，或者限定由软件失效导致的损失程度。因此，缺陷遏制一般有两种方式：

① 容错技术(fault tolerance) 即阻断故障和失效的因果关系，使局部故障不会导致全局失效，从而"容忍"了局部故障的存在。

② 损失限定(damage limitation)是容错技术的一个延伸，目的是避免灾难性后果的发生，比如失效发生时导致人员伤亡，严重的财产损失和环境破坏等。例如：核反应堆使用的实时控制软件的失效遏制就包括，当由于软件失效导致反应堆融化时，混凝土墙能把放射性材料包起来，以避免对环境和人类造成伤害。

此外，在和缺陷斗争的过程中，各种直接的缺陷度量和其他间接的质量度量有助于缺陷的管理。

2. 与缺陷作斗争方法的图示说明

上述软件质量与可靠性保证方法的分类如图 1.7 所示。图中用虚线表示的活动构成了一系列屏障，每一个屏障消除或阻断缺陷源，或防止产生不希望的后果。

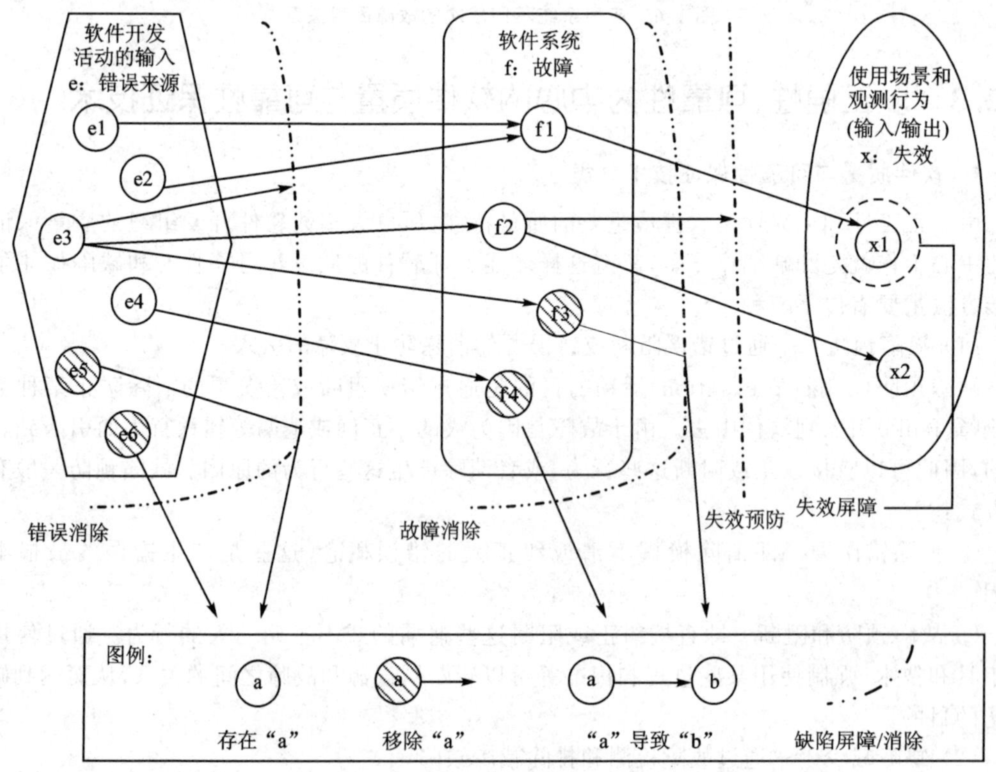

图 1.7　与缺陷作斗争的一般方法

① 从软件开发活动的输入到软件系统之间的屏障表示缺陷预防活动，比如教育和培训等。

② 从软件系统到使用场景和观测行为之间的屏障表示缺陷或故障检测和消除活动，如软件审查和测试。

③ 紧接着故障消除后面的垂直屏障是失效预防活动，如软件容错。

④ 最后一个围绕所选的失效的屏障表示失效的遏制。

图中还给出了错误、故障、失效以及缺陷预防、排除及遏制之间关系的多种情况，具体说明如下。

① 有些人的错误概念可以直接被消除。如错误源 e6 可以通过错误源活动(如良好的教育)直接被消除，从而不产生软件系统的故障。

② 有些人的不正确行为或错误可以被阻断。如 e3 和 e5。如果错误源能始终被阻断，就等同于被消除了，如 e5。另一方面，如果错误源有时被阻断，如 e3，就需要和 e1、e2 及 e4 一样采用其他的缺陷预防措施，因为这些错误源的存在很可能导致软件系统中故障的存在。

③ 有些故障可以直接通过审查和静态分析检测和消除，从而不会观测到失效，比如 f4。

④ 有些故障通过在测试或基于执行的质量保证方法中观测其动态行为来检测。如 f3，如果观测到了失效，可以通过分析执行记录进行故障定位，然后消除故障。因此在产品交付后，不会由这些故障引起运行失效。

⑤ 还有一些故障可以通过容错进行阻断，如 f2。但是容错技术一般不能识别和修改故障。因此这些故障仍能在不同的动态环境中导致运行失效，比如 f2 导致 x2。

⑥ 在失效的情况下，对于严重后果可以施加失效遏制策略。例如，x1，用虚线图圈起来，表示采取了失效遏制策略。

3. 在软件开发过程中的质量与可靠性保证

软件质量与可靠性保证活动是整个软件过程的重要组成部分，包括开发过程和维护过程，但大部分是在开发阶段，而不是交付以后的技术支持阶段，因此人们更关注这些保证活动和开发过程的关系。

图 1.8 所示为在瀑布模型开发中的软件质量与可靠性保证活动。图中虚线括弧表示覆盖范围，可以看出：

① 缺陷预防活动主要集中在开发的早期阶段。这是因为人的错误通常发生在早期阶段的活动中，如概念错误，不熟悉产品领域知识，没有开发方法的经验等。

② 缺陷消除活动主要集中在编码和测试阶段，但是有些技术可应用在早期阶段。考虑到缺陷可能发生传播，以及缺陷消除得越晚、成本越高的特点，应尽可能早地发现缺陷。比如采用审查技术或评审检查需求文档、产品规范以及各级产品设计文档。

③ 缺陷遏制主要是在使用阶段。

如图 1.8 中所示，缺陷度量贯穿于整个软件生存周期：通过缺陷预防、缺陷减少和缺陷遏制可以有效地降低最终产品的缺陷，但是这些定性的软件质量与可靠性保证活动无法定量地给出软件的质量与可靠性水平，也难以给出进一步改进和努力的方向。软件缺陷度量则可以通过从缺陷的角度对软件的产品和过程进行质量度量来实现对质量的评价和对产品和过程的质量改进。

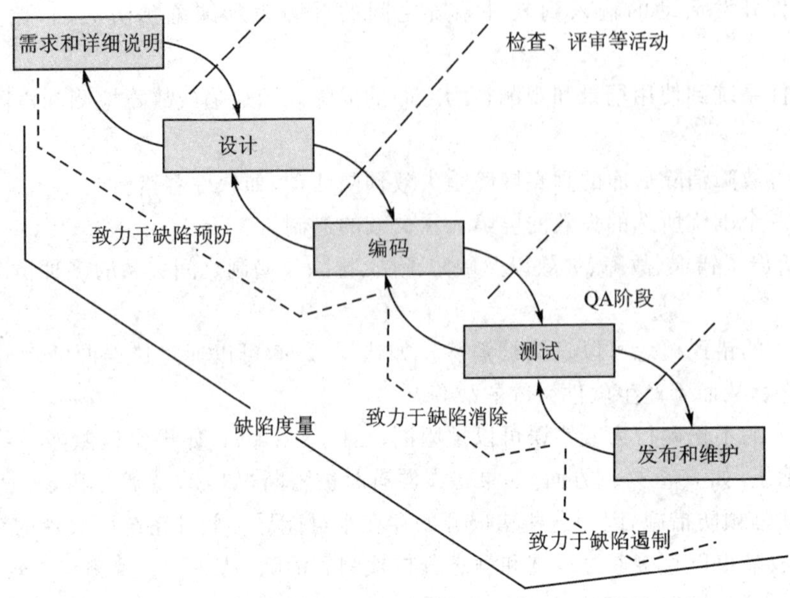

图 1.8 瀑布模型开发中的质量与可靠性保证活动

4. 缺陷预防

缺陷预防活动可以减少缺陷注入的机会,从而减少检测和排除注入的缺陷的费用。大多数的缺陷预防活动假设以下错误源、遗漏或不正确的行为导致了故障的引入,并应采取相应的对策。

① 人的错误概念。如果人的错误概念是失误源的话,可以通过教育和培训消除这些错误源。

② 不严密的设计和实现。如果由于不严密的设计和实现导致偏离产品规范或设计意图是导致故障的原因,则采用形式化方法可以帮助预防这种偏离。

③ 和选用的过程、标准不一致。如果和选用的过程、标准不一致是导致故障注、引入的原因,那么强制执行标准、和过程保持一致性可以预防相关故障的引入。

④ 工具和技术的使用。如果某种工具和技术的使用可以减少在相似环境下故障的引入,则应该采用这些工具和环境。

因此,可以采用原因分析法分析导致故障引入或存在潜在故障的根本原因,然后采取相应的缺陷预防措施以避免在将来引入类似的故障。一旦确定了这种因果关系,就可以选用适当的质量保证活动进行缺陷预防。

(1) 教育和培训

教育和培训是基于人的消除错误源的方法。人们在长期的软件工程实践中发现,人的因素是决定大多数软件质量及最终成功与失败的最重要的因素。软件专业人员的良好教育和培训可以帮助他们控制、管理和改进他们的工作方式,可以帮助他们对产品及产品的开发有较少的错误认识。消除这些错误认识可以帮助他们防止将一些故障引入到软件产品中去。针对错误源消除的教育和培训重点应放在以下几个方面:

① 产品和领域相关知识。如果相关人员不熟悉产品类型或产品领域,就很有可能给出一个错误的实现方案。例如,开发人员不熟悉嵌入式软件,设计的软件就可能没有考虑环境约

束，从而造成软件和交联的物理环境各种接口交互问题。

② 软件开发专业知识。该知识对开发高质量的软件产品起着重要的作用。如缺少进行需求分析和编写需求规格说明的专业知识就可能导致许多问题，从而带来后续设计、编码和测试的大量返工。

③ 软件开发方法、技术和工具知识。这些知识对开发高质量的软件产品同样起着重要的作用。例如，在实现"净室技术"时，如果开发人员不熟悉形式化验证或统计测试方法，很难开发出高质量的软件产品。

④ 软件过程知识。如果开发人员没有很好了解所涉及的开发过程，就难以正确的实现这一过程。例如，在一个增量开发过程中，如果开发人员不知道不同增量的开发工作是如何综合在一起的，将会导致许多接口交联的问题。

(2) 缺陷预防技术

按照上述缺陷预防的思想，本书中基于技术、工具、过程和标准的缺陷预防技术简述如下。

① 软件开发方法。软件开发方法对软件的质量有着直接的影响。选取何种开发方法与具体的项目特点、开发团队的素质以及开发进度要求等都有关系。合适和合理的开发方法可以有效预防软件缺陷，提高开发效率，增进软件的可靠性、安全性、易测试性和易维护性等质量指标。例如，面向对象的开发方法通过封装、信息隐藏、继承和多态性来达到事务分析的目的，从而提高软件的质量；形式化开发方法则通过严格的数学模型来规范软件的需求和验证，从而满足对质量有苛刻要求的软件开发项目。

② 软件配置管理。软件配置管理在软件质量管理和质量保证中起着重要作用，是CMM(软件能力成熟度模型)和ISO9000质量管理体系的核心内容之一，贯穿于整个软件生命周期。其核心内容——版本管理和变更控制管理不仅可以大大提高开发团队的工作效率，而且可以避免开发过程中由于没有配置管理所必然造成的混乱以及由此产生的大量差错，因而是一种非常有效的缺陷预防技术，该技术将在第2章予以介绍。

③ 软件可靠性安全性设计。软件可靠性安全性设计准则是长期以来人们对如何开发高质量、高可靠软件经验的总结，包括避错和容错[①]等设计方法。有效采用这些设计方法，可以使软件产品在设计过程中不出现故障或少出现故障，使程序在运行中自动查找存在的故障，并使故障发生时不影响系统的特性，或将影响限制在容许的范围内，从而提高软件的可靠性。因此，遵循这些设计准则就可以有效地预防缺陷的发生。避错设计方法将在第一部分第3章中介绍，容错设计方法则放在第三部分第9章中介绍。

④ 自动化缺陷预防。为了使缺陷预防的方法更加有效、切实可行，需要实现缺陷预防的自动化辅助支持。自动化缺陷预防ADP可以帮助开发团队通过从他们自身及他人的错误汲取经验教训而预防软件缺陷。为了达到这个目的，ADP制定了一系列的准则、实践和政策，从整个生命周期的角度描述了缺陷预防的蓝图。更为重要的是，ADP提倡用自动化的方法使缺陷预防方法更加切实可行。虽然并不是所有的活动都可以自动化，但是大部分的任务是可以完全自动化的，如需求变更与追踪、软件配置管理、定期自动编译、问题追踪以及许多测试活动等。另外，如代码自动生成、编程规则的一致性检查、收集和监控项目状态数据等活动也均可

---

① 有些书中也有将软件可靠性设计方法分为避错、查错和容错三种设计方法，本书认为查错后必将进行错误处理，所以将其归为容错一类。

以实现自动化。有关自动化缺陷预防ADP,详见[7]。

5. 缺陷减少

缺陷减少是通过故障检测和消除来实现的。对于绝大多数当前使用的软件来说,期望通过前面所述的缺陷预防活动就能百分之百预防偶然故障的引入是不现实的,因此,必须采用有效的技术在项目资源限定范围内尽可能多地发现并消除引入的故障。本书将缺陷检测的技术总体分为静态测试、动态测试两大类。下面就这两大类技术分别简述如下。

(1) 静态测试技术

静态测试技术是在不运行软件的条件下发现软件的故障,并进行排除,此类技术主要包括以下几种。

① 软件人工审查技术。人工审查技术是一类通过人脑进行的软件静态测试技术,它是软件测试技术中覆盖测试对象最全面的一类技术,可以对软件文档、软件源程序甚至程序的数据进行检查。同时人工审查也是一种最直接的故障检测与消除技术,它可以在发现故障的同时就定位故障,甚至确定消除故障的方法。人工审查包括文档审查和代码审查。具体的人工审查技术将在4.1节中进行介绍。

② 软件静态分析技术。与人工审查相对应,静态分析是一种通过自动化测试工具来实现的静态测试技术。静态分析主要针对程序的源代码进行,它通过对代码的扫描与分析得到程序的诸多属性,并在此基础上发现故障或潜在的隐患。与人工审查技术类似,静态分析也可以在发现故障的同时进行故障定位,非常有利于故障的消除,加之静态分析通常由工具支持,故该技术的缺陷检测与排除效率较高。静态分析技术主要包括静态结构分析、质量度量和程序代码的规则检查三个方面。具体的静态分析技术将在4.2节中进行介绍。

③ 软件可靠性分析技术。软件可靠性分析方法是在软件设计过程中,对可能发生的失效进行分析,采取必要的措施来避免引起失效的缺陷引入软件。常用的软件可靠性分析方法包括软件FMEA、FTA等。与软件测试等缺陷检测方法不同的是,软件可靠性分析方法可以应用于软件开发过程的早期,找出软件需求或设计中的缺陷及薄弱环节,通过采取改进措施避免将缺陷引入到后续开发阶段。体现了缺陷尽早检测的原则,不仅能降低缺陷修复的成本,而且有利于缩短缺陷修复的时间。本书第7章、第8章将介绍此项技术。

(2) 动态测试技术

软件动态测试技术主要通过运行软件来观测失效,以检测是否存在故障。动态测试技术主要包括以下几种。

① 白盒测试技术。顾名思义,白盒测试(White-box Testing)是一种可以根据程序结构来进行测试设计的动态测试技术,所以白盒测试又称逻辑驱动测试或结构测试。利用白盒测试法进行动态测试时,需要测试软件产品的内部结构和处理过程。白盒测试法的覆盖标准有逻辑覆盖、循环覆盖和基本路径测试。其中逻辑覆盖包括语句覆盖、判定覆盖、条件覆盖、判定/条件覆盖、条件组合覆盖和路径覆盖。具体的白盒测试技术将在5.1节进行介绍。

② 黑盒测试技术。相对于白盒测试,黑盒测试(Black-box Testing)注重于测试软件的功能性需求,即黑盒测试使软件工程师派生出执行程序所有功能需求的输入条件。所以黑盒测试也称为功能性测试或输入输出驱动的测试。黑盒测试法常用的技术包括等价类划分、边界值法、因果图法和决策表法等。具体的黑盒测试技术将在5.2节进行介绍。

③ 软件可靠性测试技术。软件可靠性测试又称为统计测试,其本质目的是通过测试评估

软件的可靠性水平。通常在软件具有明确的可靠性定量要求需要进行验证，或者需要评估一个软件的可靠性定量水平，或者希望高效地达到可靠性目标要求时进行软件可靠性测试。按照具体目的的不同，软件可靠性测试通常分为软件可靠性增长测试和软件可靠性验证测试。软件可靠性测试区别于其他测试的特征在于其按照软件实际使用的统计规律（用操作剖面刻画）随机生成测试数据进行测试。可靠性测试的具体技术将在第6章介绍。

6. 缺陷遏制

由于当今使用的大部分软件都具有规模大、复杂度高的特点，采用上述缺陷减少技术（即缺陷检测和排除）只能将软件故障数降低到相当低的程度，不能做到完全消除引入的软件故障。但对于某些软件，一旦发生失效，后果将是非常严重的；如医疗、核、交通等其他嵌入式软件中的许多实时控制软件子系统，只达到这些低缺陷水平和失效风险是不够的，还需要增加额外的保证措施。

另一方面，这些极少的残存的软件故障可能只在特定的条件下或极不寻常的动态场景下才被触发，这种情况下，试图生成大量的测试用例以覆盖所有的条件，或根据所有的场景进行穷举审查是非常不现实的。因此，需要通过阻断故障和失效之间的因果关系防止失效的发生即“容错”，或者采取措施以减少失效发生后所造成的损失。

（1）软件容错技术

软件容错的思想源于对有较高的可靠性、可用性或可信性要求的传统的硬件系统的容错设计。在这些系统中，当出现零部件失效的情况时，一般用备份件保证系统正常工作或降级工作。主要的软件容错技术包括恢复块技术和N版本编程技术。下面给出容错技术的概述，第9章将详细说明这些技术是如何实现容错的。

① 恢复块技术。恢复块技术的基本容错机制是重复执行（或称时间余度）。如果在局部区域检测到动态失效，则重复执行具有相同功能的另一个程序块，以期不出现相同的失效。这样局部失效不会传播至全局失效，但是会导致一些时间延迟。

② N版本编程技术（NVP）。NVP采用的是并行余度，即完成相同功能的N个版本软件同时运行，NVP的表决机制使得并行运行的版本中，少数局部的失效不会危及整体的运行结果。

需要说明的是，通常在软件容错中不识别故障，当然也不消除故障，只是动态的容错。这一点和缺陷检测和消除技术如软件审查、动态测试形成鲜明的对比。

（2）失效遏制：安全性保证和损失控制

对于安全关键系统，人们最关心的是预防事故发生的能力，事故即是具有严重后果的失效。如果软件失效可能导致事故，即使发生的概率很低，也是不可容忍的。因此除了前述的缺陷预防、缺陷检测和排除等软件质量保证技术外，对于安全关键软件系统还要采用各种专门的技术进行事故危险等分析，下面给出这些技术的概述。

① 危险消除。即通过替换、简化、解耦或消除某些人为错误、减少危险条件来消除危险。这些技术减少了某些缺陷的引入，或用非危险替代了危险。总的方法类似于前面研究的缺陷预防和缺陷减少技术，但更关注于涉及危险情况的问题。

② 危险减少。即通过可控性设计、使用互锁装置、采用安全性余量和余度使失效最小化来减少危险。这些技术和容错技术类似，后者的目的是使局部失效不引起系统失效。

③ 危险控制。即通过减少暴露、隔离和遏制（如增加系统和环境之间的屏障）、保护系统

(在危险发生的情况下启动的主动保护)以及失效安全设计(被动保护,处于失效安全状态,不会引起进一步的损失)控制危险。这些技术减少了降低了失效的严酷度,因此减弱了失效和事故之间的联系。

④ 损失控制。即通过逃逸线路、产品或材料的安全丢弃、限定对设备或人员物理破坏的设备来控制损失。这些技术减少了事故的严酷度,从而限定了由这些事故和相关的软件失效所引起的损失。

注意:危险控制和损失控制都是失效后的活动,其目的是"遏制"失效使得事故不发生或者损失得到控制或最小化。这些技术是针对安全关键软件的,一般不包含在质量保证活动中。但是前面所示的缺陷预防、缺陷检测和消除、容错等许多技术可以用于安全关键软件的危险消除和减少。

7. 缺陷度量

软件缺陷度量是以正确性和可靠性为中心的软件质量观下的软件质量度量的重要内容。以正确性、可靠性为中心的软件质量和保证技术强调通过缺陷预防、缺陷减少和缺陷遏制有效地降低最终产品的缺陷,但是这些定性的软件质量与可靠性保证活动无法定量地体现出软件的质量与可靠性水平,也难以给出进一步改进和努力的方向。软件缺陷度量则可以通过从缺陷的角度对软件的产品和过程进行质量度量来实现对质量的评价,为产品和过程的质量改进提供决策依据。

软件缺陷度量技术包括软件产品缺陷度量和基于缺陷的软件过程质量度量。下面介绍几种广泛使用的缺陷度量。有关与使用相关的软件可靠性度量将在第 10 章详细介绍。

(1) 缺陷密度

此处的缺陷通常是指由于人在开发过程产生的错误导致软件中存在的固有的缺陷,即 1.2.2 中所说的故障,常用的缺陷密度度量是千行代码缺陷率。缺陷密度是软件产品本质质量的重要度量。该度量通常用于商业软件系统。缺陷有两种类型:① 通过测试、审查和其他技术发现的已知的缺陷;② 还未知的存在于系统中的潜藏的缺陷。缺陷密度通常是指已知缺陷的密度与软件产品规模的百分比,可用下式表示:

$$\text{缺陷密度} = \frac{\text{已知的缺陷数}}{\text{软件产品的规模}} \times 100\%$$

例:Coverity2011 年给出了三个著名的开源系统的千行代码缺陷密度,如图 1.9 所示。三个开源系统分别是:Linux 2.6(6849KLOC)、PHP 5.3 (538KLOC)、PostreSQL 9.1(1106KLOC)。

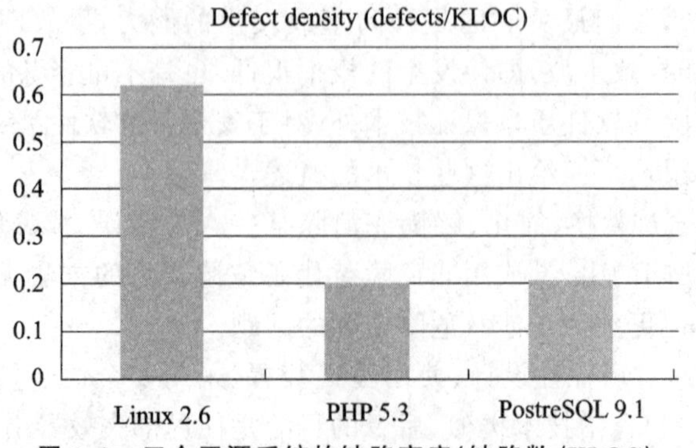

图 1.9 三个开源系统的缺陷密度(缺陷数/KLOC)

（2）平均失效间隔时间

该度量是软件可靠性的一个参数，反映的是软件出现问题之前的正常运行时间的均值情况，也是软件产品本质质量的重要度量。特别是对于可靠性、安全性要求较高的系统，此度量格外受到关注。其基本的度量 MTBF 公式可表示为：

$$\text{MTBF}=\frac{\text{运行时间}}{\text{实际发生的软件失效数}}$$

第四部分的第10章将对软件可靠性度量进行较为详细的介绍。

（3）缺陷移除效率

缺陷有效的移除是保证软件质量与可靠性的重要过程。对开发组织而言，对缺陷移除效率的度量具有重要意义。基于阶段的缺陷移除模式要求在整个开发周期的所有阶段对缺陷进行追踪，反映了整个开发工程中的全面缺陷移除能力。缺陷移除的不同阶段可以包括概要设计评审、详细设计评审、代码审查、单元测试、集成测试、系统测试等。缺陷越早移除，效费比越高。该度量的定义为：

$$\text{某阶段缺陷移除率 DRE}=\frac{\text{开发过程中某个阶段移除的缺陷数}}{\text{该阶段开始时存在的缺陷}+\text{该阶段引入的缺陷}}\times 100\%$$

$$=\frac{\text{开发过程中某个阶段移除的缺陷数}}{\text{该阶段移除的缺陷数}+\text{后来发现的应该在该阶段移除的缺陷数}}\times 100\%$$

该度量值越高，整个开发过程就越有效，传递到下一个阶段或应用过程中的缺陷数就越少。

例：表1.1所列为一个缺陷引入和缺陷移除的矩阵，则详细设计阶段的缺陷移除率为：729/((122+859+939)−(730+0))=61.3%。

表1.1　软件缺陷引入和缺陷移除矩阵

缺陷数		缺陷引入								
		需求	概要设计	详细设计	编码	单元测试	部件测试	系统测试	维护	总计
V&V活动	需求分析和评审	0								0
	概要设计评审	49	681							730
	详细设计评审	6	42	681						729
	代码审查	12	28	114	941					1095
	单元测试	21	43	43	223	2				332
	部件测试	20	41	61	261	0	4			387
	系统测试	6	8	24	72	0	0	1		111
	维护	8	16	16	40	0	0	0	1	81
	合计	122	859	939	1537	2	4	1	1	3465

本章要点

① 不同的人对不同的软件、在不同的情况下对软件的质量有不同的看法。软件质量模型用来描述不同的质量观和质量要求，国际标准化组织在 ISO/IEC 25010:2011 中给出的系统

和软件质量模型中，包括了功能性、性能效率、兼容性、易用性、可靠性、信息安全性、可维护性、可移植性八大特性。

② 软件可靠性是指在规定的条件下，在规定的时间内软件不引起失效的概率。该概率是系统输入和系统使用的函数，也是软件中存在的缺陷函数。

③ 错误是产生非希望结果的人的行为。故障是指程序中引起一个或一个以上失效的错误的编码，是程序固有的。广义上，文档中不正确的描述也称为软件故障。失效是指程序操作背离了程序需求，是软件动态运行的结果。人的错误导致程序或文档中出现故障，程序故障在一定的条件下导致软件失效的发生。

④ 软件质量保证是一系列系统性的活动，它提供开发出满足使用要求产品的软件过程的能力证据。

⑤ 软件的正确性和可靠性是软件质量最重要的方面，正确性更多的是面向开发人员的，而可靠性则是面向用户的。以正确性、可靠性为中心的软件质量可靠性保证技术包括缺陷预防、缺陷减少及缺陷遏制技术。

⑥ 缺陷预防活动可以减少缺陷注入的机会，从而减少检测和消除注入的缺陷费用。缺陷减少的目的是检测和消除已经引入到软件系统中的软件故障。缺陷遏制的目的是在软件存在故障的情况下，使失效限定在局部区域而不产生用户可观测到的系统失效，或者限定由软件失效导致的损失程度。

⑦ 软件缺陷度量是软件质量度量的重要内容。通过缺陷度量反映软件产品包括过程产品和最终产品的质量，反映软件开发、软件验证、软件维护等过程的质量，最终的目的是改进与提高软件过程和软件产品质量。

本章习题

1. 请给出你对软件质量的认识。

2. 对于以下软件系统，请给出你认为最重要的 2 个软件质量特性，并说明理由。

   a. 操作系统如 Windows

   b. 自动驾驶控制软件

   c. 自动售货机软件

   d. 导弹控制软件

   e. 办公自动化软件

   f. 机场监视雷达系统软件

3. 软件可靠性被认为是最重要的质量属性，谈谈你对这种观点的看法。

4. 根据你的经验给出错误、故障、失效及其相互关系的例子。

5. 缺陷预防活动可以防止缺陷引入到产品中去，这是否意味着仅仅采取缺陷预活动就可以保证产品的质量与可靠性？为什么？并举例说明。

6. 以正确性、可靠性为中心的软件质量与可靠性保证技术包括哪四类，并举例说明。

本章参考资料

[1] Jeff Tian，Software Quality Engineering-Testing，Quality Assurance and Quantifiable Improvement，2007.

[2] ISO/IEC 25010:2011，Systems and Software Engineering—Systems and software Quality Requirements and Evaluation（SQuaRE）—System and software quality models，2011.

[3] GB/T 11457—2006:中华人民共和国国家标准——软件工程术语.

[4] ISO/IEC/IEEE 24765—2010，Systems and Software Engineering-Vocabulary，2010.

[5] 陆民燕. 软件可靠性工程[M]. 北京:国防工业出版社，2011.

[6] ESA 空间系统软件产品保证要求,欧空局标准 PSS-01-21，1991.

[7] Huizinga，Dorot. Automated defect prevention: best practices in software management,Hoboken，N.J.：Wiley-Interscience；IEEE Computer Society，2007.

[8]Per Runeson' and Peter Isacsson,Software Quality Assurance - Concepts and Misconceptions IEEE，1998.

[9] 洪伦耀，董云卫. 软件质量工程[M]. 西安:西安电子科技大学出版社，2004.

[10] Stephen H. Kan. 软件质量工程——度量与模型[M]. 北京:电子工业出版社,2004.

[11] 龚庆祥主编. 型号可靠性工程手册. 北京:国防工业出版社，2007.

[12] Norman Fenton，James Bieman，Software Metrics A Rigorous and Practical Approach，Third Edition，CRS Press,2015.

[13] GB/T 25000.10—2016，系统与软件工程 系统与软件质量要求和评价(SQuaRE)系统与软件质量模型，2016.

第一部分
缺陷预防技术

第2章 软件配置管理技术

本章学习目标

本章介绍软件配置管理技术，主要包括以下内容：

- 软件配置管理基本概念，包括软件配置、软件配置项、版本、基线、软件配置库、变更控制委员会等；
- 软件配置管理的主要活动：标识、控制、审计、状态报告；
- 软件配置控制的内容：访问控制、同步控制、版本控制、高级别变更控制；
- 常见的配置管理标准与工具。

软件配置管理在软件质量管理和质量保证中起着重要作用，是CMMI和ISO9000质量管理体系的核心内容之一，贯穿于整个软件生存周期。软件配置管理不仅可以大大提高开发团队的工作效率，而且可以避免开发过程中由于没有配置管理而造成的混乱，以及产生的大量差错，是一种非常有效的缺陷预防技术。本章首先介绍软件配置管理的要义，帮助读者快速掌握核心概念和基本内容。然后展开阐述，帮助读者更深地理解相关内容。软件配置管理的核心是控制软件的各种变更，明确软件的技术状态。

2.1 软件配置管理要义

与其他工程领域不同，软件项目推延、预算超支、质量不达标的情况非常普遍。出现这些问题的根源在于软件的复杂性。许多软件研究、开发人员都认同这点，其中包括一些著名人物。例如，面向对象语言UML的创始人之一Grady Booch，在其著作《面向对象分析与设计》中，首先阐述软件复杂性，认为面向对象技术是解决软件复杂性问题的一种方法。另外，IBM大型计算机之父、图灵奖获得者Fred Brooks在其软件工程经典论文《没有银弹》中也指出软件的本质属性是复杂性。

造成软件复杂的因素有：软件的规模，软件开发的过程、工具、人数、时间、技能、精力、心理、管理、文化、政策等。此外，软件易于修改，软件的需求时常变化也是造成软件复杂的原因。软件是思维的载体，是逻辑的体现，一个分号或者一个逗号的错误，都有可能造成灾难性的后果。以下具体分析两个因素对软件质量的影响。

1. 软件的规模

软件规模越大，需要协调的工作内容就越多。如果两两之间的接口关系没有明确并记录下来，很容易与其他接口关系发生冲突。

① 遗忘。有些技术状态，双方口头达成了一致，在当时十分明确，但是，过了一段时间后可能遗忘，记忆错误即可能出现质量问题。因此开发过程中的信息，特别是重要信息，应该及时记录、归档。

② 易修改性。硬件修改需要图纸修改，然后进行实物生产。软件修改主要修改文档和代

码，往往在一台计算机上即可完成。因此，软件的修改显得更容易——"想怎么改就怎么改"，如果不进行控制，这种修改的随意性也很容易造成质量问题。例如，自身对内容进行了修改但未通知相关方，导致系统失效。在实际的嵌入式系统中，如果发现有故障，并且是由硬件导致的，一般会通过修改软件来解决故障。原因是修改硬件需要重新生产，耗费的资金要多得多。

③ 需求时常变化。用户与开发人员在理解上往往存在很大的差异。他们对系统的描述语言是不一样的，用户的语言往往与特定专业或情景有关，例如，股市情景下的 A 股、保证金、K 线、创业板、市盈率、换手率等；医院情景下的溃疡、活检、划价、医保、骨髓移植、血栓等。开发人员使用的是专业的开发术语，如面向对象、同步异步、中断、优先级、协议栈、界面等。他们要达成一致往往要经历很长时间，甚至到系统交付之后仍有许多内容尚未达成一致。此外，用户要求的变化，开发人员的技术实现能力也是导致需求时常变化的原因之一。有数据表明，有50%以上的软件缺陷是由软件需求问题导致的。需求时常变化，如果没有某种手段控制这种变化，那么软件开发很难继续下去，即使开发出软件，其也很难满足用户的需要。

2. 软件开发过程

初始级别的软件开发个人或团队，其突出特点是：不写文档，不做需求分析或设计，直接编码。这对几十行到几百行代码的软件可能适用，当软件规模达到一定程度时，如果不进行分析和设计，实现的代码时常顾此失彼，结构混乱，行为异常。通常情况下，软件开发应该进行需求分析和设计，然后进行编码，并且要保持代码、设计和需求彼此之间具有的对应关系。做到这些才能保证较好的软件质量。

解决上述软件开发技术状态不明确、变更不规范的一项措施就是软件的配置管理。它类似于硬件的技术状态管理。

软件开发过程中可变化的东西很多，如时间、人员、想法、需求、工具、用户等，一个变化如果没有被正确地处理，如没有通知所有的开发人员，就可能产生一个错误。软件配置管理可以对这些变化起控制作用，进而减少因变化带来的错误。这与印刷术减少文字传播错误的作用非常相似。在印刷术出现之前，文字传播靠手抄写，这个过程很容易出现错误。但是在印刷术出现之后，文字通过刻版印刷，不用手动传抄，大大降低了文字传的播错误率。

软件配置管理的一些技术或原理在生活中也能够体会。例如，当你想买一支笔时，你可能不需要做任何的规划，因为事情比较简单，价格、功能都比较确定，随处都可以购买。但当你去买一台笔记本电脑时情况可能会有所不同，可变的因素更多了，不确定性更大了：你的需求，经济状况，笔记本电脑的品牌、功能、价格颜色、尺寸、重量、售后服务等都是可变因素。因此你可能分成三步去完成这个任务。

第一步，上网了解情况，搜索名牌、功能、价格、颜色、尺寸、重量、用户评价等信息；

第二步，到实物店看看实物，了解手感、颜色、重量等特性；

第三步，选择一家信誉好、价格合适的商店购买。

通过分步完成，每个阶段要做的事都比较明确，进入下一阶段后就不用管上一阶段的事了。

在软件开发中也有这个概念。当开发的软件较复杂时，就把软件的开发分成几个阶段进行，每个阶段实现一定的目标，这个目标可以叫做基线。形成基线之后就可以开展后续的工作了。基线是软件开发或软件配置管理中一个重要的概念。软件配置管理要确定基线的状态，例如，基线包括哪些(阶段)产品、产品的功能如何、产品的形成是否符合规定的标准，如果基线需要更改，还要确定变更是否符合要求。简单地说，软件配置管理需要确定(阶段)产品形成和变更的合法性和规范性①。

规范、有效实施的软件配置管理工作，可以增加软件开发人员、用户对产品的信心，这是高质量软件产品的一个特征。这项工作是 CMMI 和 DO－178C 强调的主要内容之一。CMMI 是软件的能力成熟度模型，DO－178C 是民航领域进行软件适航审查的标准，它们是国内外先进技术和经验的代表。

软件配置管理没有做好，软件开发过程就会出现混乱，时常返工，并且最终的软件成品质量较差。以下是一个由软件配置管理问题导致的系统失效案例：在某型导弹打靶试验中，前三发导弹都顺利完成功能，命中目标。随后开发人员期望改善导弹性能，于是现场更改软件。更改之后，在没有经过任何配置管理审批的情况下直接加载试验，结果导致后续导弹脱靶。在该案例中，如果具有较好的配置管理意识和规范，这个失效是可以避免的。

事实上，现在软件在各领域的使用越来越多，由软件状态不明确、开发活动不协调、变更不受控等问题带来的质量问题也越来越严重，而软件配置管理恰恰是预防这些问题的最好途径之一，如图 2.1 所示。

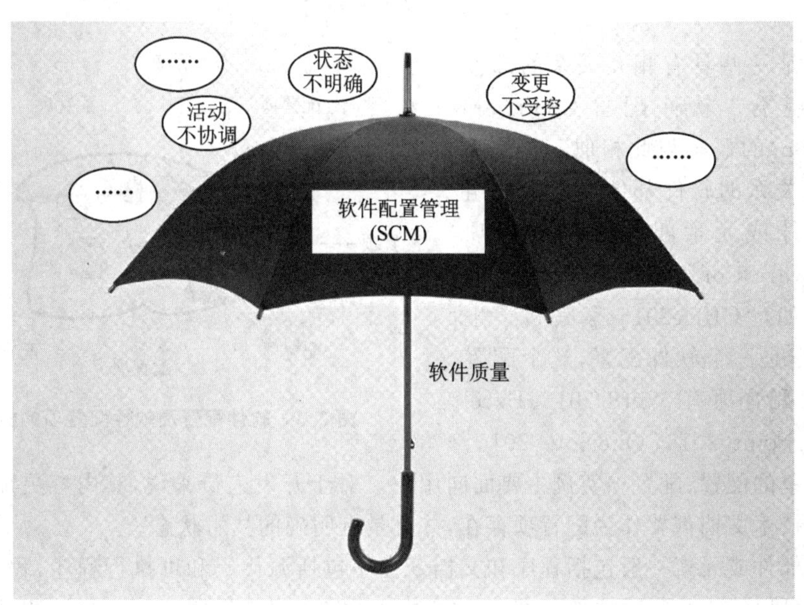

图 2.1　软件开发混乱的原因和软件配置管理的作用

什么是软件配置管理？其主要活动是什么？为了回答这两个问题，首先要了解什么是配置和配置项。

以汽车为例，一台汽车可以是一个配置，这个配置包括了许多部件，如图 2.2 所示。每个部件都叫做配置项。这些部件要发挥功能，需要明确规定每个部件的技术状态，包括尺寸、功能、重量、强度、材料等。配置项合成的配置，若一台汽车，也有明确的技术状态，如最大速度、加速性能、百公里耗油、制动性能、污染物排放量等。

---

① 软件开发的法规和规范性文件包括规定、办法、细则、标准、程序、体系文件等。

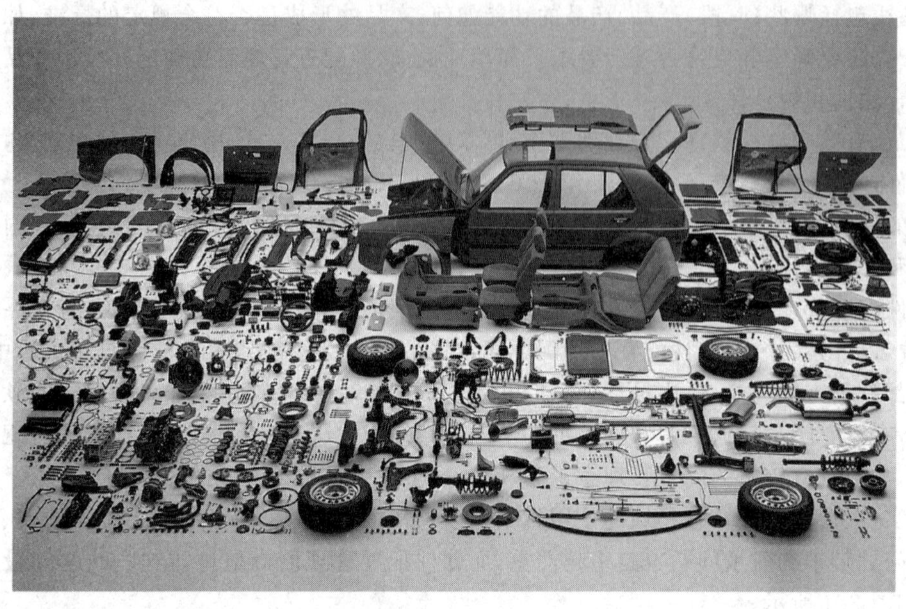

图 2.2 汽车拆解后

配置就是一些具有相互关系的部件或元素的组合。软件配置(Software Configuration)的概念与此相似。它是一些具有相互关系的软件部件或元素的组合,这些部件或元素叫作软件配置项(SCI: Software Configuration Item),见图 2.3。例如,“Office2016 家庭和学生版”可以看作是一个软件配置,这个配置里面包括的配置项有 Word 2016、Excel 2016、PowerPoint 2016、OneNote 2016。这是一个简单的配置、配置项实例主要面向用户。对于开发人员来说,其内容更加具体,所有程序、数据、技术文档都要作为配置项存在,并且具有明确的技术状态。

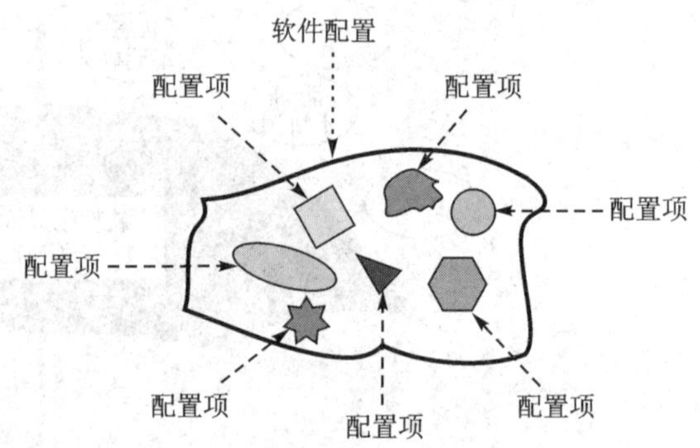

图 2.3 软件配置及软件配置项的概念

软件的部件或元素一般包括程序和文档。程序包括源代码和可执行程序,程序使用的一些数据文件可以认为也是程序的一部分。文档包括需求规格说明、设计文档、测试文档、质量保证、配置管理文档等。

程序和文档都可以成为软件配置项。当配置项比较大时,为了管理,通常可以允许一个配置项由若干个更小的配置项组成。例如,设计文档可以包含多个设计文件,每个设计文件描述一个功能的设计。

软件配置管理(SCM: Software Configuration Management)就是对软件配置的管理,具体包括四项内容:对软件生存周期内的(中间)产品进行唯一标识、控制、审计、状态报告,如图 2.4 所示。

更具体的说,这四个软件配置管理功能和每个功能的目的如下:

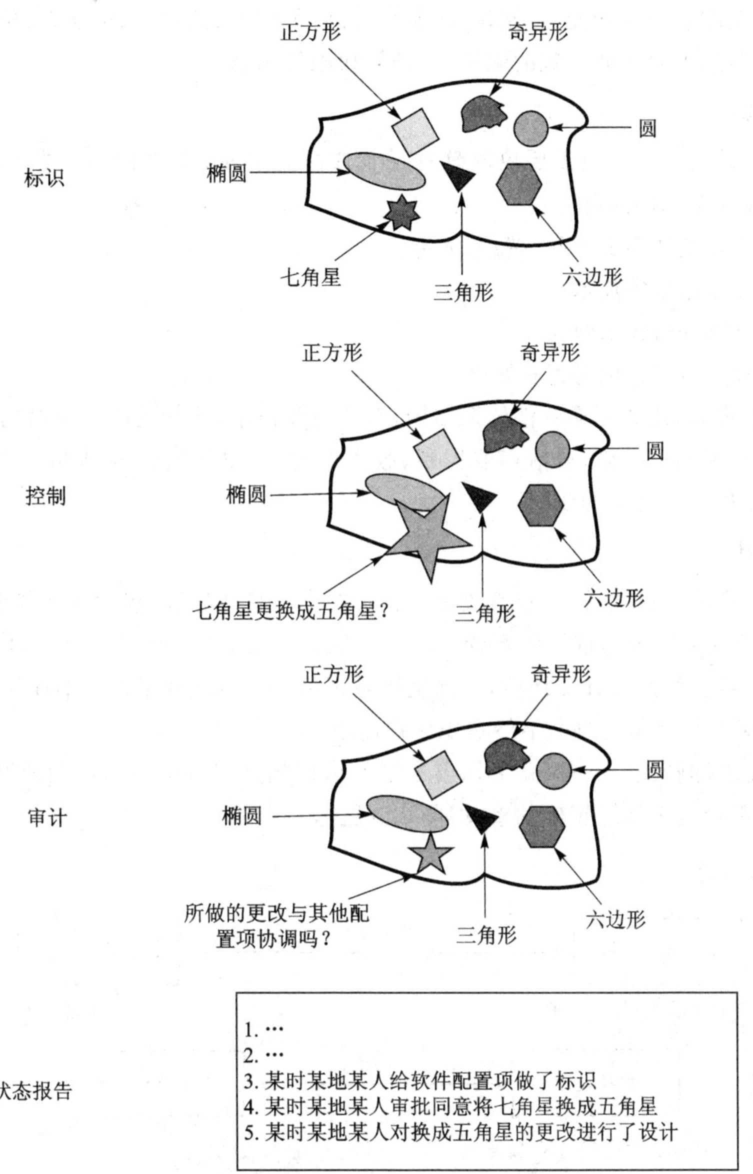

图 2.4　软件配置管理的四项内容

1. 标　识

简单地说，就是给配置项取一个名字①。名字可以是中文名，也可以是英文名。换句话说，标识是给配置项贴上了一个标签，有了这个标签就可以唯一地识别配置项。通常情况下，标识是由字母、数字和特殊符号组成的，方便转换成程序语言。

标识工作代表更广泛的含义是要明确被管理对象的状态，因此在许多情况下，除了名称

① 取名字是进行管理的第一步。发现一个新物种、新天体需要取一个名字。对存在争议的领土，争议双方各自使用自己取的名字称呼，以表示主权。《圣经》中说，上帝要人管理海里的鱼、空中的鸟和地上各样行动的活物，随后亚当给各种动物取了名字。

外，还需要明确配置项的功能、存储位置、所属产品、创建人、负责人、批准人、所属的配置项、包含的配置项、信息需要协调一致的配置项、访问权限等信息。

2. 控　制

指控制软件的变更。当需要更改软件配置或配置项时，需要有合适的人决定是否更改。做这个决策需要考虑的问题有：

① 更改需要花费多少时间、费用、人力。

② 是否具备相应的技术。

③ 更改能够获得什么收益。

④ 更改对其他配置项是否有影响。

有的更改很大，比如更换软件体系结构，有的更改很小，比如更改几条语句。相应地，针对不同的更改，有不同的控制，包括存取控制、版本控制、变更控制[①]、检入检出控制等。每一种控制都是为了预防不合适的变更。

3. 审　计[②]

在配置项完成变更之后，检查修改是否符合要求。具体地说，包括两项要求：

① 修改后的配置项与依据的配置项是否一致。例如，修改某段代码后，代码配置项是否与设计文档一致？修改设计文档后，设计文档是否仍然与需求规格说明书保持一致？

② 修改后的软件是否符合最终实现用户需求。

第一项要求即验证(Verification)，第二项要求即确认(Validation)，验证判断是否正确地做了事，确认判断是否做了正确的事，如图 2.5 所示。

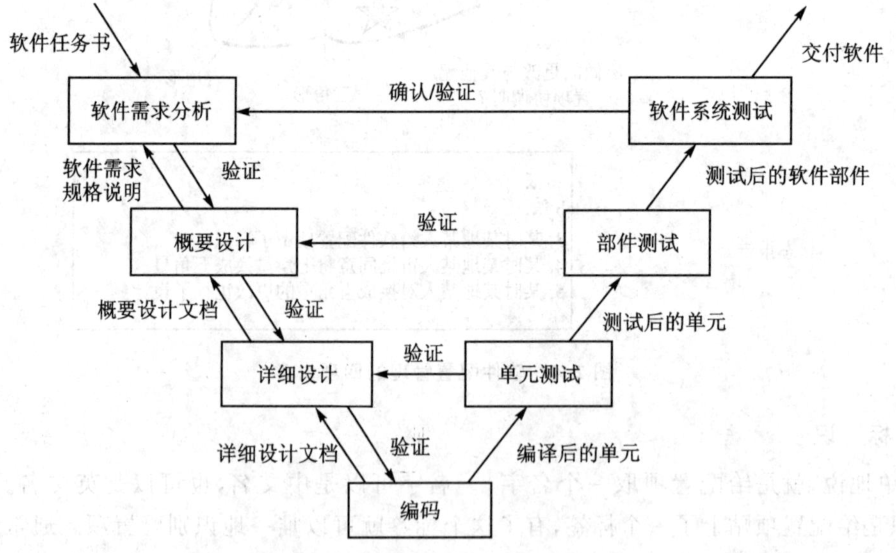

图 2.5　软件配置项的验证与确认

① 配置管理中的控制都是针对变更的，但此处的“变更控制”特指一类高级别的变更控制，涉及的变更影响比较大，属于全局性的，审批这类变更须由专门设立的软件变更控制委员会(CCB：Change Control Board，本章后文正式介绍)执行。

② 配置审计实际上是一项技术要求很高的活动。许多企业把这项工作交由技术部门完成，在配置管理部门要完成的工作实际很少。

在验证过程中，审计员要寻求以下问题的答案：

① 概要设计文档是否依据需求文档而来？

② 详细设计文档是否依据概要设计文档而来？

③ 软件代码是否依据详细设计文档而来？

在确认过程中，要回答以下三个问题：

① 概要设计文档是否符合需求文档？如果不符合，不符合的地方在哪里？

② 详细设计文档是否符合需求文档？如果不符合，不符合的地方在哪里？

③ 软件代码是否符合需求文档？如果不符合，不符合的地方在哪里？

4. 状态报告

把标识、控制、审计等配置管理活动的时间、执行人、内容、结果记录下来。

2.2　基本概念介绍

2.2.1　软件配置管理

软件配置管理(SCM)是对软件部件或元素组合的管理。《GJB 5235—2004 军用软件配置管理》[12]给出的定义是："为保证软件配置项的完整性和正确性，在整个软件生存周期内应用配置管理的过程"。

对于软件配置管理这个概念，可以利用硬件的配置概念来进行理解。例如，一台计算机包括鼠标、键盘、硬盘、CPU、内存、硬盘、电源等组件，这些组件都有特定的规格，它们组装之后提供产品服务。这些由特定规格的组件组成的集合就是一项配置。这样的配置可能很多，每项配置提供不同的服务。对这些配置的管理就是配置管理。管理的内容包括对配置及其组件的标识、变更、审计和状态报告。

2.2.2　软件配置项

1. 常见的软件配置项

软件配置项(SCI：Software Configuration Item)是在软件工程过程中创建的信息。GJB5235 给出的定义是："为了配置管理的目的而作为一个单位来看待的软件成分，通常为软件配置中的一个元素"。常见的配置项如表 2.1 所列。

通常情况下，一个文件、一个测试用例可以成为一个配置项。但是有些情况下，文件的一部分内容也可以成为配置项。需要注意的是，在软件开发过程中使用的开发工具，如编辑器、编译器、浏览器、测试工具等，也应该列为配置项进行管理。这些工具的状态不同，可能得到的软件也不同。

2. 软件配置项的属性

借鉴《配置管理原理与实践》[3]，可以将一个配置项的属性分为三类，分别是标识属性、相关人属性、相关配置项属性。通过这些属性就界定了软件配置项的状态，见图 2.6。

① 标识属性，包括名称、版本、状态、日期、存储位置、存储媒介。

表 2.1　常见类型的软件配置项

类　型	名　称
文　档	• 软件开发计划(SDP) • 系统需求文档 • 软件需求文档(SRD) • 接口设计规格书 • 概要设计文档 • 详细设计文档 • 数据库描述 • 软件测试计划(STP) • 软件测试规程(STPR) • 软件测试报告(STR) • 软件用户手册 • 软件维护手册 • 软件安装计划(SIP) • 软件维护申请(包括问题报告) • 软件变更申请(SCR)和软件变更单(SCO) • 版本描述文档(VDD)
代　码	• 源代码 • 目标代码 • 原型软件
数　据	• 测试用例和测试脚本 • 参数、编码等
工　具	• 编译器和调试器 • 应用程序生成器 • CASE 工具

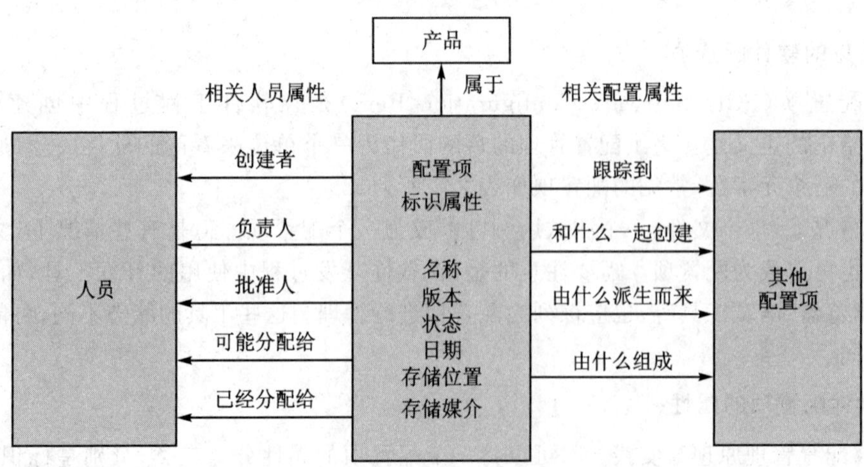

图 2.6　配置项的三类属性

② 相关人属性，包括创建人、负责人、批准人、允许访问的人员、正在访问的人员、允许更改的人员等。

③ 相关配置项属性，包括与这个配置项同时创建的配置项、派生出本配置项的配置项、本配置项包含的配置项、本配置项所追踪的配置项和本配置项所属的产品。

通过确定配置项的属性，就可以确定软件配置项的状态，确定配置项之间的关系。配置项属性应用的一个简单示例如下。

某个软件产品，其版本是 SoftProduct - V1.0，该配置项包含三个配置项：需求规格说明书，版本是 Req - V1.0；设计说明书，版本是 Design - V1.0；代码，版本是 Code - V1.0。在这个例子中，软件产品 SoftProduct - V1.0 包含的配置项有 Req - V1.0、Design - V1.0、Code - V1.0，这是"包含的配置项"属性。通过这项属性，可以确定产品 SoftProduct - V1.0 对应的需求、设计、代码版本。

配置项的配置属性必须正确，否则可能出现配置项技术状态不协调的情况。比如，对上述示例，Design - V1.0 应当对 Req - V1.0 中的全部需求进行了分解设计，并且没有派生新的需求。同样地，Code - V1.0 对 Design - V1.0 中的全部设计进行了编码实现，也没有实现未设计的内容。

当软件需要进行一些改动时，产品及其包含的配置项都可能要发生变化。例如，需求 Req - V1.0 不变，但更改某项设计之后，软件的设计说明版本可能变成 Design - V1.1，相应地，代码也随之变成 Code - V1.1。这时，软件产品的版本也需要变化，例如变成 SoftProduct - V1.1。版本 SoftProduct - V1.1 的产品包含的配置项将变更成：Req - V1.0、Design - V1.1、Code - V1.1，即"包含的配置项"属性发生了变化。同样地，Design - V1.1 应当对 Req - V1.0 中的全部需求进行了分解设计，并且没有派生新的需求，Code - V1.1 应当对 Design - V1.1 中的全部设计进行了编码实现，并且也没有实现未设计的内容。

2.2.3　版本及版本树

版本信息属于配置项的标识属性。当一个配置项演化为其他配置项时，配置项的其他的所有属性可能都不变化，但是版本信息一定会变化。版本信息用于区分一组相似的配置项，每个配置项被称为一个版本，用特定版本信息表示。

书籍中时常出现"第 2 版，第 3 次发行"这样的信息，软件的版本类似于书籍的版本。例如，某 WORD 软件有 2013 版、2016 版、2019 版等版本。它们都称为 WORD 软件，但是版本不同。每个 WORD 版本又可以区分为若干个小版本，例如 2013 版，可能包括多个进行了微小修改的版本。

一个版本一定是一个配置项。版本信息反映了一个配置项的技术状态。若干版本可以形成版本树，用于表明配置项的演化历史及相关关系。以下是一个配置项版本信息示例：

① 配置项的版本号；

② 生成该版本的工程师；

③ 完成和批准该版本的日期；

④ 上一版本号；

⑤ 所进行变更的简短描述；

⑥ 变更引起其他变更配置项的清单；

⑦ 实施变更的相关控制规程文件。

版本是版本控制的对象,经过版本控制可以形成版本树。版本树表明了版本的演化历史。通过版本树可以确定软件各个版本的相互关系。

软件配置项或软件配置的版本演化历史可以形象地表示为一棵版本树(Version Tree)。版本树中的每个结点表示一个版本。根结点是初始版本,叶结点代表最新的版本。

最简单的版本树没有任何分支,只有主干,这时的版本演化方式叫作线型演化。复杂的版本树除了主干外,还包含很多分支。分支又可以包含新的分支。这时的版本演化方式叫作树型演化。图 2.7 所示为一棵版本树的示例。

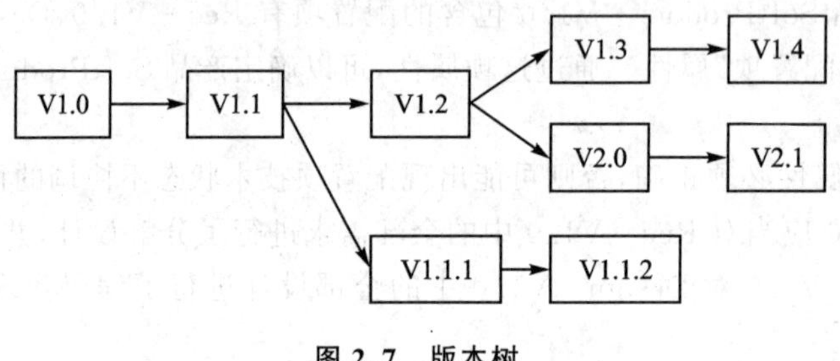

图 2.7　版本树

版本树有助于对配置项或配置进行审计,有助于追踪问题的来源。

2.2.4　基　线

一项复杂工作往往被分为若干个阶段完成,这样既可以降低工作的复杂性,也可以提高工作质量。对软件开发亦是如此,将软件开发划分为若干个阶段,每个阶段的目标就是形成基线。

《IEEE 610.12—1990:Standard Glossary of Software Engineering Terminology》对基线的定义是:"通过正式评审并批准的规格说明或产品。它是后续开发的基础,只有通过正式的变更控制规程才能修改。"

基线由一个或若干个配置项组成。当完成一条基线时,意味着实现了开发过程中的一个里程碑。由于基线不能随意变更,因此也是后续各项工作稳固的基础。

一般的说,软件开发过程划分成几个阶段,形成几条基线,需视项目具体情况而定。例如,图 2.8 所示为五条基线:功能基线、分配基线、开发基线、实现基线和产品基线。如果没有特定的标准要求,基线的名称可以自行定义。

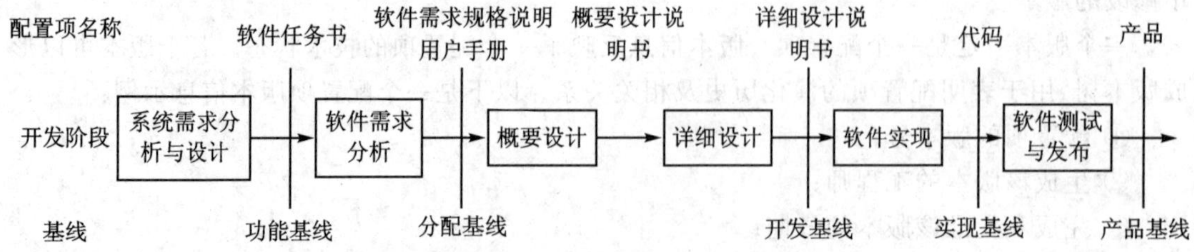

图 2.8　常见的基线

图中的功能基线、分配基线和产品基线是最重要的三条基线,俗称"三线"。

功能基线的主要内容是软件任务书。任务书表明了系统对软件最顶层的开发要求以及最终的交付要求。软件任务书是系统需求分析与设计的产物之一，由系统开发人员编制，软件开发人员参与完成。由于软件任务书说明了软件最终要交付的功能，因此所在基线被称为功能基线。

分配基线的主要内容是软件需求规格说明书。软件需求规格说明书是软件需求分析的产物。对于一个较大规模的软件，往往涉及许多设计人员，每个设计人员针对一部分需求规格内容进行设计。软件需求规格说明对软件需求进行了详细的定义，是分配工作的基础，因此所在基线被称为分配基线。

产品基线的主要任务是最终交付的软件产品，至少包括可执行软件文件。根据实际情况，也可以包括软件任务书、设计文档、测试文档、源代码文件等阶段产品。因此，功能基线和分配基线中的配置项也可以称为产品基线中的内容。

无论是软件任务书、软件需求规格说明书，还是最终的软件产品，在其成为相应基线内容时，都需要通过正式的评审。当基线需要变更时，需要通过高级别的变更规程进行。

2.2.5　软件配置

1. 软件配置与配置项之间的关系

软件配置项的集合构成软件配置。GJB5235 给出的定义是：“在软件生存周期各阶段产生的各种形式和各种版本的文档、程序、数据及环境的集合。”其与软件配置项的关系见表 2.2。某自动取款机软件有两个配置，分别是 6.0 版本与 7.0 版本。这两个配置包含的配置项名称相同，但是配置项的版本不同。

表 2.2　关于软件配置项与软件配置关系的示例

某自动取款机软件包含的配置项名称	某自动取款机软件 6.0 版本包含的配置项版本	某自动取款机软件 7.0 版本包含的配置项版本
软件需求文档	第 1 版	第 1 版
详细设计文档	第 3 版	第 4 版
软件测试计划	第 3 版	第 4 版
软件安装计划	第 2 版	第 2 版
版本描述文档	第 6 版	第 7 版
代码模块 1	第 3 版	第 5 版
代码模块 2	第 8 版	第 8 版
代码模块 3	第 2 版	第 2 版
测试用例集	第 3 版	第 4 版
某 C 编译器	第 5 版	第 7 版
软件用户手册	第 6 版	第 7 版
某测试工具	第 3 版	第 4 版

当软件配置项的规模比较大时，它可以包含多个子配置项。例如，表 2.2 中的测试用例集

配置项,如果测试用例集包含的内容比较多,可以让该配置项包括两个子配置项,见表 2.3 中的正常输入测试用例集、异常输入测试用例集。在这种情况下,测试用例集配置项实际上也是一项配置[①]。

表 2.3　配置项可以细分为多个子配置项

"测试用例集"配置项包含的子配置项名称	"测试用例集"第 3 版包含的子配置项版本	"测试用例集"第 4 版包含的子配置项版本
正常输入测试用例集	第 3 版	第 3 版
异常输入测试用例集	第 3 版	第 4 版

2. 软件配置库

存储软件配置、配置项的数据库称为软件配置库[②]。软件配置库分为三类,分别是软件开发库、软件受控库和软件产品库,俗称"三库"。开发库的控制级别最低,产品库的控制级别最高,受控库的控制级别介于开发库和产品库之间。

开发库由软件开发人员进行管理和维护。开发人员对开发库的管理方法可以自行定义[③],因此相对自由。开发库中的配置项经过评审、批准之后,可以进入受控库。

受控库由项目级别的管理人员控制。对受控库中配置项的变更更为繁琐,需要经过项目级别的配置管理人员审批。状态稳定、能够作为产品发布的受控库配置项经过评审、批注之后,可以进入产品库。

产品库由企业级别的管理人员控制。是企业中变更管理最严格的软件配置库。一般需要经过配置管理委员会的审批。

划分"三库"体现的思想是:对软件配置库的变更实施分级管理,高级别的配置库使用更严格的控制程序,低级别的配置库使用更宽松的控制程序。这有利于资源的分配,增加配置管理工作的可操作性。事实上,企业或项目组可以根据自身的情况来确定软件配置库的分级管理。例如,当企业研发的软件规模大、分工多时,软件的受控库可以细分为多个级别,如一级受控库、二级受控库、三级受控库等,每级受控库可以有不同的变更管理要求。再举一个例子,在航空领域中,一个飞机型号的软件是由一家总师单位和若干家配套单位共同完成,配套单位向总师单位提供软件产品,总师单位负责软件产品的综合集成。由于软件规模较大大,总师单位、配套单位是相对独立的单位,往往跨地域,因此可以规定总师单位、配套单位各自在单位内部建立"三库",并且规定总师单位开发库中的配置项就是配套单位产品库中的配置项。

软件配置管理的"三线"和"三库"存在对应关系吗?可以确定的是:基线一定要存储于受控库或者产品库,其中产品基线一定存储于产品库,功能基线、分配基线一般存储在受控库中。如果功能基线、分配基线包括的配置项是要提交的产品,则可以包含在产品基线中,存储在产品库当中。

---

① 通常情况下,我们说一个配置是由多个配置项组成的。根据配置以及配置项的本质含义,在有些具体情况,出现以下说法也是没有问题的:"配置由若干个子配置组成,子配置由若干配置项组成"或"配置由若干配置项组成,配置项由若干子配置项组成。"

② 有些地方称为"中心数据库",对应英文单词是 repository。

③ 当然也可以在组织内统一规范。

2.3　软件配置控制

常见的软件配置控制有访问控制、同步控制、分支与合并控制、版本控制、基线控制等。访问控制、同步控制、分支与合并控制是针对配置项的三种基本控制类型。版本控制包括这三类控制。所有软件配置项都有版本，都是版本控制的对象。

如果基线是具有特定版本的软件配置的话，基线控制本质上也属于版本控制，只不过这种控制的控制组织更加正式、控制程序更加严格。

2.3.1　访问控制和同步控制

访问控制规定了软件开发人员对软件配置项的访问权限，保证了软件开发过程及软件产品的安全性。常见的访问权限是“读”和“写”。“读”指可以阅读配置项，“写”指可以修改配置项。如果拓展“访问”的内涵，权限还可以包括“删”“增”。“删”指删除配置项，“增”[①]指增加配置项。

同步控制实际上是版本的“检入、检出”或“签入、签出”(Check In/Check Out)控制。什么是版本的检入检出？简单地说，检入就是将软件配置项从用户的工作环境存入到软件配置库的过程；检出是将软件配置项从软件配置库中取出转存到用户工作环境的过程。

在实际操作的过程中，检入和检出都应该受到控制。同步控制可用来确保由不同的人并发执行的修改不会产生混乱。基本的同步控制方法是：加锁—解锁—加锁—……。即在某人检出使用该配置项时，对配置项加锁；当修改完成并检入到配置库之后解锁。这样的过程一直反复下去。如果一个配置项处于解锁状态，则该配置项不能再被其他人检出[②]。

图 2.9 所示为访问和同步控制的流程图。同步控制需要利用访问控制功能。同步控制确

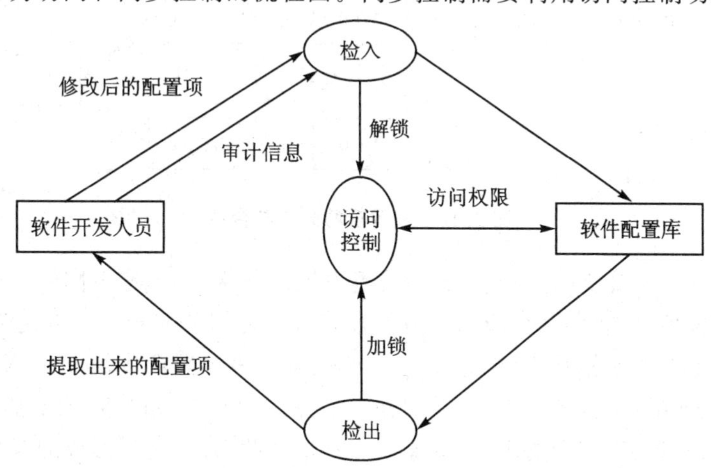

图 2.9　访问和同步控制的流程图

① 哪些人员具有“读”“写”“删”权限，这既是配置项的属性，也是该人员对应账户的属性。“增”属性略有不同，它只能是人员对应账户的属性。

② 这是通常的做法。也有一些配置管理工具也允许一个配置项同时被多人检出，但建议暂时忽略这种情况，在对配置管理工具有更多操作经验后再了解这种情况。

保只检出未被检出的配置项。当软件开发人员需要变更一个配置项时，首先通过访问控制功能，确定开发人员是否有修改配置项的权限。如果有，从软件配置库中检出软件配置项到开发人员的工作环境。访问控制功能对该配置项"加锁"，表示有用户在进行修改，其他用户不得修改。开发人员在自己的工作环境中修改配置项，当修改完成、通过审计后，软件配置项从开发人员工作环境检入到软件配置库中。检入之后，访问控制功能给该配置项"解锁"，表明没有用户在修改该配置项。

当软件开发人员需要阅读一个配置项时，首先通过访问控制要求，确定开发人员是否有"读"配置项的权限。如果有，则允许开发人员阅读，此时不需要检出。开发人员阅读完成之后也不需要检入。在一个开发人员阅读的时候，其他的开发人员可以进行检出修改活动。

2.3.2 分支与合并控制

在软件开发过程中，由于时间的原因，多项工作可能需要同时进行。例如，开发团队可能要在当前配置项版本上继续开发，增加新的功能。而测试团队需要测试、修改当前版本。此时，如果利用版本的分支与合并技术可以让两项工作同时进行。

当进行版本分支时，当前配置项版本一分为二，复制为两个相同的版本，然后各自依据一个版本进行后续工作，演化形成自己的工作版本。当工作到一定程度时，对两个演化出来的工作版本进行合并，形成一个统一的新版本。

以图 2.10 为例，V3.0 被复制，此时称为配置项版本分支。开发团队可在一个 V3.0 版本的基础上进行开发，添加新功能，经过演化后得到 V3.5X 版本。测试团队可在对另一个 V3.0 版本进行测试，发现问题更改后形成 V3.5Y 版本。V3.5X 与 V3.5Y 版本可以进行合并，形成 V4.0 版本。

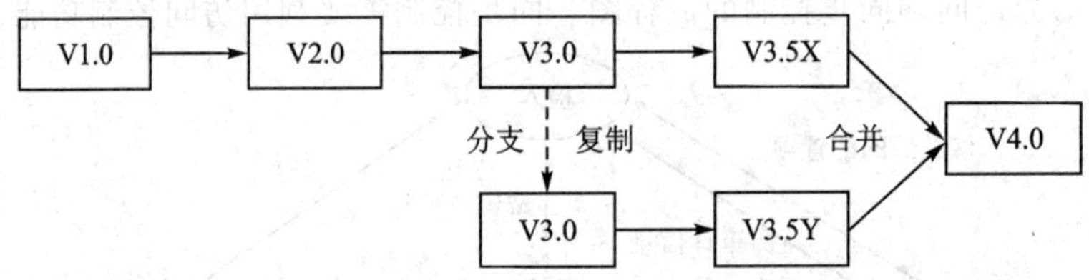

图 2.10 配置项的分支与合并

在进行配置项版本分支时，应当明确分支配置项的技术状态，使不同的工作团队有共同的认识。在进行配置项版本合并时，应当注意待合并版本之间的差异。合并之后的版本与相关的配置项在内容上应该是相互协调、完整的。例如，对开发团队形成的 V3.5X 版本软件，应当有与该版本协调、一致、完整的需求、设计文档。对测试团队形成的 V3.5Y 版本软件，也应该有与该版本协调、一致、完整的需求、设计文档。不仅如此，合并之后形成的 V4.0，也应该有与之相协调、一致的需求、设计文档。

合并控制是版本分支与合并控制中的主要工作。从技术上说，简单的方法是比较两个版本的差异，然后人工进行合并。也可以使用工具开展相关工作，比如并发版本系统(CVS)，该工具是一个能实现版本分支和合并的典型工具。

2.3.3 高级别的变更控制

变更贯穿于整个软件生存周期,如果没有变更,就无需软件配置管理。因此变更控制是配置控制甚至配置管理的主要内容。在所有的软件配置控制中,有一种高级别的变更控制,比如基线变更控制,对于这类变更控制,需要企业级别的变更控制委员会做出决定,并且需要遵循一套严格的变更程序。

1. 变更控制委员会

变更控制委员会(CCB: Change Control Board),也被称为变更控制授权人(CCA: Change Control Authority)或者配置控制委员会[①](CCB:Configuration Control Board),它是企业决定是否变更的高级决策组织,其成员一般包括技术主管、用户代表、质量专家、行政主管等。

CCB 的作用是从全局的观点来评估变更对配置项之外的工作影响。例如,变更将对硬件产生什么影响?变更将对性能产生什么影响?变更将怎样改变客户对产品的感觉?变更将对产品的质量与可靠性产生什么影响?

如果软件的规模过大,可以设置多个层次的 CCB。例如,可以设置企业级、部门级的 CCB。前文说过,当软件规模过大时,软件的配置库也可以设置更多级别的受控库。这两个说法是一致的。企业可以根据自身情况为每个级别的受控库设立相应级别的 CCB。

2. 高级变更控制程序

高级变更控制一般具有一套规范、严格的程序。各个企业可以根据自身的需要制定相应的程序。以下是一个变更控制程序的示例。

① 提交变更申请单。当在测试或用户使用发现一个重大问题时,开发人员提交变更申请单。申请单的内容包括变更申请人、日期、目标、必要性、需要变更的配置项清单、对其他配置项的影响、对开发进度的影响、对顾客服务的影响、进度安排、需要的人员、设备、费用等。

② CCB 决策是否进行变更。CCB 通过研讨、评审等形式决定是否进行变更。如果同意变更,则发放变更批准单。表 2.4 所示为一张变更申请单,其中包括审批意见。

③ 开发人员实施变更。开发人员获得变更批准单之后,从产品库或受控库的基线中检出待变更的配置项,并实施变更。

④ 完成变更之后,测试人员针对变更开展测试工作。开发人员对测试发现的问题进行归零。

⑤ 配置审计。测试完成之后,配置审计人员对变更后的配置进行审计。

⑥ CCB 决策变更后的配置项是否进入基线。CCB 对完成上述工作的配置项进行评审,决策变更后的配置项能否进入基线。

⑦ 发布新的版本。

---

① 例如 GB/T 12505—9 规定。

表 2.4 软件变更申请单

<table>
<tr><td colspan="6" rowspan="3">软件变更申请单</td><td>登记号</td><td colspan="3"></td></tr>
<tr><td>登记日期</td><td colspan="3">年 月 日</td></tr>
<tr><td>评审日期</td><td colspan="3">年 月 日</td></tr>
<tr><td colspan="2">所属系统</td><td></td><td>软件名称</td><td colspan="2"></td><td>代号</td><td colspan="3"></td></tr>
<tr><td>过程名称</td><td>系统需求□</td><td>需求分析□</td><td>概要设计□</td><td>详细设计□</td><td>软件实现□</td><td>集成测试□</td><td>确认测试□</td><td>系统测试□</td><td>运行维护□</td></tr>
<tr><td>报告人</td><td colspan="3">姓名：</td><td colspan="3">单位：</td><td colspan="3">电话：</td></tr>
<tr><td colspan="10">问题：子程序□ 程序□ 数据库□ 文档□ 改进□
子程序： 修订版本号： 媒体：
数据库： 文档：
测试用例： 硬件：</td></tr>
<tr><td colspan="10">问题描述/影响：</td></tr>
<tr><td colspan="10">变更建议：</td></tr>
<tr><td colspan="10">审核意见：
年 月 日</td></tr>
<tr><td colspan="10">会签意见：
年 月 日</td></tr>
<tr><td colspan="10">批准意见：
年 月 日</td></tr>
</table>

2.4 相关补充说明

本章前文已经阐述了标识、审计、状态报告的要义，这里再进一步地阐述若干与之相关的内容。

① 标识：需要进一步阐明的是，配置管理的标识工作，不仅包括软件配置项的标识，还包括基线标识、软件配置库标识。

② 审计：审计的核心内容是验证与确认。在实际操作中，审计的核心内容又时常描述成功能配置审计（FCA：Functional Configuration Audit）与物理配置审计（PCA：Physical Configuration Audit）。功能配置审计验证软件的功能和接口与软件需求规格说明的一致性。物理配置审计检查程序与文档的一致性、文档与文档的一致性、以及与标准规范的符合性。通过功能配置审计、物理配置审计的内容可以看出，它们分别与确认与验证具有一一对应的关系。①

① 需要注意的一点是：上述内容属于配置（项）审计的内容。配置审计与配置管理审计不一样，配置管理审计的内容是检查配置管理过程是否与标准、规范、计划1一致。

③ 状态报告：状态报告应当把配置管理过程中的标识、变更控制、审计工作事件记录下来。状态报告应当成为迅速查明配置管理工作及软件配置状态的一份索引文件。

2.5 配置管理标准与工具

如何评价软件配置管理的效果？什么样的配置管理是成功的？这首先要对照有关的标准，对软件配置管理工作进行衡量，然后根据实际工作确定软件配置管理的度量准则。遵循配置管理标准，符合度量准则，就是成功的配置管理。表 2.5 所列为一些与配置管理相关的标准。

表 2.5 配置管理标准

标准	简要描述
ISO/IEC TR 18018 - 2010，Information technology - Systems and software engineering - Guide for configuration management tool capabilities	为采购过程中评价和选择配置管理工具提供指导
GB/T 20158—2006，信息技术—软件生存周期过程—配置管理	规定了计算机软件配置管理的实施要求，以用于软件产品的开发、维护和运行
GJB5235—2004，军用软件配置管理	规定了军用软件配置管理的基本要求、内容和方法。适用于军用软件生存周期各阶段的配置管理，其他软件也可参照执行
IEEE Std 828—2012，IEEE Standard for Configuration Management in Systems and Software Engineering	为配置管理确立了最低过程需求
EIA649C，Configuration Management Standard，2019	定义了五个配置管理功能及其支撑原理
MIL - HDBK - 61A，MILITARY HANDBOOK：Configuration Management Guidance，2001	为美国国防部采购、后勤以及其负责配置管理的人员提供指导和信息
MIL - STD - 2549，Configuration Management Data Interface，1997	确定了电子配置管理数据的交互、访问的标准接口

目前市面上也有较多成熟的软件配置管理工具，用户可以根据自身软件的特点进行选择，表 2.6 所列为一些常见的配置管理工具。

表 2.6 常见配置管理工具

工具	厂商	备注
VisualSource Safe(VSS)	Microsoft	适合小型项目
ClearCase	IBM	适于大型项目开发
SVN(Subversion 简称)		开源版本控制工具
Git		免费开源分布式版本控制工具，大小项目均适用
PVCS	Merant	

本章要点

① 软件配置管理一般包括四项活动:标识、控制、审计、状态报告。

② 整个软件生存周期都存在软件配置的概念。软件配置是软件配置项的组合。

③ 通过软件配置管理可以明确软件开发全过程的技术状态。软件配置管理工作的核心是变更控制。

④ 基线是软件开发过程中的里程碑,由一个或若干个配置项组成,是后续开发的基础。常见的基线有功能基线、分配基线、产品基线,俗称"三线"。

⑤ 存储软件配置、配置项的数据库称为软件配置库。常见的软件配置库有软件开发库、软件受控库和软件产品库,俗称"三库"。

⑥ 软件配置控制有访问控制、同步控制、分支和合并控制。访问控制控制用户访问配置项的权限。同步控制避免多个用户同时修改配置项可能出现的不一致问题。

⑦ 版本控制包括版本的访问控制、同步控制、分支和合并控制。基线变更控制是高级别的变更控制,由变更控制委员会组织实施严格的变更程序。

本章习题

1. 为什么需要进行软件配置管理?

2. 软件配置管理的主要活动及其内容是什么?

3. 软件配置与软件配置项之间的关系是什么?

4. 请列出软件开发过程中有哪些制品会发生变更?

5. 判断以下场景中,哪些行为是不合理的,并说明原因。

① 程序员甲检出 A 文件,在甲检出 A 文件前,程序员乙检出 A 文件,作出修改并检入 A 文件。

② 某开发人员发现基线版本中存在一个缺陷,立即在版本控制软件中修复了这一缺陷。

6. 有一段 C 语言程序,存储在文件 Prime.c 中,最初,其功能是检查一个 1 000 以内正整数能否表示成两个质数之和,如果是,输出"TRUE",否则输出"FALSE"。该程序由甲、乙、丙三位程序员开发。甲负责 GetAnInteger()函数开发;乙负责 PrimeJudging()函数开发;丙负责 main()函数开发以及整个程序的集成。Prime.c 存储在 VSS 数据库中,甲、乙、丙分别通过网络使用 VSS 客户端访问该 Prime.c 文件。

后来,由于用户需求改变,程序功能变更为:检查一个 5 000 以内正整数能否表示成三个质数之和,如果是,输出"TRUE",否则输出"FALSE",并将结果输入到文件 JudgerResult.txt。

请结合 VSS 工具,说明修改 Prime.c 时的同步控制流程。

```
#include<stdio.h>
intGetAnInteger()
{
    intIntegerJudged;
```

```
    while(1)
    {
        printf("Please input a positive integer between 1 and 1000:\n");
        scanf(" % d",&IntegerJudged);
        if((IntegerJudged<0)||( IntegerJudged> = 1000))
        {
            printf("The integer is beyond the limit.\n");
        }
        else
        {
            returnIntegerJudged;
        }
    }
}

intPrimeJudging(int temp)
{
    inti,j = 0;
    if(temp == 1)
    {
        return 0;
    }
    else if(temp == 2)
    {
        return 1;
    }
    else
    {
        for(i = 2;i< = temp - 1;i ++ )
        {
            if(temp % i == 0)
            {
                j ++ ;
            }
        }
        if(j == 0)
        {
            return 1;
        }
        else
        {
            return 0;
        }
    }
}
```

```
void main(void)
{
    intCounter,IntegerJudged;
    int num = 0;
    IntegerJudged = GetAnInteger();
    for(Counter = 2;Counter< = IntegerJudged - 1;Counter ++ )
    {
        if((PrimeJudging(Counter) == 1)&&(PrimeJudging(IntegerJudged - Counter) == 1))
        {
            num ++ ;
            break;
        }
    }
    if(num == 0)
    {
        printf("FALSE");
    }
    else
    {
        printf("TRUE");
    }
}
```

本章参考资料

[1] Roger S. Pressman. 软件工程：实践者的研究方法(原书第 6 版)[M]. 郑人杰等 译.北京：机械工业出版社，2007:580-603.

[2] Daniel Galin. 软件质量保证[M]. 王振宇等 译. 北京：机械工业出版社，2004:258-273.

[3] G. Gordon Schulmeyer,等. 软件质量保证(原书第 3 版)[M]. 李怀璋,等译. 北京：机械工业出版社，2003:179-202.

[4] Anne Mette Jonassen Hass. 配置管理原理与实践[M]. 龚波，黄慧萍，王高翔,译. 北京：清华大学出版社，2003.

[5] 郑人杰，殷人民，陶永雷. 实用软件工程[M]. 北京：清华大学出版社，1997:393-403.

[6] 朱少民，左智. 软件过程管理[M]. 北京：清华大学出版社，2007:125-132.

[7] 朱少民. 软件质量保证[M]. 北京：清华大学出版社，2007:101-127.

[8] Stephen P. Berczuk，Brad Appleton. 软件配置管理模式[M]. 黄明成,译.北京：中国电力出版社，2004.

[9] Dave Thomas，Andy Hunt. 版本控制之道：使用 CVS. 陈伟柱，袁卫东,译. 北京：电子工业出版社，2005.

[10] Mike Mason. 版本控制之道：使用 Subversion[M]. 2 版. 陶文,译. 北京:电子工

业出版社，2007.

[11] Ueli Wahli，Jennie Brown，Matti Teinonen，Leif Trulsson. 软件配置管理：IBM Rational ClearCase 和 ClearQuest UMC 指南[M]. 李纪华，译. 北京：人民邮电出版社，2006.

[12] GJB5235—2004.军用软件配置管理[S]，2004.

第3章　软件避错设计技术

本章学习目标

本章的目的是介绍如何在软件开发阶段即软件需求阶段、软件设计阶段和软件编码阶段进行避错设计。当你读完本章，你将了解以下内容：

- 为什么要进行避错设计；
- 什么是软件避错设计原理；
- 软件需求阶段如何避错；
- 软件设计阶段如何避错；
- 软件编码阶段如何避错。

人的错误可以导致软件故障并造成系统的失效，因此，故障是一切失效的根源。要消除软件的失效，最明智的做法是在软件设计开发过程中尽可能避免或减少故障，这就是软件避错设计的出发点。

软件避错设计体现了以预防为主的思想，避错设计适用于一切类型的软件，是软件可靠性设计的首要方法，应当贯彻于软件设计开发的全部过程中。首先说明软件避错设计为何要贯彻于软件设计开发的全部过程。

曾经有人对软件开发周期各个阶段故障引入的情况和修正一个故障所需的费用进行了统计，如表3.1和表3.2所列。表中的统计数据表明，在软件生命周期的各个阶段都可能发生软件故障，但软件需求分析和软件设计阶段发生故障的占比较多，而且改正软件故障所需的费用是越晚越高。

表3.1　软件开发周期各个阶段故障的百分数

软件开发周期各阶段	需求分析	设　计	编码与单元测试	综合与测试	运行与维护
故障百分数/%	55	17	13	10	5

表3.2　软件开发周期各阶段修正一个故障所需的费用比例

故障发生阶段	需求分析	设　计	编码与单元测试	综合与测试	运行与维护
修正故障所需费用百分数/%	5	7	8	20	60

图3.1所示为在软件开发的不同阶段由于执行者对上层设计的认识不充分而导致本阶段的软件实现与上一层的设计意图不相符，即产生了故障。

既然软件故障来自软件设计开发的各个阶段，就应想方设法在软件设计开发的各个阶段减少故障，最大限度地保证每个阶段软件的合理性和正确性。因此，本章在介绍软件避错设计原理的基础上，重点介绍了软件需求分析、软件设计和软件编码三个阶段如何进行避错。

在20世纪50和60年代，软件设计完全取决于程序员的个人思维、个人技巧和风格，没有共同认可的准则，软件质量难于把握。软件工程学建立后，经过多年的探索，出现了许多有效

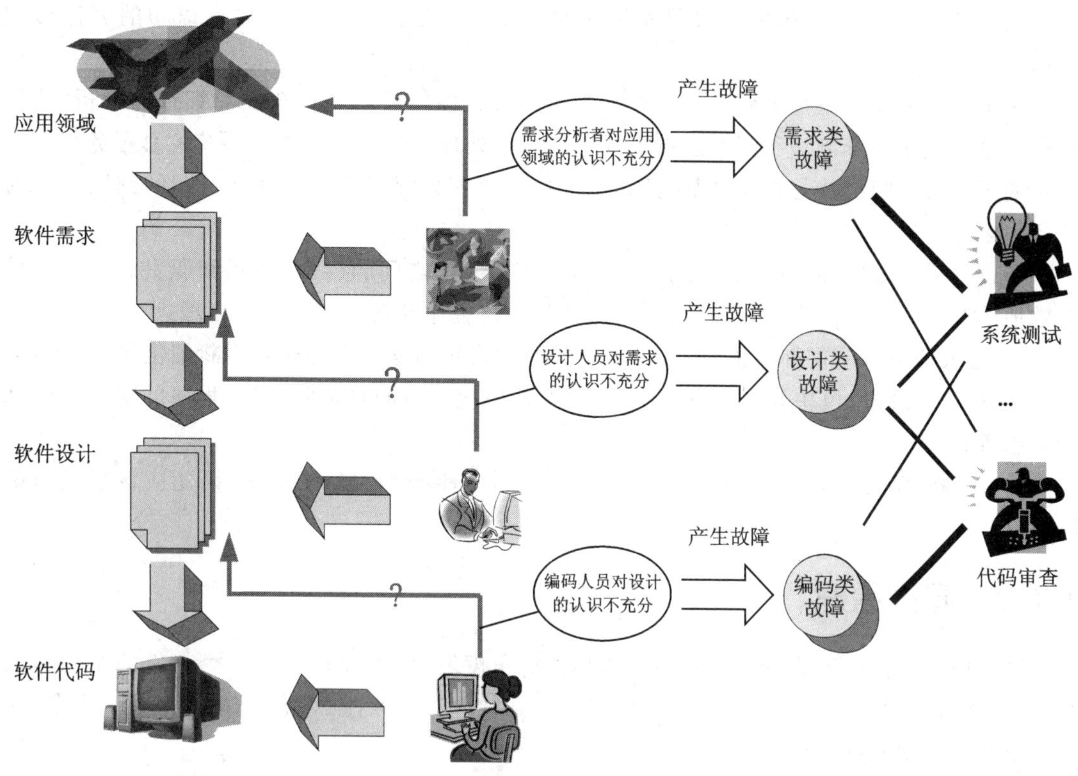

图 3.1　软件故障产生过程

的设计方法、设计准则和设计工具,如结构化设计法、面向对象设计法、模块化设计法、伪码、HIPO 图等。这些方法、准则及工具的应用,使软件的设计日趋成熟,有助于提高软件的质量。所以,软件避错设计首先要贯彻软件工程化,软件开发遵循软件工程化是软件避错设计的前提。

本章对于软件需求分析、软件设计和软件编码三个阶段的设计方法和设计工具不作介绍(读者可从软件工程的书籍中找到相关内容),仅介绍在软件开发三个阶段中与避错直接相关的准则内容。

3.1　软件避错设计原理

怎么获得一个设计良好的软件?日本的日野克重提出了七个软件避错设计原理,即简单原理、同型原理、对称原理、层次原理、线型原理、易证原理和安全原理。软件避错设计原理贯穿于软件开发的全过程。

3.1.1　简单原理

简单原理即越简单越好的原理。对于任何一个产品,普遍认为产品的结构越简单越可靠。硬件是这样,软件也是这样。简单原理是其他六个原理的基础,也是软件避错设计原理的核心内容。

从软件的角度看，简单的含义是指要求结构简单、关系简单，甚至要求语句的表达形式简单。

一个复杂的软件系统怎样实施简化？办法是对软件的需求进行全面和细致的分析，然后在这个基础上采用分割法和归纳法将系统进行简化处理。分割法是指将系统的总任务划分成一系列子任务。归纳法是指作分割的同时，将具有同一关键特征的处理项目归纳到同一类的任务中去。

通过这样的分割和归纳处理，划清了任务之间、模块之间的界面、关系和职责。其优点是有效地给简化了复杂的系统，且有利于软件的分工与合作开发。根据简单原理：

① 需求分析时应贯彻自顶向下、逐层分解的方式对问题进行分解和不断细化等；

② 在设计阶段，模块规模应该适中、力争降低模块接口的复杂度、须对程序的圈复杂度进行限制等；

③ 在编码阶段，程序设计风格中要求数据说明应便于查阅易于理解、语句应该尽量简单清晰等。

3.1.2 同型原理

同型原理是保持形式一样的原理。从软件的角度看，同型原理要求整个软件的结构形式统一、定义与说明统一、编程风格统一，以统一达到软件的一致性、规范化，防止一人一个令，一人一个调。根据同型原理：

- 需求分析组人员间应统一采用的需求建模方法、用统一的文字、图形或数学方法描述每一项功能特性、遵守统一的需求变更规范等；
- 设计人员间采用统一的设计描述方法、遵守统一的设计文档模板等；
- 编码人员间采用统一的编程风格，如源程序的标识符应该按其意思取名、如果标识符使用缩写，那么缩写规则应该一致，并且应该为每个名字加注释等。

比如在武器系统中，作战程序、维护程序、试验程序和训练程序的功能是不一样的，但在设计这些程序时，其任务树的结构形式和中断程序的处理方式等都应该是一样的，要避免两套甚至多套的做法。若有多套做法，软件容易出错且不便于修改，增加了软件调式和维护的难度。

3.1.3 对称原理

对称原理是保持形式对称的原理。从软件的角度看，对称原理要求大至整个系统的软件结构，小至程序中的逻辑控制、条件、状态和结果等的处理形式力求对称。根据对称原理：

- 功能需求分析时要求当输入有范围要求时，不仅需要列出输入在范围内的处理流程，而且需要列出输入在范围之外的处理流程；
- 设计阶段特别强调需要进行异常情况设计；
- 使用C语言编程时，条件语句 if 与 else 一般是成对出现，对于只有 if 分支没有 else 分支的代码，应检查是否真的不需要 else 分支；switch 语句中每个 case 语句的结尾不要忘记加 break，且不要忘记最后的 default 分支。

在程序中要经常判别控制逻辑的“是/非”，执行路径的“通/不通”，控制条件的“满足/不满足”，设备状态的“正常/降级/故障”，系统工作状态的“正常/异常”及处理结果的“正确/错误”

等。并根据判别结果做出全面的处理，这类处理在形式上是对称的，不能遗漏掉另一个侧面。

3.1.4　层次原理

层次原理是形式上和结构上保持层次分明的原理。从软件的角度看，软件的层次化和模块化设计方法，其本质是将系统实施简化的一种手段。

3.1.5　线型原理

线型原理从形式上讲最好能用直线描述、最多也只用矩形描述的原理。从软件设计的角度来看，线型原理是由一系列按顺序运行的可执行单位组成的函数（或程序）。线型原理也是实施简化设计的一种手段。根据线型原理：

- 函数树中发生逆向调用是不允许的，因为它严重违反了线型原理。goto 语句要少用；
- if、while、for 和 switch 等语句的使用要慎重。这些语句的嵌套层次要控制，必须限制圈复杂度的大小。

3.1.6　易证原理

易证原理是保持程序在逻辑上容易证明的原理。

为了应对软件危机，软件工作者着重应用和理论两个领域。在应用领域，开始用软件工程的方法代替程序设计的技巧；在理论领域，研究形式化数学推理在软件开发中可能起的作用。

从软件的角度看，形式化方法主要应用于程序验证，采取数学方法证明给定程序的正确性。这种论证需要正确性的严密定义，这些定义由形式化规范给出。形式化方法有其局限性，有效地使用这些方法需要专用工具的支持，对于复杂的软件系统而言，目前使用这些技术是有困难的。

另一方面，根据易证原理，当采用定量的数值说明非功能需求时应考虑系统的定量要求是否合理以及是否能够验证。

3.1.7　安全原理

安全原理是意识其必然稳妥的原理。安全设计的目的是对软件进行保护，以防止受到意外的或蓄意的存取、使用、修改、毁坏或泄密。另外也涉及数据和程序在软件安装、维护、准备过程中的物理保护。

在软件设计和编码时，重点要考虑下列设计的注意事项和策略。

① 使用操作系统提供的系统调用和函数调用时，这些系统功能模块一般都提供该模块返回时的例外信息。这些信息反映了模块执行时可能出现的异常情况，对这些情况均要分别作妥当的处理，不能怕麻烦，不能有任何疏忽。

② 全面分析临界区，防止临界区内发生冲突。

③ 动态资源有申请，就要有释放。采用有借有还策略，以免只借不还，将资源消耗尽后造成系统故障。

④ 对关键信息资源的使用，按照“权能”法，采用最小特权策略，多余的权力一律不给。

⑤ 对于安全关键功能必须具有强数据类型；不得使用一位的逻辑“0”或“1”来表示“安全”

或“危险”状态;其判定条件不得依赖于全“0”或全“1”的输入。

从避免缺陷、提高软件质量的角度,采用上述所说的避错设计是有益的。应将软件避错设计原理贯彻到软件开发的各个阶段中。

3.2 软件需求分析阶段的避错分析准则

软件需求作为软件设计开发过程的第一个阶段,直接影响到整个软件生命周期,软件需求无疑是当前软件工程中的关键问题,20 世纪 80 年代中期,逐步形成了软件工程的子领域——需求工程。进入 20 世纪 90 年代后,需求工程成为软件界研究的重点之一。在需求分析阶段,要解决软件产品应该“做什么”的问题。软件需求分析的主要任务是:定义软件的范围及必须满足的约束;确定软件的功能和性能及与其他系统成分的接口,建立数据模型、功能模型和行为模型;最终提供需求规格说明,作为指导设计和评估软件质量的依据。

近年来,研究人员已提出了许多软件需求分析与说明的方法。虽然各种分析方法都有其独特的描述手段,但总体来看,在进行软件需求分析时还是有共同适用的基本工作原则的。

3.2.1 一般准则

1. 软件需求分析人员必须和用户密切合作,各方人员须清楚地说明并完善需求

无论是软件需求分析人员还是用户都不可能单独写出满意的《软件需求规格说明书》,而应由双方密切合作,以需求分析人员为主并执笔,与用户联合编制。各方人员在需求分析的时间投入都是很有必要的。

2. 需求分析组人员间应采用统一的需求建模方法(同型原理)

软件建模可以在开发的任何阶段进行,需求分析主要是针对需求做出分析并提出方案模型。需求分析的模型有多种,需求分析建模的方法有很多种,如数据模型、功能模型、行为模型、面向对象模型等。每种模型有各自的优缺点,应根据软件的特点采用相应的建模方法和工具。

下面简单介绍数据建模、功能建模和面向对象建模。

(1) 数据建模

数据建模方法从数据的角度来对现实世界建立模型,它对问题空间的认识很有帮助。

该方法的基本工具是 ER 图(Entity Relationship Diagram, ERD),其基本要素由实体、属性和实体间联系构成,该方法的基本策略是从现实世界中找出实体,然后再用属性来描述这些实体。

图 3.2 所示为学生和课程二个实体之间的 ERD。

ERD 只关注系统中数据间的关系,而缺乏对系统功能的描述。如果将 ERD 与数据流图(DFD)两种方法相结合,则可以更准确地描述系统的需求。

需求分析阶段使用实体关系图描述系统中实体的逻辑关系,在设计阶段则使用实体关系图描述表之间的关系。

信息建模和面向对象分析虽接近,但仍有很大差距。在 ERD 中,数据不封闭,每个实体和它的属性的处理需求不是组合在同一个实体中,没有继承性和消息传递机制来支持模型,但

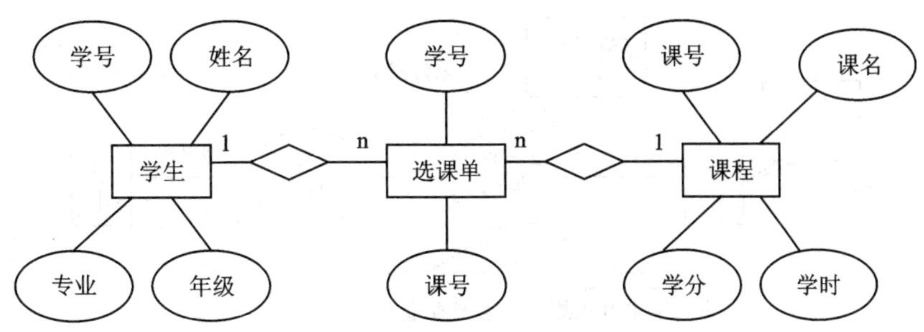

图 3.2　学生和课程之间的 ERD

ERD 是面向对象分析的基础。

(2) 功能建模

数据流图(Data Flow Diagram，DFD)，数据字典(Data Dictionary，DD)等都是功能建模方法。

DFD 是用来描述系统逻辑模型的一种图形工具，从数据传递和加工的角度，以图形的方式刻画数据流从输入到输出的移动变换过程。

表 3.3 所列为 DFD 中的基本符号。

表 3.3　DFD 中的基本符号

符　号	含　义
或	数据的源点或终点
	数据流
或	数据存储
或	加　工

图 3.3 所示为学生购买教材的 DFD。

DD 是关于数据流图中各种成分详细定义的信息集合，可将其按照说明对象的类型划分为四类条目，分别为数据流条目、数据项条目、数据文件条目和数据加工条目。DD 的任务是对于数据流图中出现的所有被命名的图形元素在字典中作为一个词条加以定义，使得每一个图形元素的名字都有一个确切的解释。

下面以数据流条目举例说明。一个数据流条目应有以下几项内容。

① 数据流名：数据流的名称。

② 说明：简要介绍作用即它产生的原因和结果。

③ 数据流来源：即该数据流来自何方。

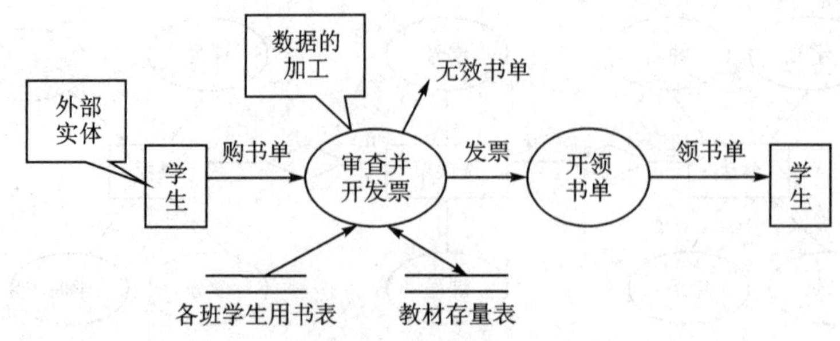

图 3.3　学生购买教材的 DFD

④ 数据流去向：去向何处。

⑤ 数据流组成：数据结构。

⑥ 数据量流量：数据量、流通量。

图 3.4 所示为数据流条目描述的一个示例。

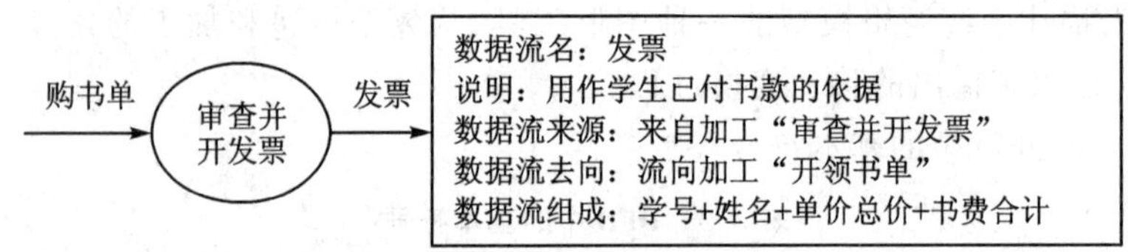

图 3.4　数据流“发票”的 DD

该方法的一个难点是确定数据流之间的变换，而且数据词典的规模也是一个问题，它会引起所谓的“数据词典爆炸”。

(3) 面向对象建模方法

面向对象的技术是近 30 年发展起来的，是将 ER 图中的概念与面向对象程序设计语言中的主要概念结合在一起而形成的一种分析方法。

面向对象分析(OOA)、面向对象设计(OOD)、面向对象编码(OOP)、面向对象测试(OOT)是构成面向对象系统的主要活动，它们也构成了面向对象软件工程的主要活动。

目前，在整个软件开发过程中面向对象方法是很常用的方法，采用面向对象的方法时，在需求阶段建立对象模型，在设计阶段使用这个模型，在编码阶段使用面向对象的编程语言开发这个系统。

面向对象的建模工具一般采用统一建模语言(Unified Modeling Language，UML)，详细内容可参见由 UML 的三位创始人 Ivar Jacobson、Grady Booch、James Rumbaugh 亲自撰写的《UML 参考手册》《UML 用户指南》和《统一软件开发过程》。《UML 参考手册》是一本“词典”；《UML 用户指南》是一本“语法书”；《统一软件开发过程》是一本运用这种语言构建一个软件工程的“使用方法”。

3. 需求分析必须贯彻自顶向下、逐层分解的方式对问题进行分解和不断细化(简单原理)

做好顶层设计，构建主要框架。然后再逐步深入确定细节层次。切忌“只见树木，不见森林”，顾此失彼。通常，软件要处理的问题作为一个整体来看，显得太大、太复杂、很难理解。把问题以某种方式分解为几个较易理解的部分，并确定各部分间的接口，从而实现整体功能，体现了软件避错设计原理中简单原理和层次原理的思想。

在需求分析阶段，软件的功能域和信息域都能做进一步的分解。这种分解可以是同一层次上的，称为横向分解；也可以是多层次的纵向分解。

例如，把一个功能分解成几个子功能，并确定这些子功能与父功能的接口，这属于横向分解。但如果继续分解，把某些子功能又分解为小的子功能，某个小的子功能又分解为更小的子功能，这就属于纵向分解了。

4. 软件需求分析阶段必须编制软件需求规格说明文档

软件需求规格说明应遵守相应的格式和内容要求，必须确保软件需求规格说明的正确性、无歧义性、完整性、一致性、可验证性、可修改性和可追踪性。

软件需求规格说明是软件产品的重要文档之一，是用户和开发者相互理解的基础，是软件设计和编码的依据，软件测试和系统综合的基准。

① 一个软件产品的软件需求规格说明是正确的，当且仅当其中的每一条需求体现了该软件产品应该具备的特性。

② 一个软件产品的软件需求规格说明是无歧义的，当且仅当其中的每一条需求只有唯一的解释。无歧义性就是要用唯一定义的术语来描述软件产品的各个特性。如果一个术语在特定的上下文中可能有多种含义，那么要在术语表中规定其特定的含义。

③ 一个软件产品的软件需求规格说明是完整的，当且仅当它包含了以下成分：

- 所有与功能、性能、设计约束、属性、外部接口有关的重要需求，特别是系统规范中提出的外部需求；
- 软件对所有环境中的所有合法和非法输入数据的响应；
- 所有图、表的标识和索引，所有术语和量纲的定义。

一般来说，含有“待定(TBD)”的软件需求规格说明是不完整的。

① 一个软件产品的软件需求规格说明是一致的，当且仅当独立的需求子集中没有矛盾：

- 对实际对象规定了相互矛盾的特性；
- 两个规定的动作之间有逻辑或时序的矛盾；
- 用不同的术语描写同一个对象。

② 一个软件产品的软件需求规格说明是可验证的，当且仅当每一条需求都可用某种成本有限的过程来检测其是否被软件产品满足。如果对一条需求找不到验证的方法，应改写或删除它。

③ 一个软件产品的软件需求规格说明是可修改的，当且仅当可以容易地、完整地和一致地更改某些需求并保持整个文档的结构和风格。

④ 一个软件产品的软件需求规格说明是可追踪的，当且仅当每一条需求有明确的出处并且便于被其他文档引用。建议采用以下两种可追踪性：

- 向上可追踪性，即标明每一条需求的来源；
- 向下可追踪性，即每一条需求有唯一的标识供其他文档引用。

实现可追踪性的必要条件是每一条需求要有唯一的标识号。

编写一份清晰、准确的需求文档是很困难的。由于处理细节问题不但烦琐而且耗时，因此很容易留下模糊不清的需求。但是在开发过程中，必须解决这种模糊性和不准确性，而用户恰恰是为解决这些问题作出决定的最佳人选。

在需求分析中暂时加上“待定”标志是个方法。用该标志可指明哪些是需要进一步讨论、分析或增加信息的地方，有时也可能因为某个特殊需求难以解决或没有人愿意处理它而标注上“待定”。客户要尽量将每项需求的内容都阐述清楚，以便分析人员能准确地将它们写进“软件需求报告”中去。如果用户一时不能准确表达，通常要求应用原型技术，通过原型开发，用户可以同分析人员一起反复修改，不断完善需求定义。

5. 软件需求分析完成后必须进行软件需求外部评审，以确保对软件需求理解的一致性和准确性

评审需求文档是一个为需求分析人员提供反馈信息的机会。如果用户认为编写的“需求分析报告”不够准确，就有必要尽早告知分析人员并为改进提供建议。

更好的办法是先为产品开发一个原型。这样用户就能提供更有价值的反馈信息给分析人员，使他们更好地理解软件需求；原型并非是一个实际应用产品，但分析人员能将其转化、扩充成功能齐全的系统。

6. 需求变更要立即联系，并遵照制定的软件需求变更规范

不断的需求变更，会给在预定计划内完成的质量产品带来严重的不利影响。变更是不可避免的，但在开发周期中，变更越在晚期出现，其影响越大；变更不仅会导致代价极高的返工，而且工期将被延误，特别是在大体结构已完成后又需要增加新特性时。所以，一旦用户发现需要变更需求时，应立即通知分析人员。

为将变更带来的负面影响降低到最低限度，所有参与者必须遵照项目变更控制过程。这要求不放弃所有提出的变更，对每项要求的变更进行分析、综合考虑，最后做出合适的决策，以确定应将哪些变更引入项目中，即发生需求变更，必须经过变更申请、变更评估、决策、验证这4个步骤，一般需遵循以下要求：

① 必须完整、准确地说明修改内容和原因。

② 提供准确和完整的审查记录，并同时保存修改前和修改后的条款。

③ 对软件需求的更改必须执行配置管理规范，严格实施更改管理。

④ 对更改过的软件需求在软件需求规格说明中必须有更改记录，确保对有关文档进行更改。

3.2.2 功能需求分析准则

1. 全面了解软件功能

必须全面了解软件的每一项功能，包括用户期望如何利用软件完成任务的场景或流程信息，并用文字、图形或数学方法描述其特性。

软件的功能需求是需求分析阶段的重点，首先必须明确功能需求的内容，确保功能需求的完整性、无歧义性和一致性，可以从以下方面着手。

① 应明确每个功能的输入、输出及处理流程，尽量画出系统的功能层次图和外部接口图。

② 必须描述与功能有关的所有输入信息，包括其来源、意义、格式、接收方法、数量、输入范围及换算方法，必须说明时间要求、优先顺序(常规作业、紧急情况)，操作控制要求和所用的输入媒体，确保输入信息正确无误。

③ 必须描述与功能有关的所有输出信息，包括信息的传送方法、意义、格式、数量、输出范

围及换算方法，必须说明时间要求、优先顺序和输出形式（显示、打印等），确保输入信息正确无误。

④ 所有的软件功能都应该被清楚地标识和编号，保证所有的需求不会重叠或冲突。可使用需求依赖矩阵帮助寻找矛盾或重复的需求。需求依赖矩阵如表 3.4 所列，其中“×”代表不冲突或不重复。

表 3.4 需求依赖矩阵

需 求	R1	R2	R3	R4
R1	×	×	×	×
R2	冲突	×	×	×
R3	×	×	×	×
R4	×	重叠	重叠	×

⑤ 需求分析时如果有上一级文件作为依据，则应明确需求与上一级文件中对该需求的映射关系，可以使用如表 3.5 所列的追踪表。

表 3.5 追踪表

本文档中的需求标识号	POP 中的章条号
3.2.1.1	5.1 导出需求
3.2.1.1	5.2 导出需求
3.2.1.1	5.3 导出需求
3.2.2.1	导出需求
3.2.2.2	导出需求
3.2.2.3	导出需求
3.2.2.4.1.a	7.1.1
3.2.2.4.1.b	7.1.1

2. 当输入有范围要求时的处理准则

当输入有范围要求时，不仅需要列出输入在范围内的处理流程，而且需要列出输入在范围之外的处理流程。

根据软件避错设计原理的“对称原理”，当输入有范围要求时，不仅需要考虑合理范围的处理流程，更要注意无效范围的处理流程。

例：某模块 DTPP 根据输入“操作控制字”不同时执行不同的任务，“操作控制字”为二位 BIT，取值为 0、1、2、3，取值 1、2 为合理范围，其他为无效范围，其处理流程应写成：

① 当操作控制字为 1 时，DTPP 执行上电 BIT 任务，上电 BIT 任务完成 RAM BIT；

② 当操作控制字为 2 时，DTPP 执行启动 BIT 任务，启动 BIT 任务完成 RAM BIT、ROM BIT；

③ 当操作控制字为其他时，DTPP 不响应（输入在范围之外的处理流程）。

3. 分析软件运行中的异常情况并考虑相应的保护措施

必须仔细分析软件运行过程中各种可能出现的异常情况，处理过程应考虑相应的保护措施。特别当采用现成软件时，必须仔细分析原有的异常保护措施对于现有的软件需求是否足够且完全使用。异常处理措施必须使系统转入安全状态，并保持计算机处于运行状态。

4. 定义软件功能所涉及的各种数据，明确数据的度量单位、精度、分辨率等信息

所有软件定义与开发工作最终是为了解决数据处理问题，就是将一种形式的数据转换成另一种形式的数据。其转换过程必定经历输入、加工数据和产生结果数据等步骤，所以定义软件功能时一定会涉及到相关的数据，必须规定静态数据、动态输入输出数据及内部生成数据的逻辑结构，列出这些数据的清单，说明对数据的约束。同时，必须规定数据采集的要求，说明被采集数据的特性、要求和范围。对重要的数据使用前后都要进行检验。推荐建立数据字典，并阐明数据的来源、处理及目的地。

例：表 3.6 所列为输出量故障码字节编码说明。

表 3.6　输出量故障码字节编码说明

数据位(8bit)	内　容	说　明
D7	RAM 故障	1＝故障 0＝正常
D6	ROM 故障	1＝故障 0＝正常
D5	WDT 故障	1＝故障 0＝正常
D4	键盘卡死故障	1＝故障 0＝正常
D3～D0	备用	0

另外，对于任何数据都必须规定其合理的范围(例如值域、变化率等)。如果处理的数据超出了规定的范围，就必须进行出错处理。

3.2.3　非功能需求分析准则

1. 须全面分析软件有哪些非功能需求

非功能需求关心整个软件系统的属性，如性能、内存利用、可用性、运行要求、适应性要求等，软件的非功能需求根据应用领域的具体需求确定，不能遗漏也不要多余。

用户可以要求分析人员在实现功能需求的同时还注意软件的非功能需求，因为这些非功能需求能使软件更准确、高效地完成任务。例如：用户有时要求产品要“界面友好”或“健壮”或“高效率”，但对于分析人员来讲，太主观了并无实用价值。正确的做法是，分析人员通过询问和调查了解客户所要的“友好、健壮、高效”所包含的具体特性，具体分析哪些特性对哪些特性有负面影响，在性能代价和所提出解决方案的预期利益之间做出权衡，以确保做出合理的取舍。

2. 当采用定量的数值说明非功能需求时，应考虑系统的定量要求是否合理，是否能够达到以及是否能够验证

表 3.7 中列出了一些可能的度量，应特别注意，避免规定一些不可能的数值或不可能被测试的数值。该要求体现了软件避错设计原理中易证原理的思想。

例：以下是一些软件给定的定量要求。

① 存储容量：ROM 256 K，RAM 256 K。

② 处理时间：每 5 ms 处理 MBI 数据，每 50 ms 处理 IOP 接口数据。

③ 5 m 内导入的数据大小 1 M。

④ 1 m 内处理的记录数为 10 000 条。

表 3.7　可能的度量

非功能需求	可以使用的度量	备　注
性　能	1. 存储器的容量。一般包括处理的记录数和处理数据的最大容量等 2. 如有精度要求，确定其精度要求，一般包括数据或数值计算的精度要求、数据传输的精度要求等 3. 如有时间特性要求，确定其时间特性要求，一般包括处理时间、响应时间等 4. 对于实时嵌入式软件，必须说明的实时性要求，一般包括周期任务处理时间、中断响应时间、采集数据时间、两次输出间隔时间等	软件工作的时序处理要求，要结合具体的被控对象确定各种周期；当各种周期在时间轴上安排不下时，应要求采取更高性能的 CPU 或多 CPU 并行处理，以确保软件设计时的工作时序之间留有足够的余量；一般包括采样周期、数据处理周期、控制周期、自诊断周期、输入输出周期等
可靠性	失效率、失效强度、平均失效间隔时间	对有可靠性指标的软件，还应与用户密切配合，确定软件使用的功能剖面，并制定软件可靠性测试计划

3. 对于需要处理避免敏感数据的软件，必须提出保密性要求

保密性要求可以采用加密算法、保存数据历史纪录、把功能分配到不同模块；限制某些软件内部通信；检查关键数据的完整性。

例如为保证子系统所处理的各类数据的保密性，子系统基于 Oracle 数据库提供 C3 级数据安全保密等级，并提供用户管理、角色管理、权限管理、用户审计等安全管控手段，保障各类数据的使用安全。

3.3　软件设计阶段的避错设计准则

软件需求分析解决了所开发的软件“做什么”的问题，下一步就要着手对软件系统进行设计，也就是考虑应该“怎么做”的问题。软件设计就是根据所标识的信息域的软件需求，以及功能和性能需求，进行数据设计、系统结构设计、过程设计、界面设计。现代软件工程要解决的问题就是软件的质量和效率，而软件设计的好与坏直接影响软件的质量，所以软件设计是整个系统开发过程中最为核心的部分。软件设计阶段的主要任务是：将分析阶段获得的需求说明转换为计算机中可实现的系统，完成系统的结构设计，包括数据结构和程序结构，最后得到软件设计说明书。

软件工程师们在开发计算机软件的长期实践中积累了丰富的经验，总结这些经验得出一些设计准则。这些设计准则往往能帮助找到改进软件设计提高软件质量的途径，因此有助于提高软件的质量。下面分别从以下几个方面阐述如何进行避错设计：

① 程序结构设计。

② 软件简化设计。

③ 软件健壮性设计。

④ 软件冗余设计。

3.3.1 程序结构设计

软件的程序结构设计应按自顶向下的方式，对各个层次的过程细节和数据细节逐层细化，直到用程序设计语言的语句能够实现为止，从而确立整个程序结构。在进行软件结构设计时应遵循以下准则：

1. 模块化和模块独立性

模块化是好的软件设计的一个基本准则，模块化是把复杂问题分解成若干个小问题，从而可减少解题所需的总工作量，是简单化设计原则的具体体现。是不是只要把程序划分成若干个模块，就可以获得上述的模块化所带来的好处呢？事实并非如此。合理的模块划分和组织，能大大地提高软件质量，反之，软件质量可能会下降。怎样划分和组织模块才合理呢？一条指导模块划分和组织的重要准则，就是“模块独立”。

模块独立性是指软件系统中每个模块只涉及软件要求的具体的子功能，而和软件系统中其他的模块的接口是简单的。例如，若一个模块只具有单一的功能且与其他模块没有太多的联系，则称此模块具有模块独立性。

关于模块独立性的度量，一是耦合性，二是内聚性。

耦合性是模块间相对独立性(相互依赖程度)的度量。耦合性越高，模块独立性越弱，模块间耦合的类型从耦合强度由低到高有以下几种。

(1) 无直接耦合

如果两个模块之间没有直接关系，它们之间的联系完全是通过主模块的控制和调用来实现的，这就是非直接耦合。这种耦合的模块独立性最强。

无直接耦合的示例如图 3.5 所示。模块 A、B、C 分别由主模块进行调用，三者之间无直接调用关系，因此 A、B、C 之间无直接耦合。同理，E、F、G 之间和 U、V、W 之间也无直接耦合。

(2) 数据耦合

如果一个模块访问另一个模块时，彼此之间是通过简单数据参数（不是控制参数、公共数据结构或外部变量)来交换输入、输出信息的，则称这种耦合为数据耦合。

数据耦合的示例如图 3.6 所示。开发票和计算金额模块进行交互时，传递的信息为简单数据参数，包括单价、数量和金额，这些参数不是控制参数、公共数据结构或外部变量。因此，开发票和计算金额模块间存在数据耦合。

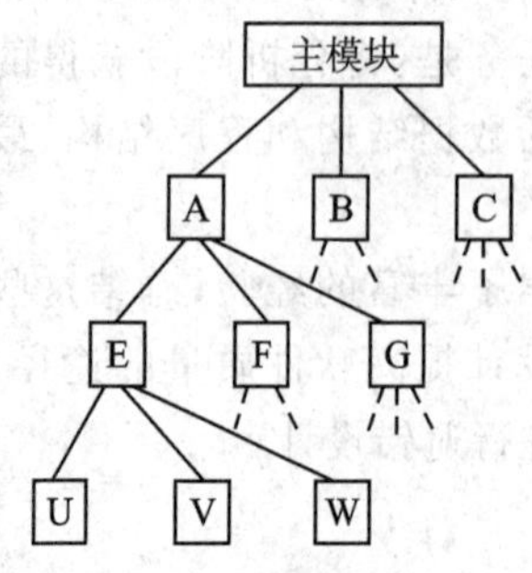

图 3.5 无直接耦合示意图

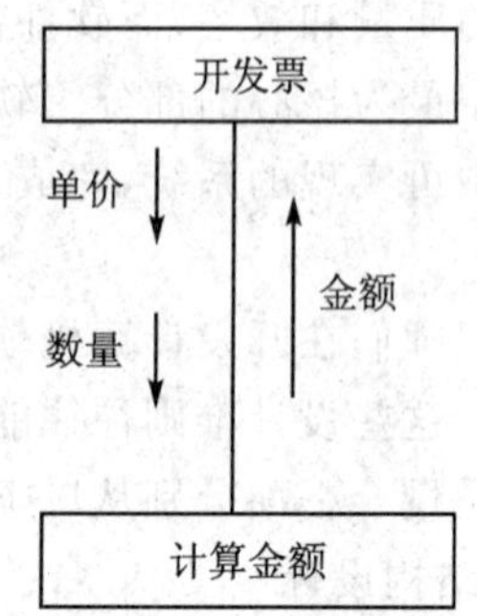

图 3.6 数据耦合示意图

(3) 标记耦合

如果一组模块通过参数表传递记录信息，就是标记耦合。这个记录是某一数据结构的子结构，而不是简单变量。

标记耦合的示例如图 3.7 所示。计算工资和计算实发工资模块进行交互时，传递的信息为工资项目、职工号和实发金额。由于可以对复数员工批量进行计算，传递信息类型可以为列表，而不局限于简单变量。因此，计算工资和计算实发工资模块间存在标记耦合。

(4) 控制耦合

如果一个模块通过传送开关、标志、名字等控制信息，明显地控制选择另一模块的功能，就是控制耦合。

控制耦合的示例如图 3.8 所示。A 模块通过向 B 模块传递标志位 Flag，控制 B 模块执行的函数，如 f1，f2 等。因此，A 模块和 B 模块间存在控制耦合。

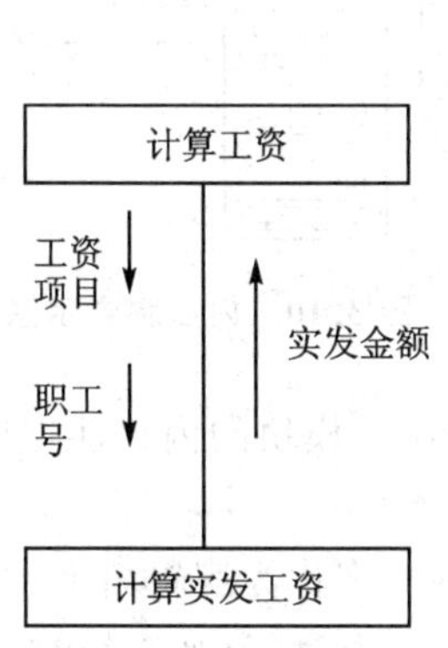

图 3.7　标记耦合示意图

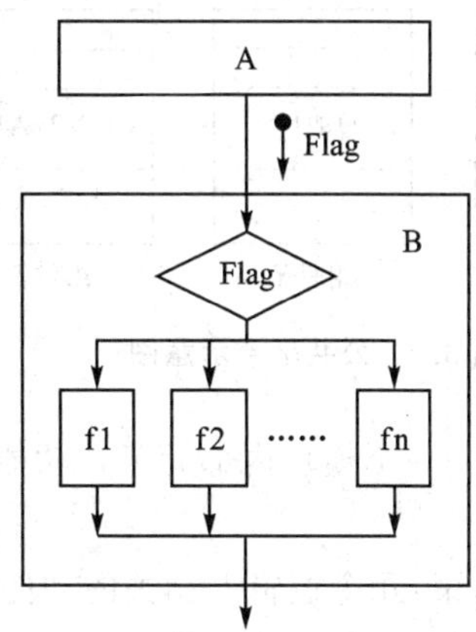

图 3.8　控制耦合示意图

(5) 外部耦合

一组模块都访问同一全局简单变量而不是同一全局数据结构，而且不是通过参数表传递该全局变量的信息，则称之为外部耦合。例如：C 语言程序中各个模块都访问被说明为 extern 类型的外部变量。

(6) 公共耦合

若一组模块都访问同一个公共数据环境，则它们之间的耦合就称为公共耦合。公共的数据环境可以是全局数据结构、共享的通信区、内存的公共覆盖区等。

公共耦合的示例如图 3.9 所示。组件 X、Y、Z 都对公共变量 V1 进行了赋值操作，则组件 X、Y、Z 具有公共耦合关系。

再如，ATM 机中有公共的帐户密码金额数据文件，如果各个函数都去操作这个文件，那各个函数就是公共耦合。改进方法是设计一个模块专门操作数据文件。其他文件调用这个模块就可以了。

(7) 内容耦合

如果发生下列情形，两个模块之间就发生了以下内容耦合：

① 一个模块直接访问另一个模块的内部数据；

② 一个模块不通过正常入口转到另一模块内部；

③ 两个模块有一部分程序代码重迭(只可能出现在汇编语言中);

④ 一个模块有多个入口。

内容耦合的示例如图 3.10 所示。组件 B 中存在跳转语句,直接跳转到组件 D 的某行代码。这种不通过组件调用而直接访问其他组件代码的行为没有通过正常入口进行访问。因此,组件 B 和组件 D 之间存在内容耦合。

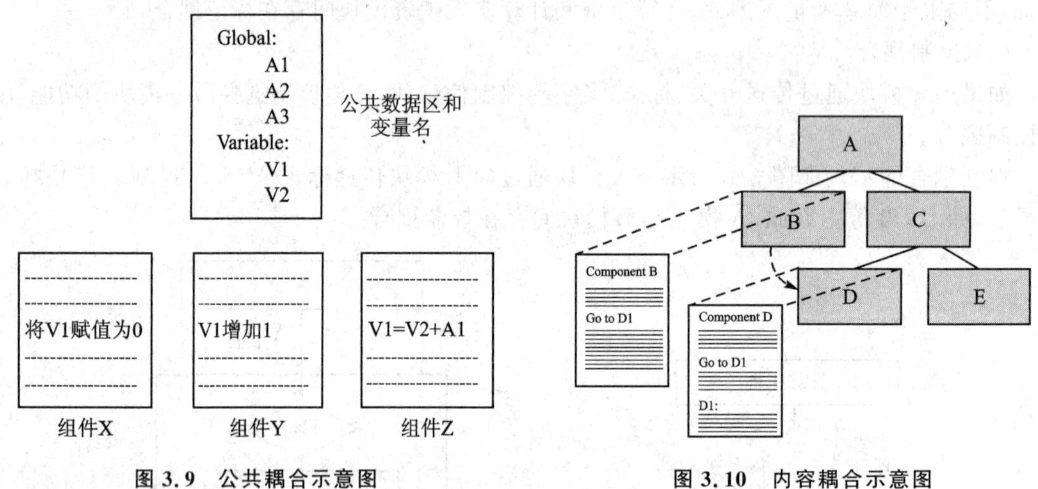

图 3.9 公共耦合示意图

图 3.10 内容耦合示意图

内聚性表明一个模块内部元素在功能上相互关联的强度。模块的内聚性类型从低到高有以下几种。

① 逻辑内聚:几个逻辑上相关的功能被放在同一模块中,则称为逻辑内聚。

② 时间内聚:如果一个模块完成的功能必须在同一时间内执行(如系统初始化),则称为时间内聚。

③ 过程内聚:如果模块完成多个需要按一定的步骤一次完成的功能,则称为过程内聚。

④ 通信内聚:如果一个模块的所有成分都操作同一数据集或生成同一数据集,则称为通信内聚。

⑤ 信息内聚:如果一个模块的各个成分和同一个功能密切相关,而且一个成分的输出作为另一个成分的输入,则称为顺序内聚。

⑥ 功能内聚:模块的所有成分对于完成单一的功能都是必须的,则称为功能内聚。

逻辑内聚、时间内聚、过程内聚、通信内聚、信息内聚和功能内聚,如图 3.11 所示。

模块设计尽量做到低耦合、高内聚,同时把握以下原则:

① 以数据耦合为主,标记耦合为辅,必要时用控制耦合,坚决消除公共耦合和内容耦合。

② 力求增加模块的内聚,尽量减少模块的耦合。

③ 增加内聚比减少耦合更重要,应当把更多的精力集中到提高内聚程度上。

④ 采用模块调用方式,而不采用直接访问模块内部有关信息的方式。

⑤ 适当限制模块间传递的参数个数。

⑥ 模块内的变量应局部化。

⑦ 将一些可能发生变化的因素或需要经常修改的部分尽量放在少数几个模块中。

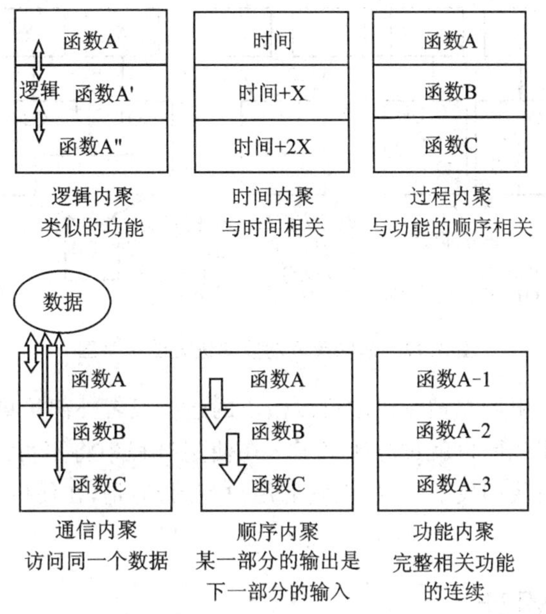

图 3.11　不同类型内聚示意图

2. 模块的单入口和单出口

这条规则告诫软件工程师不要使模块间出现内容耦合，设计出的每一个模块都应该只有一个入口一个出口。当控制流从顶部进入模块并且从底部退出来时，软件是比较容易理解的，因此也是比较容易维护的。

3. 改进软件结构提高模块独立性

设计出软件的初步结构后，应该分析这个结构，通过模块分解或合并，力求降低耦合提高内聚。例如，多个模块公有的一个子功能可以独立成一个模块，由这些模块调用；有时可以通过分解或合并模块以减少控制信息的传递及对全程数据的引用，并且降低接口的复杂程度。

消除重复功能改进方法示意图如图 3.12 所示。在改进前，Q1、Q2 模块分别含有相似功能 C，因此 Q1 与 Q2 之间不独立。为了提高模块独立性，改进方法 1 将 Q1 和 Q2 合并为 Q'，从而不用重复实现模块 C。然而，当后续需要增加类似模块 Q3 时，还需要对 Q'进一步修改，且其他模块无法显式调用 C 模块，因此不是一种好的设计。改进方法 2 将 C 从 Q1 和 Q2 中分离出来，并使 Q1 和 Q2 同时调用 C。这样做不仅保证了 Q1 和 Q2 的独立性，便于之后 Q3 的扩展，也保证了后期变更 C 的时候不用同时变更 Q1 和 Q2，是一种好的设计。

4. 模块功能应该可以预测

模块的功能应该能够预测，但也要防止模块功能过分局限。

如果一个模块可以当作一个黑盒子，也就是说，只要输入的数据相同就产生同样的输出，这个模块的功能就是可以预测的。带有内部“存储器”的模块的功能可能是不可预测的，因为它的输出可能取决于内部存储器的状态。由于内部存储器对于上级模块而言是不可见的，所以这样的模块既不易理解又难于测试和维护。

如果一个模块只完成一个单独的子功能，则呈现高内聚；但是，如果一个模块任意限制局

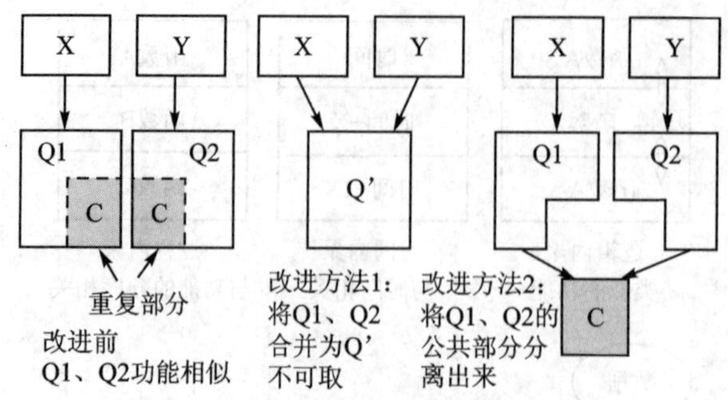

图 3.12 消除重复功能改进方法示意图

部数据结构的大小，过分限制在控制流中可以做出的选择或者外部接口的模式，那么这种模块的功能就过分局限，使用范围也就过分狭窄了。在使用过程中将不可避免地需要修改功能过分局限的模块，以提高模块的灵活性，扩大它的用户范围；但是，在使用现场修改软件的代价是很高的。

3.3.2 软件简化设计

在简化设计中，包括：

1. 模块规模应该适中

经验表明，一个模块的规模不应过大，通常不超过 60 行语句。有人从心理学角度研究得知，当一个模块包含的语句数超过 300 行以后，模块的可理解程度迅速下降。

一个模块的规模按语句数划分可分为以下三种：

- 小型软件：语句数在 60 行左右。
- 中型软件：语句数在 60～150 行左右。
- 大型软件：语句数在 200 行左右，最多不要超过 500 行。

过大的模块往往是由于分解不充分，但是进一步分解必须符合问题结构，一般来说，分解以后不应该降低模块的独立性。过小的模块开销大于有效操作，而且模块数目过多将使系统接口复杂。因此过小的模块有时不值得单独存在，特别是只有一个模块调用它时，可以把它合并到上级模块中去而不必单独存在。应注意，分解后不应降低模块的独立性。

2. 深度、宽度、扇出和扇入都应适当

深度表示软件结构中控制的层数。它往往能粗略地标志一个系统的大小和复杂程度。深度和程序长度之间应该有粗略的对应关系，当然这个对应关系是在一定范围内变化的。如果层数过多则应该考虑许多管理模块是否过分简单了，能否适当合并。

宽度是软件结构内同一层次上的模块总数的最大值。一般说来，宽度越大系统越复杂。对宽度影响最大的因素是模块的扇出。

扇出是一个模块直接调用的模块数目，扇出过大意味着模块过分复杂，需要控制和协调过多的下级模块；扇出过小，如总是 1 也不好。经验表明，一个设计得好的典型系统的平均扇出通常是 3 或 4，扇出的上限通常是 5～9。

扇出太大一般是因为缺乏中间层次，应该适当增加中间层次的控制模块。扇出太小时可以把下级模块进一步分解成若干个子功能模块,或者合并到它的上级模块中去。当然分解模块或合并模块必须符合问题结构,不能违背模块的独立原理。

一个模块的扇入表明有多少个上级模块直接调用它,扇入越大,则共享该模块的上级模块数图为软件结构中深度、宽度、扇入、扇出示意图。若深度为 4,宽度为 4,模块 A 的扇出为 2,模块 E 的扇入为 2。

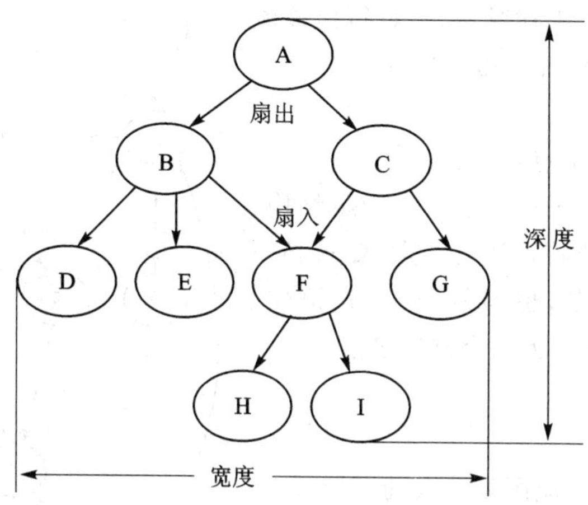

图 3.13　深度、宽度、扇入、扇出示意图

设计模块时,深度、宽度、扇出和扇入都应适当,好的软件结构通常具有以下特点:

- 划分的模块要尽量做到高扇入、低扇出。
- 模块的扇入扇出一般应控制在 7 以下。
- 为避免某些程序代码的重复,可适当增加模块的扇入。
- 应使高层模块有较高的扇出,低层模块有较高的扇入。

3. 力争降低模块接口的复杂程度

模块接口复杂是软件发生错误的一个主要原因。应该仔细设计模块接口,使得信息传递简单并且和模块的功能一致。

例如,求一元二次方程的根的模块 QUAD-ROOT(TBL,X),其中用数组 TBL 传送方程的系数,用数组 X 回送求得的根。这种传递信息的方法不利于对这个模块的理解,不仅在维护期间容易引起混淆,在开发期间也可能发生错误。下面这种接口可能是比较简单的。

QUAD-ROOT(A,B,C,ROOT1,ROOT2),其中 A,B,C 是方程的系数,ROOT1 和 ROOT2 是算出的两个根。

接口复杂或不一致,是紧耦合或低内聚的征兆,应该重新分析这个模块的独立性。

4. 必须对程序圈复杂度进行限制

1976 年,McCabe T. J 在他的论文《A Software Complexity Measure》中提出了程序圈复杂度。McCabe 认为,程序的复杂性很大程度上取决于控制流的复杂性;单一的顺序程序结构最简单,循环和选择所构成的环路越多,程序就越复杂。程序圈复杂度可以用来衡量一个模块判定结构的复杂程度,以及一个程序的可测试性和可维护性。

程序圈复杂度将流程图中每个处理符号退化为一个点,原来连接不同处理符号的箭头变成连接不同点的有向弧，这样得到有向图，计算有向图 G 的程序圈复杂度公式有 3 种：

(1) 计算公式 1

$V(G)$＝区域数＝判定节点数＋1＝$m-n+2p$

$V(G)$＝区域数＝判定节点数＋1：有向图 G 中的环数；m：有向图 G 中的弧数(边数)；n：有向图中的节点数；p：有向图 G 中分离部分的数目；对于程序图，总是连通的，所以 $p=1$。

以程序流程图为例应用上述算法，不难得出该流程图的程序圈复杂度 $V(G)=12-9+2*1=5$。

(2) 计算公式 2

$V(G)$＝区域数＝判定节点数＋1

对于多分支的 case 结构或 if－elseif－else 结构，统计判定节点的个数时需要特别注意一点，要求必须统计全部实际的判定节点数，也即每个 elseif 语句，以及每个 case 语句，都应该算为一个判定节点。

(3) 计算公式 3

$V(G)=R$

其中 R 代表平面被控制流图划分成的区域数。

根据经验，程序可能出现的错误和高循环复杂度有很大关系，圈复杂度大说明程序代码可能质量低且难于测试和维护，所以必须进行限制。

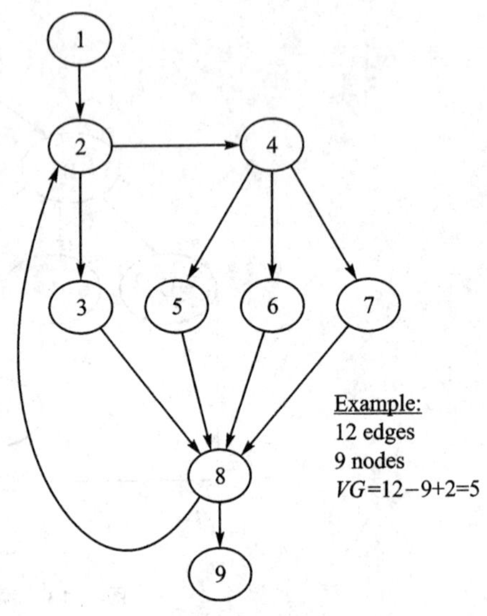

图 3.14　程序流程图

3.3.3　软件健壮性设计

软件健壮性设计是指软件在运行过程中，不管遇到什么挫折，都力求能完成所赋予的功能的能力。软件健壮性设计可以从以下方面考虑。

1. 配合硬件进行处理的若干设计考虑

配合硬件进行处理需要考虑以下方面：

(1) 电源失效防护

一种常见的计算机故障是电源失效，软件要配合硬件在电源失效时提供安全的关闭。软件要配合硬件处理在加电的瞬间电源可能出现的间隙故障，避免系统潜在的不安全初始状态；在电源的电压有波动时，使它不会产生潜在的危险。

(2) 加电检测

系统设计中必须加入加电检测过程，确保系统在加电时处于安全状态，并确保对于安全性至关重要的电路和元器件受到检测，以验证它们能正确地操作。

系统在加电的瞬间，电源可能出现间歇故障；在掉电时，对硬件有一定的冲击，软硬件要提供一个安全的系统关闭，防止出现潜在的不安全状态。因此，软件设计必须确保系统在加电期间、电源间歇故障期间及掉电时处于安全状态。在电源出现故障或掉电期间，软件必须提供一个安全而适当的关闭，杜绝潜在的不安全状态。

在对安全性关键的功能(包括由软件控制的硬件)加电之前，必须验证系统是安全的并在正常地起作用。因此，软件设计必须考虑在系统加电时完成系统级的检测，验证系统是安全的并在正常地起作用;在可能时软件应对系统进行周期性检测,以监视系统的安全状态。

(3) 电子干扰

对于电磁辐射、电磁脉冲、静电干扰,硬件设计应按规定要求将这些干扰控制在规定的水平之下,软件设计要实现在出现这种干扰时,系统仍能安全运转。

对于在太空中使用的计算机硬件,由于太空环境恶劣,其硬件受到辐射等有害干扰的机会比较大,因而其必须具有对付这些干扰的适当措施。例如,采用抗辐射器件、采用冗余设计、软硬件配合进行防错和纠错等。

(4) 系统不稳定

若某些外来因素使系统不稳定,不宜继续执行指令,软件应采取措施,等系统稳定后再执行指令。例如,具有强功率输出的指令所引发的动作对系统或计算机系统的稳定性有影响,软件应使计算机在该指令输出并等系统稳定后,再继续执行指令。

(5) 接口故障

应充分估计接口的各种可能故障,并采取相应的措施。例如,软件应能够识别合法的及非法的外部中断,对于非法的外部中断,软件应能自动切换到安全状态。反馈回路中的传感器有可能出故障并导致反馈异常信息,软件应能预防将异常信息当作正常信息处理而造成反馈系统的失控。同样,软件对输入、输出信息进行加工处理前,应检验其是否合理(最简单的方法是极限量程检验)。

(6) 错误操作

软件应能判断操作员的输入操作正确(或合理)与否,并在遇到不正确(或不合理)输入和操作时拒绝该操作的执行,并提醒操作员注意错误的输入或操作,同时指出错误的类型和纠正措施。

2. 在处理模块接口数据时,先假定其为错误数据,并建立检测判据检测它

在设计任何一个单元、模块时,假设其他单元、模块存在着错误。每当一个单元、模块接受一个数据时,无论这个数据是来自系统外的输入或是来自其他单元、模块处理的结果,首先假定它是一个错误数据,并且竭力去证实这个假设。

故障检测的具体实施方法有很多种,具体使用哪种在很大程度上取决于软件的用途、功能、结构及算法,没有通用的模式可供遵循,常用方法包括功能检测法、合理性检测法、基于监视定时器的检测法、软件自测试、基于冗余模块的表决判定检测法等。故障检测更为详细的内容可参见本书“软件容错技术”部分的“故障检测”章节的内容。下面用“合理性检测法”举例说明。

例:当检查输入数据不可为空,可写成:

```
function CheckInput(char InputValue)
{
    if (InputValue.length == 0)
    {
        alert('检索内容为空!');
        return false;
    }
}
```

3. 须要进行异常情况设计

对软件的考虑不能只考虑正常情况下的处理，还必须充分考虑可能出现的各种异常情况的处理，在软件的设计过程中应专门对可能的异常情况进行分析。下面以对文件进行导入操作和输入输出进行操作时应考虑的异常情况进行举例说明。

例 1：在对数据文件进行导入操作时，可以考虑的异常情况有：

① 文件的扩展名不正确（直接选中不符合要求的扩展名或先选中合法的数据文件，之后在导入之前将其扩展名修改为正确之外的扩展名）。

② 文件内容中的格式不符合要求。

③ 文件内容中的输入值不符合属性要求。

④ 重复导入相同名称的文件，包括下列情况：

- 相同名称、相同内容。
- 相同名称、不同内容。
- 不同名称、相同内容。

⑤ 文件的大小超出限制。

⑥ 文件的路径是否要要求，是否支持手动输入或者复制。

⑦ 导入不存在的文件（即先选中合法的数据文件，在导入之前将其删除）。

⑧ 文件所在的路径很长，超出要求。

例 2：在对功能的输入输出操作时，可以考虑的异常情况有：

① 输入类型不正确。

② 输入长度不正确。

③ 输入内容不能为空时为空。

④ 输入格式不正确。

⑤ 输入内容不许重复时重复。

⑥ 输入内容为某些不允许的特殊值。

⑦ 对于某些仅需用户选择输入的输入，允许用户自主输入。

⑧ 对具有多维参数的输入，进行多参数的组合输入异常。

3.3.4 软件冗余设计

1. 确定实现软件容错的范围及容错的方式

软件容错方式包括信息容错、时间容错、结构容错等。它们在容错资源、容错级别及容错目的、容错代价均有不同的侧重点，参见表 3.8，软件容错更为详细的内容可参见本书“软件容错技术”部分的内容。

表 3.8　容错方式比较

项　目	容错资源	容错级别	容错目的	容错代价
时间容错	时间资源	编码级	解决外界输入缺陷	低
信息容错	信息资源	编码级	解决外界输入缺陷	低
结构容错	结构资源、时间资源	模块级和系统级	解决设计缺陷	高

根据系统的工作环境及可靠性要求，对软件可能出现的错误分类，确定实现软件容错的范围及容错的方式。

2. 确定数据采集的冗余设计方式

数据采集冗余包括多路冗余、多次冗余及多路多次冗余。

关键数据的采集可采用多路冗余设计，即可以从多个通信口对同一数据进行采集，通过表决进行有效数据的裁决。通常采用奇数路的冗余设计，如 3 路、5 路等。

极关键数据的采集可采用多路多次的综合冗余设计，即可以从多个通讯口对同一数据进行采集，通过表决进行有效数据的裁决。

例：开关量的裁决可采用多数票的裁决，如 3 取 2、5 取 3 等，也可采用连续次数的裁决，如 5 次里连续 3 次的量才被认可，当然这种裁决被认可量比 5 取 3 裁决更严格。模拟量的裁决可采用中间数平均值的裁决，如 3 次数的中间值、5 次数去掉最大最小值后的平均值等。

3. 使安全关键信息不会因一位或两位差错而引起系统故障

安全关键信息与其他信息之间应保持一定的码距。

在软件中对某些关键标志如点火、起飞、级间分离等要慎重对待，可以使用冗余技术。

例：不能用 01 表示一级点火，10 表示二级点火，11 表示三级点火。安全关键信息的位模式不得使用一位的逻辑“1”和“0”表示，建议使用 4 位或 4 位以上、既非全 0 又非全 1 的独特模式来表示，以确保不会因无意差错而造成危险。例如，可用四位模式“0110”来表示系统的安全状态，用“1001”来表示系统的危险状态，其他模式表示系统状态出错，需要系统对其进行处理。

3.4　软件编码阶段的避错编码准则

编码阶段的任务是选择一种程序设计语言(高级程序设计语言或汇编语言)，把详细设计阶段的结果翻译成可以在计算机运行的源程序。这个阶段结束的标志是程序员提交源代码清单。

编码过程的一个主要标准是编程与设计的对应性与统一性。如果编码没有按照设计的要求进行，设计就没有意义了。设计过程中的算法、功能、接口、数据结构都应该在编码过程中体现。

按照软件工程的思想，源程序的质量由程序设计的质量决定，但是编码阶段的工作对软件质量仍会产生较大的影响。影响编程质量的因素主要有程序设计语言、程序设计方法和程序设计风格。

下面介绍软件发展中应用并经过时间考验的软件编码阶段应该考虑的一些编码准则。它们是人们在软件编码的长期实践中积累的经验总结。

3.4.1　程序设计语言选择

选择适当的程序设计语言，并通过编程实现是软件工程不可回避的问题。选择程序设计语言时既要考虑语言的种种特性，又要考虑其基本机制是否能满足需求分析和设计阶段所产生的模型的需要。选择程序语言时，需考虑以下几点准则。

① 在同一系统中，应尽量减少编程语言的种类；应按照软件的类别，在实现同一类软件时

只采用一种版本的高级语言进行编程，必要时，也可采用一种机器的汇编语言编程。

② 应选用经过优选的编译程序或汇编程序，杜绝使用盗版软件。

③ 为提高软件的可移植性和保证程序的正确性，建议只用语言编译程序中符合标准的部分编程，尽量减少用编译程序引入的非标准部分进行编程。

3.4.2 程序设计风格

程序的质量基本上由设计的质量决定，但是，程序设计风格也在很大程序上决定着程序的质量。所谓程序设计风格就是程序员在编写程序时遵循的具体准则和习惯做法。源程序代码的逻辑简明清晰、易读易懂是好程序的一个重要标准，为了写出好程序应该遵循以下规则：

1. 程序内部必须有正确的文档

源程序文档化包括有实际意义的标识符、适当的注释和良好的程序视觉组织。源程序文档化可参考下列原则。

① 源程序的标识符应该按其意思取名。

② 如果标识符使用缩写，那么缩写规则应该一致，并且应该为每个名字加注释。

③ 注释分为块注释和行注释两种。块注释放在程序段的开头；行注释插在程序的中间，描述一行或一段代码的作用。

④ 应该尽量使程序清单布局清晰、明了。可有效使用语句行的缩进、也可适当使用空格符提高程序的可读性。

2. 数据说明应便于查阅易于理解

数据说明风格对于数据的理解和维护有很大的影响。下述做法有助于使数据说明易于理解。

① 显式说明所有变量。

② 数据说明次序规范化（例如，按照数据结构或数据类型确定说明的次序），有次序就容易查阅，也可以避免遗漏。

③ 当多个变量在一个语句中说明时，应该按字母顺序排列这些变量。

④ 如果设计时使用了一个复杂的数据结构，则应该用注释说明用程序设计语言实现这个数据结构的方法。

3. 语句应该尽量简单清晰

语句构造是编程的主要工作。在构造语句时，每个语句都应该简单而直接，不能为了提高效率而使程序变得复杂难懂。下述原则有助于使语句简单明了。

① 不要为了节省空间而把多个语句写在同一行。

② 避免对条件“非”的测试。

③ 避免使用复杂的测试条件。

④ 使用括号表明表达式的运算次序。

⑤ 尽量只使用三种基本控制结构书写程序。

⑥ 尽量少用或不用 goto 语句。

⑦ 尽量少用或不用标准文本以外的语句。

4. 不要盲目追求高效率

效率主要指程序运行时间和存储器效率。对于程序运行时间，可以应用下述原则：

① 效率是软件性能上的要求，其目标是在需求分析阶段给出的。

② 效率和简单是一致的，不要牺牲程序的清晰性和可读性来提高效率。

③ 提供程序效率的根本途径在于选择良好的设计方法、数据结构和算法，而不是靠编程时对程序语句的调整。

例：试比较下面的程序 1 和程序 2，两个程序的作用都是交换变量 A 和变量 B 的值，程序 1 少用了一个变量，从存储效率上看比程序 2 高，但显然程序 2 更直观。

程序 1：

```
A = A - B
B = A + B
A = B - A
```

程序 2：

```
C = A
A = B
B = C
```

3.4.3 C 语言程序设计避错准则

每个 C 程序通常分为两个文件。一个文件用于保存程序的声明(declaration)，称为头文件。另一个文件用于保存程序的实现(implementation)，称为定义(definition)文件。C 程序的头文件以“.h”为后缀，C 程序的定义文件以“.c”为后缀。

如果一个软件的头文件数目比较多(如超过 10 个)，通常应将头文件和定义文件分别保存于不同的目录，以便于维护。例如，可将头文件保存于 include 目录，将定义文件保存于 source 目录(可以是多级目录)。

在这部分内容中不介绍 C 语言的编程语法，仅介绍编程时容易混淆及容易犯错误的地方。

1. 头文件结构

(1) 引用头文件时须使用相对路径，不应该是绝对路径

用 #include <filename.h> 格式来引用标准库的头文件(编译器将从标准库目录开始搜索)。用 #include “filename.h” 格式来引用非标准库的头文件(编译器将从用户的工作目录开始搜索)。例如：

反例：

```
#include “d:/code/myheader.h” // 使用绝对路径
```

正例：

```
#include <math.h> // 引用标准库的头文件
#include“myheader.h” // 引用非标准库的头文件
```

(2) 不提倡使用全局变量

如需要使用,在定义全局变量时必须仔细分析,明确其含义、作用、取值范围及与其他变量间的关系。

全局变量是增大模块间耦合的原因之一,故应减少没必要的全局变量以降低模块间的耦合度。全局变量关系到程序的结构框架,对于全局变量的理解直接影响到能否正确理解整个程序,所以对全局变量声明的同时,应对其含义、作用及取值范围进行详细地注释和说明,若有必要还应说明与其他变量的关系。

2. 顺序结构

(1) 变量在引用前必须赋初值,即严禁使用未经初始化的变量

当遇到引用性变量(变量出现在赋值等号的右边)时,首先应该判断是否赋初值,这一点在一般情况下不容易出错,但一定要注意下列情况:在多重条件判断中某个分支遗漏对变量赋初值,从而导致变量在引用前未赋初值的缺陷,如下面的反例。

反例:参见下列代码,代码 25 行存在变量 ccFlag 未赋初值的缺陷。因为在 10 行之前没有对 ccFlag 赋初值,而在 17 行的 default 分支又未对 ccFlag 赋值,所以当程序执行 switch 语句中 default 分支后再执行 25 行时发生数据未赋初值的错误。对于这种情况,要特别留意。

```
//之前没有对 ccFlag 赋初值
L10 Switch flag
L11 Case “1”:
L12   ccFlag = 1;
L13    break;
L14 Case “2”
L15   ccFlag = 2;
L16   break;
L17 Default:break;
L18 ……
L25 If (ccFlag == 1)
```

(2) 赋值运算两边数据类型应该匹配,防止变量的精度损失

当赋值运算两边数据类型不匹配时,容易造成变量的精度损失,故而引起问题,如下面的反例 1 和反例 2。

反例 1:当赋值两边类型不匹配,特别是长数据类型向短数据类型赋值的语句应改正。如下列代码的 10 行存在数据类型不匹配的缺陷,建议把 10 行改成:Am =(unsigned char) Amoun。

```
L1  unsigned char Am;
L2  int Amoun;
L3  ……
L10 Am = Amoun; //长类型向短类型赋值
```

反例 2:

```
#define DELEY 10000
chartTime;
```

```
tTime = DELAY;
WaitTime(tTime);
```

代码本意想产生 10 s 的延时，然而由于 tTime 为字符型变量，只取 DELAY 的低字节，高字节将丢失，结果只产生了 16 ms 的延时。

（3）对于数学运算语句时，应检查数据是否有效

例：平方根运算的数据不能小于 0；除法的分母不能为 0；避免用绝对值很小的数作除数；避免两相近数相减后作除数；避免数组越界。

3. 内　存

发生内存错误是件非常麻烦的事情。编译器不能自动发现这些错误，通常是在程序运行时才能捕捉到。而这些错误大多没有明显的征兆，时隐时现，增加了改错的难度。在进行内存操作时应遵循以下准则。

① 用 malloc 或 new 申请内存之后，应该立即检查指针值是否为 NULL。防止使用指针值为 NULL 的内存。

② 不要忘记为数组和动态内存赋初值。防止将未被初始化的内存作为右值使用。

③ 动态内存的申请与释放必须配对，防止内存泄漏。

对嵌入式系统，通常内存的操作可能会失败，如果不检查就对该指针进行操作，可能出现异常，而且这种异常不是每次都出现，比较难定位。

指针释放后，该指针可能还是指向原有的内存块，也有可能改变指向，变成一个“野指针”，一般用户不会对它再进行操作，但用户失误情况下对它的操作可能导致程序崩溃。

正例：

```
MemmoryFun(void){
Unsigned char * pucBuffer = NULL;
PucBuffer = GetBuffer(sizeof(DWORD));
If(NULL! = pucBuffer) //申请的内存指针必须进行有效性验证
{
    //申请的内存使用前必须进行初始化
    memset(pucBuffer,0xFF, sizeof(DWORD));
    }
    ……
    FreeBuff(pucBuffer); //申请的内存使用完毕必须释放
    pucBuffer = NULL;    //申请的内存释放后指针置为空
}
```

④ 避免数组或指针的下标越界，特别要当心发生“多 1”或者“少 1”操作。

⑤ 用 free 或 delete 释放了内存之后，立即将指针设置为 NULL，防止产生“野指针”。

4. IF 语句

if 语句是 C 语言中最简单、最常用的语句。

（1）不可将布尔变量直接与 TRUE、FALSE 或者 1、0 进行比较

根据布尔类型的语义，零值为“假”（记为 FALSE），任何非零值都是“真”（记为 TRUE）。TRUE 的值究竟是什么并没有统一的标准。例如 Visual C＋＋ 将 TRUE 定义为 1，而 Visual

Basic 则将 TRUE 定义为－1。

反例：假设布尔变量名字为 flag,if 语句不可写成：

```
if (flag == TRUE)
if (flag == 1 )
if (flag == FALSE)
if (flag == 0 )
```

正例：假设布尔变量名字为 flag,if 语句应写成：

```
if (flag) //表示 flag 为真
if (!flag) // 表示 flag 为假
```

(2) 应当将整型变量用"＝＝"或"！＝"直接与 0 比较

反例：不可模仿布尔变量的风格而写成：

```
if (value) //会让人误解 value 是布尔变量
if (!value)
```

正例：假设整型变量的名字为 value,它与零值比较的标准 if 语句如下：

```
if (value == 0)
if (value! = 0)
```

(3) 不可将浮点变量用"＝＝"或"！＝"与任何数字比较

千万要留意,无论是 float 还是 double 类型的变量,都有精度限制。所以一定要避免将浮点变量用"＝＝"或"！＝"与数字比较,应该设法转化成"＞＝"或"＜＝"形式。

例:假设浮点变量的名字为 x,应当将：

```
if (x = = 0.0) //隐含错误的比较转化为
if ((x> = - EPSINON) && (x< = EPSINON)) //其中 EPSINON 是允许的误差(即精度)。
```

(4) 应当将指针变量用"＝＝"或"！＝"与 NULL 比较

指针变量的零值是"空"(记为 NULL)。尽管 NULL 的值与 0 相同,但是两者意义不同。例如:假设指针变量的名字为 p。

反例:不要写成：

```
if (p == 0) //容易让人误解 p 是整型变量
if (p! = 0)
或者
if (p) //容易让人误解 p 是布尔变量
if (!p)
```

正例:它与零值比较的标准 if 语句如下：

```
if (p == NULL) // p 与 NULL 显式比较,强调 p 是指针变量
if (p! = NULL)
```

(5) 在判断语句中,不允许对其他变量进行计算或赋值

判据语句只完成逻辑判断功能,不能完成计算、赋值功能。

反例：

```
If (bflag = Getchar()){
    ……//处理语句
}
```

正例：

```
If (bflag == 0){
    ……//处理语句
    bflag = Getchar();
}
```

(6) 对于只有 if 分支没有 else 分支的代码，须考虑是否真的不需要 else 分支，特别当 if 分支中存在对布尔变量的赋值时

一般情况下，if 与 else 是成对出现的，当有的代码只有 if 分支，没有 else 分支，应仔细检查 if 语句是否真的不需要 else 分支。

反例：参见下列代码，20 行的 if 语句中遗漏了 else 分支设置电台无效，因为代码所在的上下文中也没有设置电台无效的语句，导致只要 20 行条件成立一次，电台将永远有效，这显然与实际不符，所以必须增加 else RD_Valid=0 语句设置电台无效。

```
L20 if ((kxiT_sj + laserout)< = 3.14)
L21     RD_Valid = 1; //电台有效
```

(7) 把正常情况放在 if 后面而不是 else 后面

代码中正常情况和异常情况都混杂在一起，读起来费劲，很难看出整个程序是否是按正常路径贯穿的。所以须先集中编写正常情形，然后再编写异常情形。

反例：

```
OpenFile(inputFile,Status)
{
  if(Status == Error) then
    ErrorType = FileOpenError;                    /*错误情况*/
  else{
        ReadFile(InputFile,FileData,Status);      /*正常情况*/
        if(Status == Success) then{
            SummarizeFileData(FileData,SummaryData,Status)/*正常情况*/
            if(Status == Error) then
                ErrorType = FileOpenError;        /*错误情况*/
            else{
                PrinSummary(SummaryData);
                SaveSummarydata(SummaryData,Status);
                if(Status == Error) then
                    ErrorType = FileOpenError;    /*错误情况*/
                else{
                      UpdateAllAccounts();        /*正常情况*/
                      EraseUndoFile();
                      ErrorType = None();
                }
```

```
            }
        }
        else ErrorType = FileOpenError;                  /* 错误情况 */
}
```

(8) 尽量避免深层条件嵌套,须对嵌套次数进行限制

研究表明:很少有人能理解嵌套超过三层的 if 语句,应当避免嵌套超过 3~4 层。可用 if 和 else 语句重新编程或把代码拆成简单的子程序:

- 通过重新编写部分测试条件来简化嵌套的 if 语句。
- 重新组合一个 if 的检验条件以减少嵌套层次。
- 把 if 嵌套改成 case 语句,把某些类型的 if 语句测试条件用 case 语句来代替,而不是 if - else 来代替。
- 提取深层嵌套的代码写成一个子程序。

(9) 当出现 if...else if...else if 格式时,不要忘记 else 分支作例外情况处理

正例:

```
if (bflag == 0)
{
    ……//处理语句
}
else if (bflag == 1)
{
    ……//处理语句
}
else if (bflag == 2)
{
    ……//处理语句
}
else
{
    PrintErrorMsg("Error 905:Call Customer assistance.")//例外情况处理语句
}
```

5. SWITCH 语句

switch 是多分支选择语句,而 if 语句只有两个分支可供选择。虽然可以用嵌套的 if 语句来实现多分支选择,但那样的程序冗长难读。这是 switch 语句存在的理由。使用 switch 条件结构时应遵循以下准则:

(1) 每个 case 语句必须以 break 结尾,否则将导致多个分支重叠(除非有意使多个分支重叠),同时需要 default 分支

避免漏掉 break 语句造成程序错误。同时保持程序简洁,同时不要遗漏 default 分支。

正例:下面的代码中,每个例子、每个分支都有 break 语句。

```
switch (iNo)
{
```

```
    case 1:{
        //处理语句
        break; }
    case 3:{
        //处理语句
        break; }
    default:{
        //处理语句
        break;}
}
```

(2) 避免遗漏应该考虑的情况，避免多余的分支

当每个 Case 分支处理的语句不一样时，应该考虑是否有的分支遗漏了或多余了某些处理。

反例：下列代码中在 case 1 这个分支中遗漏 mcdc. kxia＝0x2222 语句。

```
switch(num_time)
{
    case 1:
        mcdc.flag_test = 0x2222;
        break;
    case 150:
        flag_r = rbt;
        mcdc.kxia = 0x3333;
        mcdc.flag_test = 0x3333;
        break;
}
```

6. 循环语句

C 循环语句中，for 语句使用频率最高，while 语句其次，do 语句很少用。使用循环语句时应遵循以下准则：

(1) 确保循环的入口条件至少能满足一次

确保循环的入口条件至少能满足一次，避免一次都不能进入循环体。

(2) 尽量使循环体工作量最小化

尽量使循环体内工作量最小化，与循环无关的语句移到循环外。

(3) 确保循环出口条件能满足，循环能终止，避免死循环

反例：参见下列代码，退出第 2 行的循环时，I＞8，因此第 13 行中的循环体的入口条件永远也无法满足；第 15 行中 Rates * Discounts * 2 可用变量代替，这样不必每次循环都计算，提高了执行效率；第 13 行的循环是一个死循环，因为循环体中没有对循环变量 i 进行改变。

```
L1   i = 0;
L2   While(i< = 8) //第一次处理数据
L3   { …
i++;
L12  }
```

```
While(i<=8) //第二次处理数据
{
NetRate[i]=BaseRate[i]*(Rates*Discounts*2);
}
```

(4) 多重循环时，将循环次数多的循环放在里面

反例：

```
For (Column=0;Column<100;Column++)
{
    for (Now=0;Now<5;Now++)
    {
        sum=sumtable[Now,Column]
    }
}
```

正例：

```
For (Now=0;Now<5;Now++)
{
    for (Column=0;Column<100;Column++)
    {
        sum=sumtable[Now,Column]
    }
}
```

(5) 不可在 for 循环体内修改循环变量，防止 for 循环失去控制

反例：

```
for (int x=0; x<N; x++)
{
    //处理语句
     x=x+1;//对循环变量进行修改
}
```

7. 函　数

在处理函数结构时应遵循以下准则：

(1) 须检查函数所有输入(包括所有参数及所有非参数)的有效性

函数的输入主要有两种：

① 参数输入。

② 非参数输入：包括全局变量、数据文件的输入。

函数在使用输入之前，应进行必要的检查，尤其是指针参数。

(2) 当函数有返回值，须让函数中每个出口有返回值且返回值应已赋值

反例：下面的例子中变量 rcvch 在 NOT SUCCESS 状态下没有赋值，因为在 25 行中没有给 rcvch 赋值，并且之前 rcvch 没有赋初值。

```
L1 Char recData()
```

```
{     ……
    if (rtemp = SUCCESS)
    {      ……
           rcvch = '1';
    }
    else{……}
    return(rcvch);
}
```

（3）函数调用时，必须对所调用函数的错误返回值进行处理

函数返回错误，往往是因为输入的参数不合法，或者此时系统已经出现了异常。如果不对错误返回值进行必要的处理，会导致错误的扩大，甚至导致系统的崩溃。现举正例和反例如下。

反例：假设在程序中定义了一个函数：

```
int TriangleComp(float a,float b,float c,float * e)
```

对上面定义的函数进行如下的处理就不合适。

```
TriangleComp(fA,fB,fC, * fE)
```

正例：在调用该函数的时候应该如下处理：

```
int iResult;
iResult = TriangleComp(fA,fB,fC, * fE)
if (iResult <0) {
    ……//异常处理，如显示错误后退出等
} else {
    ……//正常处理，如继续进行其他计算等
}
```

本章要点

① 为要消除软件的故障，最明智的做法是在软件设计开发过程中尽可能避免或减少错误，进行避错设计。

② 软件避错设计体现了以预防为主的思想，避错设计适用于一切类型的软件，是软件可靠性设计的首要方法，应当贯彻于软件设计开发的全部过程中。

③ 软件避错设计原理包括：简单原理、同型原理、对称原理、层次原理、线型原理、易证原理和安全原理。其中，简单原理是其他六个原理的基础，也是软件避错设计原理的核心内容。

④ 软件需求分析阶段的避错准则有：必须对问题进行分解和不断细化；当输入有范围要求时，必须列出输入在范围之外的处理流程；必须仔细分析运行过程中各种异常情况，应考虑相应的保护措施；当采用定量的数值说明非功能需求时，应考虑是否能够达到以及是否能够验证等。

⑤ 软件设计阶段的避错准则有：模块化和模块独立性；模块规模、深度、宽度、扇出和扇入都应适当；在处理模块接口数据时，先假定其为错误数据，并建立检测判据检测它；并且须要进

行异常情况设计；确定实现软件容错的范围及容错的方式等。

⑥ 软件编码阶段的避错准则有：程序内部必须有正确的文档；语句应该尽量简单清晰；数据说明应便于查阅易于理解；不可将浮点变量用“==”或“!=”与任何数字比较；不要忘记else分支作例外情况处理；不可在for循环体内修改循环变量，防止for循环失去控制；须让函数中每个出口有返回值且返回值应已赋值等。

本章习题

1. 软件避错设计原理包含哪几部分？并简述每部分的含义。

2. 需求分析阶段的避错分析准则有哪些是你容易遗忘的？

3. 如何进行简化设计？

4. 通过哪些原则保证程序内部有正确的文档？

5. 软件需求分析、软件设计和软件编码每个阶段至少列出3条除书本之外的避错准则。

6. 下列需求分析违反了哪条需求避错分析准则？

① 系统应该对查询提供实时响应。

② “软件需求规格说明书”中有一处这样描述：最多可以有10个用户同时使用系统。可在“软件需求规格说明书”的另一处又有这样的描述：可以有20个同时使用的用户。

③ 对“教师添加”的功能描述如下：

➢ 输入

序　号	中文名称	数据类型	长　度	是否关键字	是否为空
1	姓名	文本	50	是	否
2	性别	文本	2	否	否
3	所在系	文本	50	否	否

➢ 输出：教师记录。

➢ 处理：当输入数据符合要求（见输入）时，在数据库中添加一条记录并在图形用户界面中能够显示。

7. 下列软件设计违反了哪条避错设计准则？

① 某人设计了如下的软件结构，模块B直接访问模块D的内部数据D1。

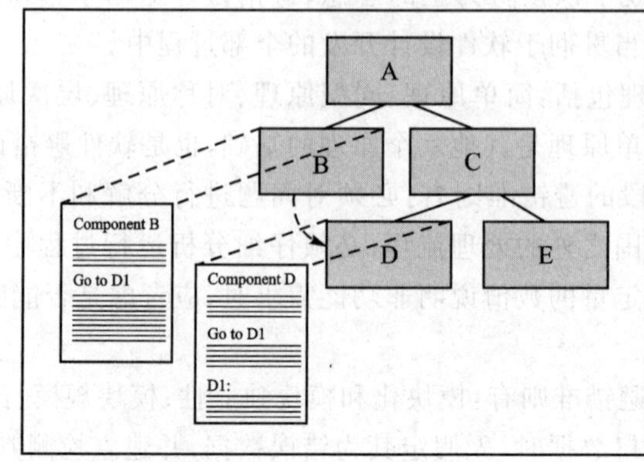

② 某算法功能的详细设计如下：

```
int Ram_to_dram(int x, int y)
{
    对 x 求平方根；
    之后对 y 作除法运算。
}
```

③ 读文件功能的详细设计如下：

```
读文件()
{
    打开文件；
    当文件未到最后一行时
    {
        打印文件的一行内容；
    }
    关闭文件。
}
```

8. 下列代码违反了哪条避错编码准则？

① 代码一：

```
int Max(int x,int y)
{
    int iTemp;
    if (x>y)
    {
        iTemp = x;
    }
    return iTemp;
}
```

② 代码二：

```
int Max(int x,int y)
{
    int iTemp;
    if (x>y)
    {
        iTemp = x;
        return iTemp;
    }
    else
    {
        iTemp = y;
    }
}
```

③ 代码三：

```
float f1,f2;
f1 = 1.0l;
f2 = 2.0l;
if (f1 == f2)
{
    f1 = f1  + 0.01;
}
```

④ 代码四：

```
void static_p(void)
{
    int *p;
    int *yy = (int *)malloc(sizeof(yy));
    *yy = 2;
    *p = *yy;
}
```

⑤ 代码五：

```
#include<c:\vc\include\stdio.h>
main ( )
{
    int iBuk;
    int j;
    const float a = 1.9;
    iBuk  = a;
    switch (iBuk)
    {
        case 0:
            j = 0;
            break;
        case 1;
            j = 1;
        case 2;
            j = 2;
            break;
    }
    if (j)
    {
        print("j is not zero");
    }
}
```

本章参考资料

[1] 熊才权,杨舒. 软件工程[M]. 武汉:华中科技大学出版社，2005.
[2] 徐人凤,孙宏伟,等. 软件编程规范[M]. 北京:高等教育出版社，2005.
[3] GJB/Z 102—1997《软件可靠性和安全性设计准则》.
[4] 蔡开元. 软件可靠性工程基础[M]. 北京:清华大学出版社，1995.
[5] 陆民燕. 软件可靠性工程[M]. 北京:国防工业出版社,2011.

第二部分
缺陷检测技术

第 4 章　软件静态测试

本章学习目标

本章的目的是介绍软件静态测试技术。当你读完本章,你将了解以下内容:

- 审查的过程及核心技术;
- 文档审查、代码审查的内容、异同;
- 静态分析的主要内容;
- 代码质量度量。

本书从总体上将缺陷检测和排除技术分为静态测试技术、动态测试技术两大类。本章介绍静态测试技术。静态测试不需要运行软件,动态测试需要运行软件,一般静态测试在动态测试之前进行。静态测试按照是否使用自动化工具可以分为人工审查和静态分析两种方法,其中人工审查包括文档审查和代码审查,静态分析包括代码规则检查、静态结构分析、代码质量度量等。人工审查由人工进行,充分发挥人的逻辑思维优势,而静态分析则借助软件工具自动进行,效率较高。

4.1 人工审查

4.1.1 审查的基本概念

审查(Inspection)是同行评审(Peer Review)的一种技术。同行评审是一种通过作者的同行来确认缺陷的方法,除包括审查外,还包括走读(Walkthrough)和技术评审(Technical Review)。

审查的主要目标是让所有的审查者就软件产品达成一致并且验证产品在软件项目中是可用的。审查过程首先选择需要进行审查的工作产品,然后组织一个团队以会议的形式进行审查。会议中应该选出一名会议主持人。每一个审查者应在会议审查之前进行个人审查,充分阅读被审查的产品,并且对潜在缺陷做出标记。审查的终极目标就是确认缺陷。

审查的一般过程是 Michael Fagan 在 20 世纪 70 年代提出的,其后被扩展和完善过多次。审查过程首先要有一个进入标准,用来检查是否可以开始审查过程,以防那些还没有完成的工作产品进入审查过程。进入标准通常是以列表的形式表示,列表包括要审查的产品目录及其完成标志等内容。之后进行的审查过程一般包括以下步骤:计划、启动会议、审查准备、会议审查、回归。其中审查准备、会议审查和回归是一个循环迭代的过程。下面对各个步骤逐一进行介绍。

① 审查计划:由主持人制定审查的计划。

② 启动会议:由产品制作者介绍产品的背景情况,这里的产品可以是软件需求规格说明书、软件设计文档、软件代码等。

③ 审查准备：每一个审查人员要预先对被审查的产品进行个人的检查，标识出可能的潜在缺陷。

④ 会议审查：以会议的形式组织审查，产品制作者逐一在会议上介绍产品内容。在介绍过程中，审查小组的其他成员进行提问、判断是否存在错误。

⑤ 修改缺陷：产品制作者根据会议审查确定的错误及修改计划，对产品进行修改。

⑥ 回归审查：对产品的修改部分进行重新审查，以确保对错误的修改是正确的，并且没有因为修改而引入其他的错误。

当审查主持人认为满足了预先定义的退出标准时，审查过程就可以结束了。

目前在软件测试领域，主要涉及两项审查活动：

① 文档审查：对软件文档的一种测试方法。通过对软件过程中文档的完整性、准确性、一致性等多方面进行检查，发现其中的各类软件文档问题。

② 代码审查：主要检查代码和设计的一致性，代码对标准的遵循、可读性，代码逻辑表达的正确性，代码结构的合理性等方面，一般来说可以发现违背程序编写标准的问题，程序中不安全、不明确和模糊的部分，找出程序中不可移植部分、违背程序编程风格的问题，包括变量检查、命名和类型审查、程序逻辑审查、程序语法检查和程序结构检查等内容。

4.1.2 软件的文档审查

1. 文档审查的目的

文档是软件的一个重要组成部分。作为软件测试技术中的一种，文档审查的主要目的包括两点：

① 检查软件开发过程是否按照软件工程要求开发。软件工程要求软件开发从多阶段、多过程、多方面进行管理，因此软件开发过程需要留下相应的工作制品，文档就是其中重要的载体，文档审查可以帮助认识是否按照软件工程要求开展工作。

② 确定软件是否可进行测试。确保软件质量的一个重要手段是验证，其中测试是其主要内容。文档审查可以检查软件的输入、输出、行为是否明确，输入是否能施加，输出是否能获取等内容，这些都是执行软件测试的必备条件。

2. 文档审查的内容

一般来说，文档审查主要对文档的完整性、一致性、准确性进行审查。

(1) 文档的完整性审查

① 验证所提交的软件文档是否完整，以及文档标识和签署是否完整。

② 审查文档种类是否符合依据文件要求的种类。依据文件可以是软件开发计划或软件质量保证计划。若无规定，可参考国军标确定审查文档的种类。例如，表 4.1 所列为某单位依据国军标，结合自身情况，给出的不同级别软件需要提供的文档名称。

③ 封面要包括文档名称、版本、密级、编号、编写人、单位、编写时间。

④ 会签要完整，即包括校对、标准化、审核、审批等签署。

(2) 文档的一致性审查

① 审查文档内容和术语的含义前后是否一致，有没有自相矛盾的地方。

② 检查文档与程序的一致性。

③ 检查书面文档与联机帮助文档的一致性。

(3) 文档的准确性审查

① 审查文档内容是否正确和准确。

② 审查文档是否有错别字。

③ 审查文档是否有二义性的定义、术语或内容。

表 4.1　不同级别软件提交文档要求示例

级别 \ 文档	软件级别		
	关键软件	重要软件	一般软件
供审查的文档名称	系统和段设计文件(或软件研制任务书)	系统和段设计文件(或软件研制任务书)	软件开发计划(含质量保证和配置管理计划)
	软件开发计划	软件开发计划	软件需求规格说明(含接口)
	软件质量保证计划	软件质量保证计划	软件设计文档(含接口)
	软件配置管理计划	软件配置管理计划	软件测试计划与报告
	软件需求规格说明	软件需求规格说明	用户手册(含操作与维护)
	接口需求规格说明	接口需求规格说明	
	软件设计文档	软件设计文档	
	接口设计文档	接口设计文档	
	软件产品规格说明	版本说明文档	
	版本说明文档	软件测试计划	
	软件测试计划	软件测试说明	
	软件测试说明	软件测试报告	
	软件测试报告	用户手册(含操作和维护)	
	计算机系统操作员手册		
	软件用户手册		
	软件程序员手册		
	固件保障手册		
	计算机资源综合保障手册		

3. 文档审查的过程

文档审查的过程遵循一般的审查过程。一般分为以下几个步骤：

(1) 检查进入条件

一般来说，文档审查之前要首先确认以下问题：

① 相关文档是否通过阶段评审。

② 是否具备要审查的文档及其清单。

③ 是否明确了审查文档种类依据。

只有以上的条件都具备了，才可以开始正式的文档审查。

(2) 明确审查的依据

审查的依据主要来自软件研制的总体计划或国军标的要求,包括文档种类和文档格式规范的要求。

(3) 按照检查表,分工审查文档,并记录发现问题

检查表是文档审查中一个非常重要的部分,在正式的文档审查之前就应该根据文档类型和审查的经验,将一次审查的主要检查点罗列在检查表中,以此作为文档审查的依据。作为示例,表 4.2、表 4.3 所列分别为软件文档共性问题检查表和软件配置管理计划问题检查表。

(4) 汇总并确认文档问题

汇总并确认文档问题,填写"软件文档审查确认问题列表"。

(5) 修改后进行回归审查

若发现问题再填写问题单,再进行第二次回归,填写软件文档审查报告。

表 4.2 软件文档共性问题检查表示例

<table>
<tr><td colspan="2">项目名称</td><td></td><td colspan="2">审查组长</td><td colspan="2"></td></tr>
<tr><td colspan="2">文档审查人</td><td></td><td colspan="2">审查时间</td><td colspan="2"></td></tr>
<tr><td>序 号</td><td colspan="2">审查内容</td><td>是</td><td>否</td><td>NA</td><td>备注</td></tr>
<tr><td>1</td><td colspan="2">文档种类是否齐全?</td><td></td><td></td><td></td><td></td></tr>
<tr><td rowspan="2">2</td><td rowspan="2">文档标识和签署的完整性</td><td>封面是否包括文档名称、版本、密级、编号、编写人、单位、编写时间?</td><td></td><td></td><td></td><td></td></tr>
<tr><td>签署是否完整,包括校对、标准化、审核、审批,以及会签?</td><td></td><td></td><td></td><td></td></tr>
<tr><td rowspan="3">3</td><td rowspan="3">文档编制格式的规范性</td><td>是否有正文目录(页数少的可不设目录,可遵照单位内部规定)?</td><td></td><td></td><td></td><td></td></tr>
<tr><td>正文是否遵循如下排版格式?
• 段开始缩进 2 字符;
• 字号大小各级保持一致,字体合理各级统一(表中字可小,但要统一);
• 项目标号层次统一,大小合理,字体一致;
• 图号编写规范;
• 表头居中;
• 页码规范,分页正确;
• 标点正确。</td><td></td><td></td><td></td><td></td></tr>
<tr><td>文档是否具有可维护性?(例如文档编制中的各种序号(如标题号)是否使用自动编号?图、表头是否采用题注和交叉引用?)</td><td></td><td></td><td></td><td></td></tr>
<tr><td colspan="7">检查情况说明</td></tr>
<tr><td colspan="7"></td></tr>
</table>

表 4.3　软件配置管理计划问题检查表示例

项目名称				审查组长			
文档审查人				审查时间			
序　号	审查内容			是	否	NA	备注
1	对照文档编制标准(GJB2255－94 或已由委托方认可的内部开发规范),检查文档的标题及其顺序是否与标准中所规定的一致?						
2	概　述	是否指明了特定的软件配置管理计划的具体目的?					
		是否列出在计划正文中引用的参考资料,包括作者、标题、编号、发表日期和出版单位?					
		是否列出了本文档中用到的,可能会引起混淆的专用的术语、定义和缩写词?					
3	管　理	是否描述了在各阶段中负责软件配置管理的机构?					
		是否描述了在软件生存周期个各阶段中的配置管理任务以及要进行的评审和检查工作?					
		是否描述了与软件配置管理有关的各类机构或成员的职责,并指出这些机构或成员相互之间的关系?					
		是否有关于接口控制的描述?					
		是否规定了实现软件与配置管理计划的主要里程碑?					
		是否有关于适用的标准、规程或约定的描述?					
4	软件配置管理活动	是否有关于配置标识的描述?					
		是否有关于配置控制的描述?					
		是否有关于配置状态的记录和报告的描述?					
		是否有关于配置的检查和评审的描述?					
5	是否指名为支持特定项目的软件配置管理所使用的软件工具、技术和方法,说明了它们的目的,并在开发者的权限范围内描述其用法?						
6	是否有关于对供货单位的控制的描述?						
7	是否有关于记录的收集、维护和保存的描述?						
检查情况说明							

4.1.3　软件的代码审查

代码审查(Code Inspection)可以被看成是一种特殊的审查方式,是一个由若干程序员和测试员组成一个评审小组,通过阅读、讨论和争议,对程序进行静态分析的过程。代码审查的目的在于发现没有正确实现设计或需求,以及需要改善(例如,可读性差或执行效率低等)的代码。除此以外,代码审查还有几个非常有益的附带作用:第一,程序员通常会得到编程风格、算法选择及编程技术方面的反馈信息;第二,代码审查对程序员可以起到交叉培训的作用,可以帮助初级程序员进行新的编程技术学习。第三,代码审查可以增加测试人员对代码的了解,如哪部分代码出现问题较多,这有助于在后续的动态测试过程中有所侧重。

代码审查总体上分两步:第一步,小组负责人提前把涉及规约、控制流程图、程序文本及有关要求、规范等分给小组成员,作为审查的依据。小组成员在充分阅读这些材料之后,进入审查的第二步——召开程序审查会。在会上,首先由程序员逐句讲解程序的逻辑。在此过程中,程序员或其他小组成员可以提出问题,展开讨论,审查错误是否存在。实践表明,程序员在讲解过程中能发现许多原来自己没有发现的错误,而讨论和争议促进了问题的暴露。例如,对某个局部性小问题修改方法的讨论,可能发现与之牵连的其他问题,甚至涉及到模块的功能说明、模块间接口和系统总体结构的大问题,从而导致对需求的重定义、重设计和重验证,进而大大改善软件质量。

在会前,应当给审查小组每个成员准备一份常见的清单,把以往所有可能发生的常见错误罗列出来,供与会者对照检查,以提高审查的实效。

这个常见错误清单叫做检查表,它是审查过程中的核心技术。它把程序中可能发生的各种错误进行分类,对每一类列举出尽可能多的典型错误,然后把它们制成表格,供评审时使用。在代码审查之后需要做以下几件事:

① 把发现的错误记录制表,并交给程序员;

② 若发现错误较多,或发现重大错误,则在改正之后,再次组织代码审查;

③ 对错误记录表进行分析、归类、精炼,以提高审查效果。

1. 代码审查的过程

同样地,软件代码审查的过程也遵循一般的审查过程,其过程如下。

① 检查进入条件,一个典型的代码审查进入标准如下所示:

- 软件代码无错误通过编译。
- 软件文档齐备并符合相关标准规范,包括详细设计文档、代码清单等。必要时还应包括:需求规格说明、概要设计说明、数据字典、软/硬件接口说明、代码静态分析报告以及上述文档引用的其他文档。

② 审查计划:由主持人制定审查的计划。

③ 启动会议:由程序编写者介绍程序的背景情况。

④ 审查准备:每一个审查人员要预先对被审查的代码进行个人检查,标识出可能的潜在缺陷。

⑤ 会议审查:以会议的形式组织审查,在会议上由程序编写人员逐条语句讲述程序的逻辑结构。在讲述过程中,审查小组的其他成员进行提问、判断是否存在错误。

⑥ 修改缺陷:程序编写者根据会议审查确定的错误及修改计划对代码进行修改。

⑦ 回归审查:对程序的修改部分进行重新审查,以确保对错误的修改是正确的,并且没有因为修改而引入其他的错误。

当审查主持人认为满足了预先定义的退出标准时,审查过程就可以结束了。

2. 代码审查方法与技巧

代码审查过程的一个重要部分就是对照一份检查表来检查程序是否存在常见错误。检查表的内容通常是根据经验总结出的一系列常见错误。典型的检查表内容如下。

(1) 数据声明错误

① 是否所有变量都已声明?

② 默认的属性是否被正确理解?

③ 数组和字符串的初始化是否正确?

④ 变量是否赋予了正确的长度、类型和存储类?

⑤ 初始化是否与存储类相一致?

⑥ 是否有相似的变量名?

(2) 比较错误

① 是否存在不同类型变量间的比较?

② 是否存在混合模式的比较运算?

③ 比较运算符是否正确?

④ 布尔表达式是否正确?

⑤ 比较运算是否与布尔表达式相混合?

⑥ 是否存在二进制小数的比较?

⑦ 操作符的优先顺序是否被正确理解?

⑧ 编译器对布尔表达式的计算方式是否被正确理解?

(3) 控制流错误

① 是否超出了多条分支路径?

② 是否每个循环都终止了?

③ 是否每个程序都终止了?

④ 是否存在由于入口条件不满足而跳过循环体?

⑤ 可能的循环越界是否正确?

⑥ 是否存在“仅差一个”的迭代错误?

⑦ do/end 语句是否匹配?

⑧ 是否存在不能穷尽的判断?

⑨ 输出信息是否有文字或语法错误?

(4) 输入/输出错误

① 文件属性是否正确?

② OPEN 语句是否正确?

③ I/O 语句是否符合格式规范?

④ 缓冲大小与记录大小是否匹配?

⑤ 文件在使用前是否打开?

⑥ 文件在使用后是否关闭?

⑦ 文件结束条件是否被正确处理?

⑧ 是否处理了 I/O 错误?

(5) 接口错误

① 形参的数量是否等于实参的数量?

② 形参的属性与实参的属性相匹配?

③ 形参的量纲是否与实参的量纲相匹配?

④ 传递给被调用模块的实参个数是否等于其形参个数?

⑤ 传递给被调用模块的实参属性是否与其形参属性相匹配?

⑥ 传递给被调用模块的实参量纲是否与其形参量纲相匹配?

⑦ 调用内部函数的实参的数量、属性、顺序是否正确?

⑧ 是否引用了与当前入口点无关的形参?

⑨ 是否改变了某个原本仅为输入值的形参?

⑩ 全局变量的定义在模块间是否一致?

⑪ 常数是否以实参形式传递过?

(6) 其他情况

① 在交叉引用列表中是否存在未引用过的变量?

② 属性列表是否与预期结果的相一致?

③ 是否存在警告或提示信息?

④ 是否对输入的合法性进行了检查?

⑤ 是否遗漏了某个功能?

3. 代码审查与代码走查的异同

代码走查(Walk - Through)与代码审查基本相同,其过程总体上分为两步。第一步是将材料分发给走查小组每个成员。每个成员认真研究程序。第二步是开会。开会的程序与代码审查不同,不是简单地读程序和对照错误检查表进行检查,而是让与会者“充当”计算机。即首先由测试组成员为所测程序准备一批有代表性的测试用例,提交给走查小组。走查小组开会,集体扮演计算机角色,让测试用例沿程序的逻辑运行一遍,随时记录,随时记录程序的踪迹,供分析和讨论用。人们借助于测试用例的媒介作用,对程序的逻辑和功能提出各种疑问,结合问题开展热烈的讨论和争议,能够发现更多的问题。

但在很多场合下,并不严格地区别代码审查和代码走查,二者有时会混用,具体内涵取决于开发机构的定义。

4.2 静态分析

静态分析(Static Analysis)的内容一般以静态结构分析、质量度量和代码规则检查这三个方面进行表述。

1. 静态结构分析

静态结构分析以图形的方式表示程序的内部结构,例如函数调用关系图、函数内部控制流图,在此基础上对程序做进一步的分析。函数调用关系图以直观的图形方式描述一个应用程序中各个函数的调用和被调用关系;控制流图显示一段程序的逻辑结构,它由许多节点组成,一个节点代表一条语句或数条语句,连接结点的叫边,边表示节点间的控制流向。通过静态结构分析可以发现不可达代码、死循环代码、是否结构化编程以及数据流异常等问题。

2. 代码的质量度量

代码的质量度量一般基于软件的质量模型进行,通常是通过对代码的圈复杂度、扇入/扇出、注释等度量值进行统计，或者通过 Halstead 科学度量法等对程序的质量给出评价。

3. 代码的规则检查

通过代码的规则检查可以发现违背程序编写标准的问题，程序中不安全、不明确和模糊的部分，找出程序中不可移植部分、违背程序编程风格的问题，包括变量检查、命名和类型审查、程序逻辑审查、程序语法检查和程序结构检查等内容。

由于代码规则检查中的很多内容都已包含在静态结构分析中，因此后文不再介绍。

4.2.1　程序的静态结构分析

静态结构分析是一种对代码的机械性的、程式化的特性分析方法。静态结构分析一般使用软件工具进行，包括控制流分析、数据流分析、接口分析、表达式分析等。

1. 控制流分析

控制流图是对程序控制结构的一种有向图表示，用来表示程序的逻辑路径，从程序流程图转化而来，只保留了流程图中节点和判断，忽略了程序过程块。

以下演示了一个程序控制流图的例子。程序代码如下：

```
if (state_1.eof == 0 && status.eof == 1)
{
    status.eof = 0;
    k = 1;
}
else
{
    status.eof = 1;
    k = 0;
}
a = 4;
b = 5;
```

这段代码的流程图可以简化成下图：

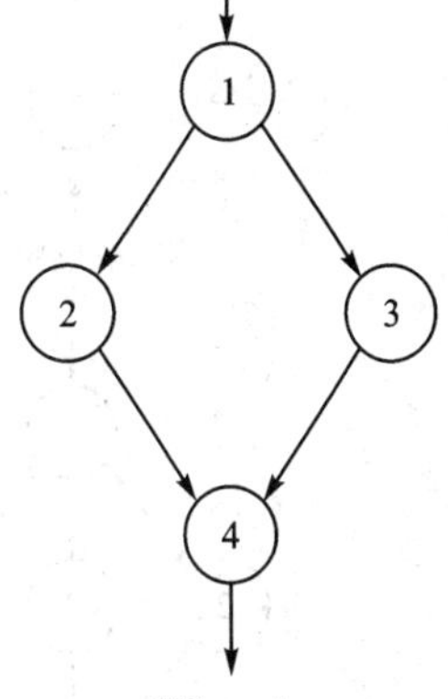

图 4.1　控制流图示例

通过对源代码的分析，控制流分析要检查以下主要内容：

① 转向并不存在的语句标号。

② 没有使用的语句标号。

③ 没有使用的子程序定义。

④ 调用并不存在的子程序。

⑤ 从程序入口进入后无法达到的语句。

⑥ 死循环语句。

⑦ 结构化编程验证。

⑧ 不可达代码检查。

以下通过实例分别介绍不可达代码检查、死循环代码检查以及结构化编程验证。

(1) 不可达代码检查

如图 4.2 所示，节点 n_{i+4} 就属于不可达节点。举例来说，这可能是一个未被调用的函数。

(2) 死循环代码检查

如图 4.3 所示，n_{i+3} 是死循环节点，n_{i+2}、n_{i+3} 之间的执行就是死循环语句。

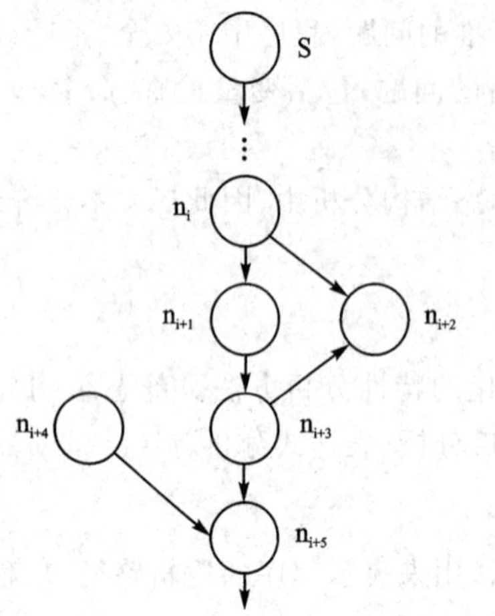

图 4.2 具有不可达节点的控制流

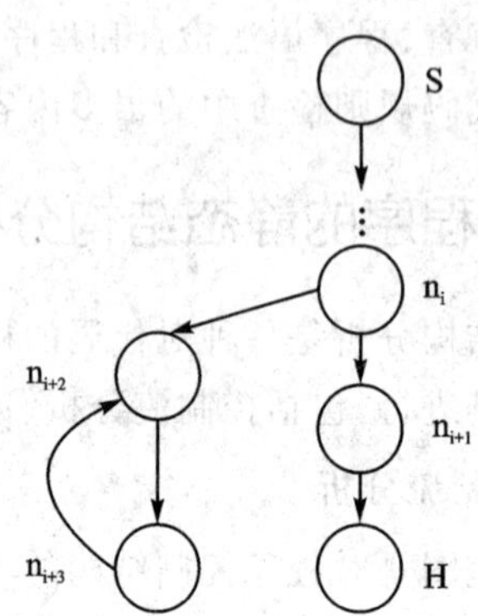

图 4.3 具有死循环节点的控制流

(3) 结构化编程验证

如果使用不当，C 语言某些结构很容易引起错误或缺陷，例如：case、swich、case、default、break、if - then 语句、for 循环结构。

通过对程序结构化编程验证可有效排除一些程序错误，提高软件可靠性及可维护性。图 4.4 和图 4.5 分别画出了典型的结构化编程结构和典型的非结构化编程结构。

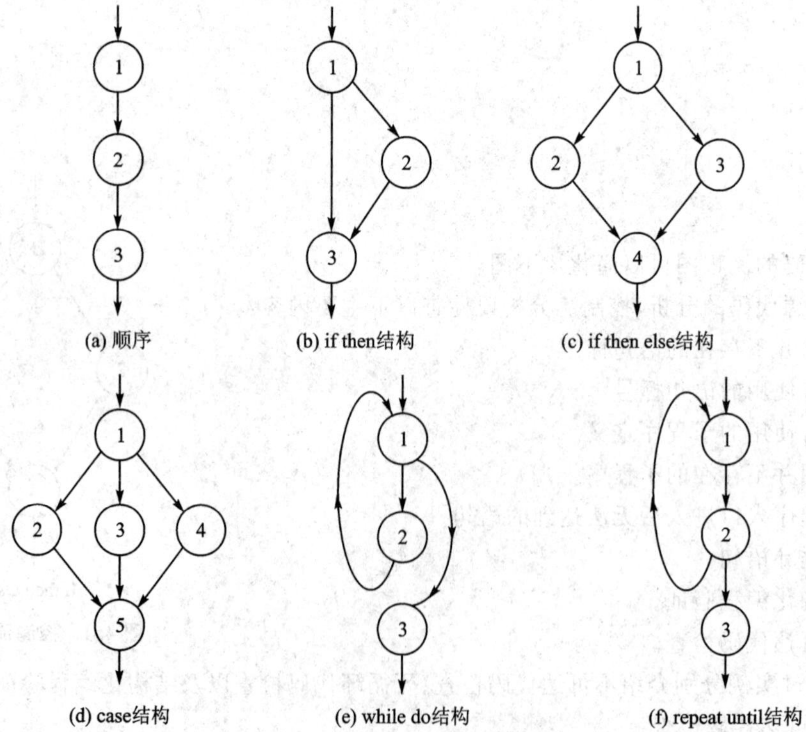

图 4.4 典型的结构化编程结构

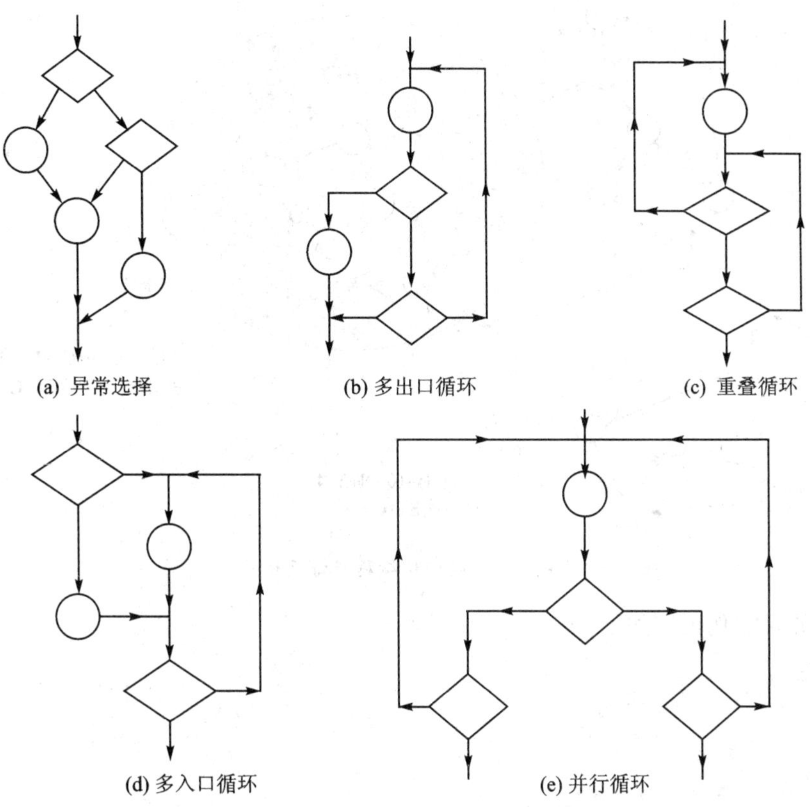

图 4.5 典型的非结构化编程结构

如果一个程序是完全结构化的，则其控制流图可简化为最后一个节点。通过结构化流程简化后，程序的圈复杂度（更详细介绍见 4.2.2 节代码的质量度量）叫做基本圈复杂度（Essential Cyclomatic Complexity）。完全结构化的程序，其基本圈复杂度为 1。

举例来说，在图 4.6 所示的 K1 圈中，是一个典型的"if then else"结构化编程结构，见图 4.4。因此可以简化成一个节点。简化之后，K2 圈 中的结构也属于典型的结构化编程结构，因此也可以简化成一个节点。经过简化后，控制流图 G 变成控制流图 G'。G'中没有典型的结构化编程结构了，因此不能再简化。G'的圈复杂度是 4，基本圈复杂度也是 4。简化前 G 的圈复杂度是 6，经过简化后变为 4，这也就是 G 的基本圈复杂度。

2. 数据流分析

通过检查变量的定义（或赋值，Definition）和引用（Reference）关系来发现程序中的错误。

如果程序中某一语句的执行能改变程序变量 X 的值，则称 X 是被该语句定义的。如 x=y+10、scanf("%d", &i)。

如果某一语句的执行引用了内存中变量 X 的值，则说该语句引用变量 X。如 s=2*(t+46)、if(x>100)、array[i]。

常见的数据流异常有：

- 未定义就引用（UR）。
- 定义后未引用（DU）。
- 定义后再定义（DD）。

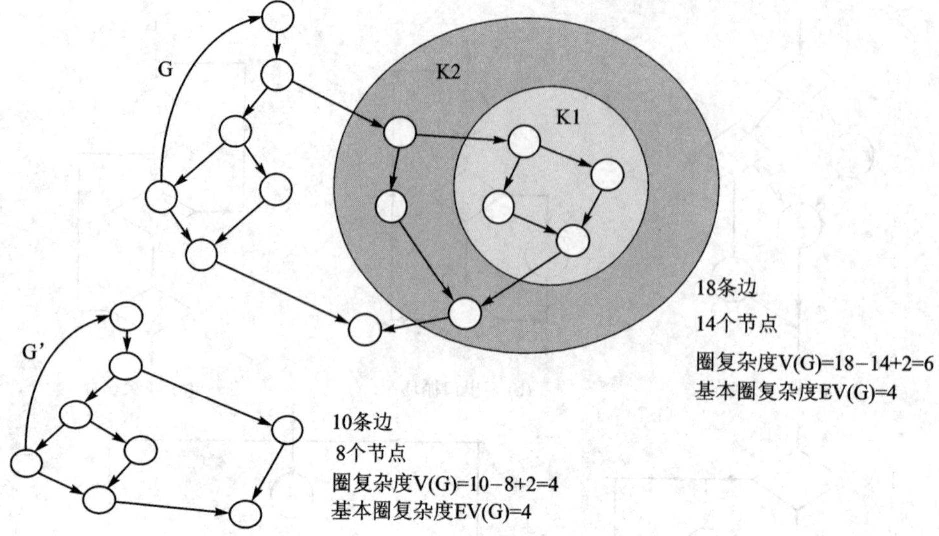

图 4.6　结构化编程验证示例

这三种异常举例说明如下。

```
void proc ()
{
    int x,y,z,t;
    x = 1;
    x = 3;
    if(y>0)
    x = 2;
    /* end if */
    z = x + 1;
}
```

在以上程序中，y 在第 6 行进行了引用，但是之前未被定义，属于 UR 问题。x 在第 4 行与第 5 行均进行了定义，属于 DD 问题。z 在第 9 行进行了定义，但是未被引用，因此属于 DU 问题。

3. 接口分析

程序的接口分析涉及子程序以及函数之间的接口一致性，包括检查形参与实参类型、个数、维数、顺序的一致性。当子程序之间的数据或控制传递使用公共变量或全局变量时，也应检查它们的一致性。

4. 表达式分析

表达式分析主要用于发现以下几种错误：

① 程序中括号的使用不正确。

② 数组引用错误。

③ 作为除数的变量可能为零。

④ 作为开平方的变量可能为负。

⑤ 作为正切值的变量可能为 π/2。

⑥ 浮点数变量比较时产生的错误。

4.2.2 代码的质量度量

常见的质量度量有：

1. 圈复杂度

从有向图中计算 McCabe 圈复杂度一般有三种方法：① V(G)＝线性独立路径数；② V(G)＝边数－节点数＋2；③ V(G)＝区域数。圈复杂度越大，程序越复杂，可靠性越差。McCabe 指数一般应小于 10。

例如，在图 4.7 中，有 12 条边，9 个节点，因此，V(G)＝12－9＋2＝5。

2. 扇入/扇出

扇入/扇出主要用于分析函数/过程间的调用层次。

① 扇入数指某一过程/函数被多少过程/函数调用。

② 扇出数指某一过程/函数调用多少过程/函数。

例如，在图 4.8 中，E 函数扇入数为 1，扇出数为 3。

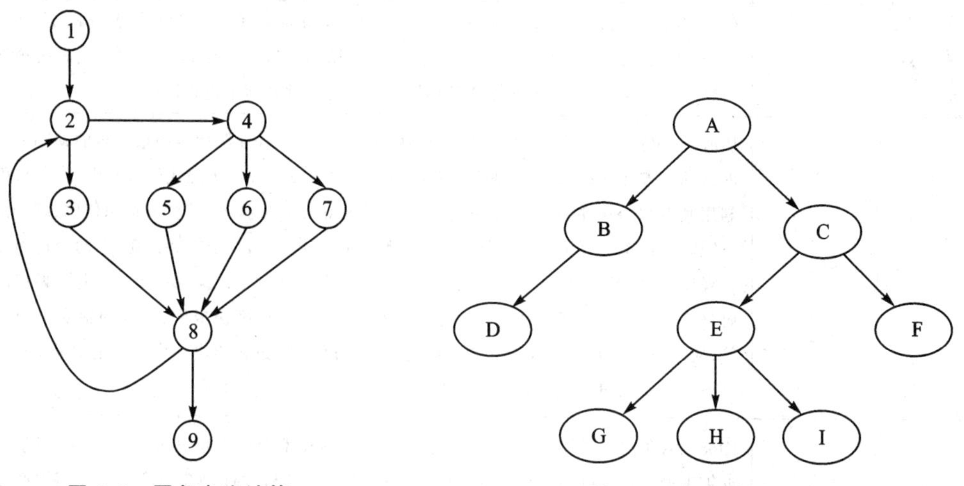

图 4.7 圈复杂度计算　　**图 4.8 扇入/扇出示例**

在扇入/扇出分析中，主要参考以下几点：

① 扇出与程序结构宽度有关：

- 扇出过大会增加程序结构宽度。
- 扇出过小会增加程序结构深度。
- 扇出过大增加过程或函数复杂性(需控制的模块过多)。
- 扇出数最好控制在 3～4，最高不超过 6～7。

② 扇入越大表明模块通用性好，但过大会导致程序聚合性差。

③ 底层过程或函数扇出数尽量小，扇入数尽量大。

④ 上层过程或函数扇出数尽量大，扇入数尽量小。

3. 注释行

程序中注释行对提高代码维护性非常有帮助，同时也是度量程序代码可读性与可维护性的一个重要属性。一般情况下，源程序有效注释率必须在 20％以上。根据注释在程序中出现的位置分为：

① 头注释，是指过程或子程序开始前所有注释。

② 执行行注释，是指出现在程序中可执行代码间注释。

③ 声明注释，是指出现在程序中变量或函数声明区域的注释。

4.2.3 静态分析工具

静态分析工具中，比较有代表性是 PC - Lint、Telelogic 公司的 Logiscope 软件、PR 公司的 PRQA 软件。这三种工具是专门的静态分析工具。

除此以外，还有一些除静态分析功能外，还具有其他白盒测试功能的工具。比较有名的有 C++Test、Jtest、codewizard，rational purify，rational purecoverage。

表 4.4 所列为一些比较常用的软件静态分析工具（部分含动态测试功能）的名称和说明。

表 4.4 一些比较常用的软件静态分析工具

工具名称	工具说明
C++Test	C++Test 是 Parasoft 针对 C/C++的一款自动化测试工具。支持静态分析，全面代码走查，单元与组件的测试，为用户提供一个实用的方法来确保其 C/C++代码按预期运行；C++Test 能够在桌面的 IDE 环境或命令行的批处理下进行回归测试
Coverity Prevent SQS	Prevent SQS（软件质量系统）是检测和解决 C、C++、Java 源代码中最严重的缺陷的领先的自动化方法；Coverity 将基于布尔可满足性验证技术应用于源代码分析引擎，分析引擎利用其专利的软件 DNA 图谱技术和 meta - compilation 技术，综合分析源代码、编译构建系统和操作系统等可能使软件产生的缺陷，Coverity 是第一个能够快速、准确分析当今的大规模（几百万、甚至几千万行的代码）、高复杂度代码的工具，Coverity 解决了影响源代码分析有效性的很多关键问题：构建集成、编译兼容性、高误报率、有效的错误根源分析等；通过对软件开发过程中的构建环境、源代码和开发过程给出一个完整的分析，Prevent SQS 建立了获得高质量软件的标准
Klocwork k7	Klocwork 的 K7 软件是 Klocwork 公司基于专利技术分析引擎开发的，综合应用了多种近年来最先进的静态分析技术，是出色的软件静态分析软件；K7 产品与其他同类产品相比，具有很多出众的特征：K7 支持的语言种类多，能够分析 C、C++和 Java 代码；能够发现的软件缺陷种类全面，既包括软件质量缺陷，又包括安全漏洞方面的缺陷，还可以分析对软件架构、编程规则的违反情况；软件分析功能全面，既能分析软件的缺陷，又能进行可视化的架构分析、优化；能够分析软件的各种度量；能够提供与多种主流 IDE 开发环境的集成；能够分析超大型软件（上千万代码行）
LDRA 工具套件	LDRA 工具套件的旗舰产品主要包括 Testbed/TBrun；同时针对嵌入式软件测试提供 RTInsightPro 硬件辅助工具；针对汇编语言提供 ASM TBrun 单元测试工具。LDRA 工具套件能够完全集成并且自动化实现以下软件过程： ① 代码评审（使用编码规则）； ② 质量评审（分析代码的复杂度，密度以及可测试性）； ③ 设计评审（分析接口，变量使用，控制流等）； ④ 单元测试（自动创建测试驱动和测试向量）； ⑤ 测试验证（追踪测试执行并且分析代码覆盖率）； ⑥ 测试管理（测试用例管理，文档管理）

续表 4.4

工具名称	工具说明
Understand	Understand 是一个静态代码分析工具，用来分析和阅读大规模项目代码非常方便，可通过其 Perl API 来进行定制；支持的语言包括：Ada、C/C++、C#、Java、Fortran、Pascal、Perl 等
VectorCast/C++	VectorCAST/C++是一套集成的软件测试解决方案，能显著降低 C/C++测试过程中为达到安全性检测和嵌入式系统关键任务检测所必需的时间、工作量及成本
QAC/QAC++	QAC/QAC++是英国编程研究公司(Programming Research Ltd)的专业进行 C 和 C++语言规则检查工具，能对 C/++代码进行自动检查，报告所违反编程标准和准则；通过使用 QAC/QAC++可以减少代码审查所需的时间，使软件设计师在开发阶段的就可以避免代码中的问题，提高代码的质量，后期动态测试的周期将会缩短

本章要点

① 审查的过程包括两部分：会前事先阅读材料、会中集中讨论。具体包括：计划、启动会议、审查准备、会议审查、回归。审查过程对照检查表进行，检查表是过去经验的总结，是审查活动的核心技术。

② 文档审查主要对文档的完整性、准确性、一致性等方面进行审查。代码审查主要检查代码与设计或与需求是否一致。

③ 代码审查与代码走查的过程大致相同。主要不同在于后者需要“充当”计算机执行一批预先设计的测试用例。

④ 静态结构分析一般包括控制流分析、数据流分析、接口分析、表达式分析。六种典型的结构化编程结构是：normal、if then、if then else、3 - way case、while do od、repeat until。完全结构化的程序，可以简化成圈复杂度为 1 的控制流图，即基本圈复杂度为 1。数据流分析常发现的问题有未定义引用、定义未引用以及定义后再定义。

⑤ 常见的代码质量度量有圈复杂度、扇入/扇出、注释行。圈复杂度的计算方法有：V(G)＝线性独立路径数；V(G)＝Edge 数－节点数＋2；V(G)＝区域数。扇入数指某一过程/函数被多少过程/函数调用。扇出数指某一过程/函数调用多少过程/函数。

本章习题

1. 文档审查的内容有哪些？

2. 请说明扇入/扇出对程序质量的影响。

3. 请分别给出以下两图的圈复杂度以及基本圈复杂度。

4. 以下是一段计算三角形面积的代码，请按照代码审查的要求对这段代码进行个人审查。

```
#include "stdio.h"
#include "math.h"
```

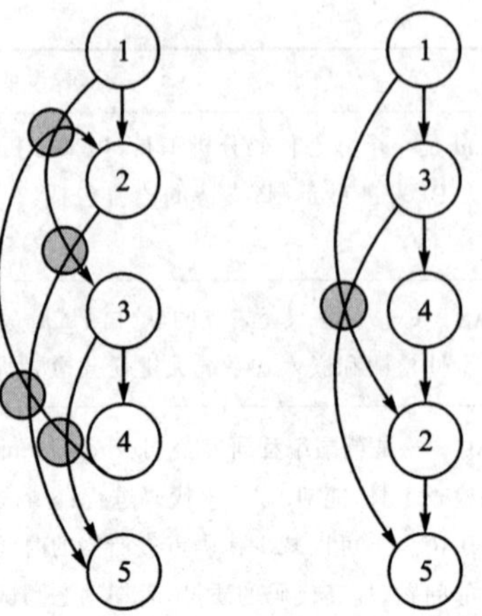

图 4.9　两个控制流图

```
int main()
{
    float a, b, c, s;
    printf("Please input a, b, c\n");
    scanf(&a,&b,&c);
    s = (a + b + c)/2;
    printf("The area is:\n",sqrt(s * (s - a) * (s - b) * (s - c)));
}
```

5. 请指出以下代码的控制流和接口缺陷。

```
#include "stdio.h"
void funtion1(void)
{
    int temp;
    scanf(&temp);
    if(temp>100)
    {
        function2(temp);
        return;
    }
    if(temp<200)
    {
        function2(temp);
        return;
    }
    if((temp = <100)||(temp> = 200))
    {
        function2(temp);
        return;
    }
}
```

```
void function2(int *a)
{
    printf("%d\n", *a);
}
```

6. 请指出以下代码的数据流和表达式缺陷。

```
#include "math.h"
int function3 (float a, float b)
{
    int c[3];
    if(a == b)
    {
        c[1] = sqrt(a)/b;
    }
    if(c[1]>c[2])
    {
        return c[1];
    }
    else
    {
        return c[2];
    }
}
```

本章参考资料

[1] IEEE Std. 1028—2008, IEEE Standard for Software Reviews and Audits.
[2] GJB/Z 141—2004,军用软件测试指南[S]. 中国人民解放军总装备部. 2004.
[3] 曹薇. 软件测试[M]. 北京：清华大学出版社，2008.
[4] 佟伟光. 软件测试[M]. 北京：人民邮电出版社，2008.
[5] 秦晓. 软件测试[M]. 北京：科学出版社，2008.
[6] 林宁，孟庆余. 软件测试实用指南[M]. 北京：清华大学出版社，2004.

第 5 章　软件动态测试

本章学习目标

本章的目的是介绍软件动态测试技术，主要介绍以下内容：

- 语句覆盖、判定覆盖、条件覆盖、判定/条件覆盖、条件组合覆盖、修正条件判定覆盖
- 功能分析、等价类分析、边界值分析、判定表、因果图等技术

动态测试是一种缺陷检测和排除技术。与静态测试不同，动态测试要求在测试过程中执行程序。根据是否需要了解被测对象的内部信息，测试又可以分为白盒测试和黑盒测试。白盒测试需要内部信息，黑盒测试不需要内部信息。本章将从白盒测试与黑盒测试两方面介绍动态测试。

5.1　白盒测试技术

白盒测试(White - box Testing)又称结构测试、逻辑测试或基于程序的测试。这种测试将被测对象看作一个打开的盒子，需要了解程序的内部构造，并根据内部构造设计测试用例。

利用白盒测试技术进行动态测试时，除了要验证软件的功能特性之外，还特别需要测试软件产品的内部结构和处理过程。

本节将要介绍的逻辑覆盖测试属于白盒测试方法。

逻辑覆盖测试(Logic - coverage Testing)是以程序内部的逻辑结构为基础设计测试用例的方法。根据对程序内部逻辑结构的覆盖程度，逻辑覆盖法具有不同的覆盖标准：语句覆盖、判定覆盖、条件覆盖、判定-条件覆盖、条件组合覆盖和修正条件判定覆盖。下面对上述覆盖分别介绍。

1. 语句覆盖

语句覆盖(Statement Coverage)的含义是，设计足够多的测试用例，使被测程序中的每条可执行语句至少执行一次。语句覆盖也称为点覆盖。

例：一段程序代码如下：

```
if ((X>0) || (Y>0))
        Z = Z + X;
if ((X< -1)&&(Z>0))
        Z = Z + Y;
```

其流程图如图 5.1 所示。

对图 5.1 所示的程序，若要做到语句覆盖，程序的执行路径应该是 s→a→c→b→e→d，为此可设计如下的测试用例(注意：X，Y，Z 的值为输入值，严格说来，测试用例还应包括预期输出，此处省略，下同)：

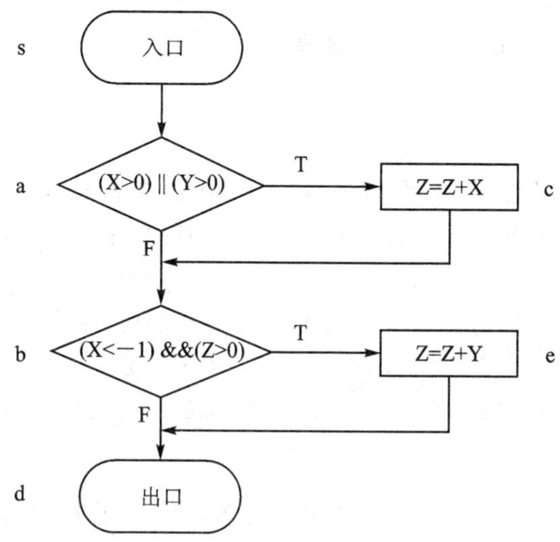

图 5.1　程序流程图

X=-2,Y=1,Z=3

语句覆盖是一种很弱的逻辑覆盖标准,它对程序的逻辑覆盖很少。此外,语句覆盖只关系判定的结果,而没有考虑判定中的条件及条件之间的逻辑关系。

2. 判定覆盖

判定覆盖(Decision Coverage)的含义是,设计足够多的测试用例,使被测程序中的每个判定取得每种可能的结果,即覆盖每个判定的所有分支。所以判定覆盖也称为分支覆盖。显然,若是实现了判定覆盖,则必然实现语句覆盖。故判定覆盖是一种强于语句覆盖的覆盖标准。

对表 5.1 所示的源程序,若要实现判定覆盖,则需要覆盖 sacbed 和 sabd 两条路径,或覆盖 sacbd 和 sabed 两条路径,可设计如下两组测试用例:

- X=2, Y=0, Z=-2 (执行路径 sacbd)
- X=-2, Y=-2, Z=1 (执行路径 sabed)

判定覆盖对程序的逻辑覆盖程度仍不高,图中表示的源程序有 4 条路径,但以上测试用例只覆盖了其中的两条。

3. 条件覆盖

一个判定的结果是多个条件的逻辑运算结果。条件覆盖(Condition Coverage)的含义是,设计足够多的测试用例,使被测程序的每个条件取得各种可能的结果。

对图 5.1 所示的源程序,考虑包含在两个判定中的四个条件,每个条件均可取真假两种值。若要实现条件覆盖,应使以下 8 种结果成立:

X>0,X<=0,Y>0,Y<=0,X<-1,X>=-1,Z>0,Z<=0

这 8 种结果的前四种是在 a 点出现的,而后 4 种是在 b 点出现的。

为了覆盖这 8 种结果,可设计如下两组测试用例:

- X=2,Y=1,Z=2(覆盖 X>0,Y>0,X>=-1,Z>0,执行路径 sacbd)

● X=−2,Y=−1,Z=−1(覆盖 X<=0, Y<=0,X<−1,Z<=0,执行路径 sabd)

实现了判定覆盖不一定能够实现条件覆盖,同样地,实现了条件覆盖也不一定能实现判定覆盖。

4. 判定/条件覆盖

判定/条件覆盖的含义是,设计足够多的测试用例,使被测程序中的每个条件取到各种可能的结果,且每个判定取到各种可能的结果;若实现了判定/条件覆盖,则必然实现了判定覆盖和条件覆盖。

对图 5.1 所示的程序,若要实现判定/条件覆盖,可设计如下两组测试用例:

X=2, Y=0, Z=−2(覆盖 X>0,Y<=0,X>=−1,Z<=0,执行路径 sacbd)

X=−2, Y=−2, Z=1(覆盖 X<=0, Y<=0,X<−1,Z>0,执行路径 sabed)

5. 条件组合覆盖

条件组合覆盖的含义是,设计足够多的测试用例,使被测程序中每个判定的所有条件取值组合都至少出现一次。

对图 5.1 所示的程序,第一个判定有 4 种条件组合情况,见①、②、③、④。第二个判定也有 4 种条件组合情况,见⑤、⑥、⑦、⑧。因此,若要实现条件组合覆盖,应使如下 8 种条件取值组合至少出现一次。

① X>0,Y>0;

② X>0,Y<=0;

③ X<=0,Y>0;

④ X<=0,Y<=0;

⑤ X<−1,Z>0;

⑥ X<−1,Z<=0;

⑦ X>=−1,Z>0;

⑧ X>=−1,Z<=0;

为了覆盖此 8 种组合,可设计如下的 4 组测试用例:

● X=2, Y=2, Z =2(满足①、⑦两种情况,执行路径 sacbd)

● X=2, Y=−2, Z=−3(满足②、⑧两种情况,执行路径 sacbd)

● X=−2, Y=1, Z=3(满足③、⑤两种情况,执行路径 sacbed)

● X=−2, Y=1, Z=1(满足④、⑥两种情况,执行路径 sabd)

对于一段代码,如其实现了条件组合覆盖,则一定实现了判定覆盖、条件覆盖及判定-条件覆盖。但条件组合覆盖不一定能覆盖程序中的每条路径。

注意,条件组合覆盖要求的是对每个判定内部的条件进行组合覆盖,不要求对不同判定内的条件进行组合覆盖。

6. 修正条件判定覆盖

修正条件判定覆盖(MC/DC 或 MCDC:Modified Condition/Decision Coverage)是由欧美的航空/航天制造厂商和使用单位联合执行的"航空运输和武器系统软件认证标准",目前在国外的国防、航空、航天领域应用广泛。当满足以下情况时,一段代码被认为满足修正的条件判定覆盖:

首先,测试用例满足条件覆盖和判定覆盖。

其次,对任意一个布尔条件,均有两组测试用例可以表明:当仅改变该布尔条件的取值时,判定结果发生改变。

下面以示例进行解释。有以下一段代码:

```
if ( (A || B) && C )
{
    /* instructions */
}
else
{
    /* instructions */
}
```

A、B、C 是三个条件。为了满足条件覆盖,可以设计以下两组测试用例,使得条件 A、B、C 各自均覆盖 true 和 false。

① A=true,B=true,C=true　→(A || B) && C=true

② A=false,B=false,C=false　→(A || B) && C=false

由于,第 1 组测试用例使得(A||B) && C=true,第 2 组测试用例使得(A||B) && C=false,因此,上述两组测试用例同时也可满足判定覆盖。

但是上述两组测试用例不能满足 MCDC 覆盖要求。MCDC 要求设计的测试用例具有以下特征:对任何一个条件,存在这样两组测试用例,即其他条件都不改变,仅有该条件和判定结果改变。以下四组测试用例可以满足上述代码的 MCDC 覆盖要求:

① A=false,B=false,C=true　→(A || B) && C=false

② A=false,B=true,C=true　→(A || B) && C=true

③ A=false,B=true,C=false　→(A || B) && C=false

④ A=true,B=false,C=true　→(A || B) && C=true

首先,这 4 组测试用例,可以满足条件覆盖和判定覆盖要求。其次,第①、④组测试用例仅有 A 条件和判定结果改变;第①、②组测试用例仅有 B 条件和判定结果改变;第②、③组测试用例仅有 C 条件和判定结果改变。因此,这 4 组测试用例满足 MCDC 覆盖要求。

5.2　黑盒测试技术

黑盒测试(Black - box Testing)又称功能测试、数据驱动测试或基于规格说明的测试,这种测试不必了解被测对象的内部情况,而是依靠需求规格说明来设计测试用例。

下面主要介绍以下几种常见的黑盒测试技术:

① 功能分析;

② 等价类划分;

③ 边界值分析;

④ 判定表;

⑤ 因果图。

5.2.1 功能分析

功能分析方法以软件需求规格说明书为依据，分析系统的预期行为或具有的功能，把系统具有的功能一个接一个地列出来(每个功能称为一个功能点)，针对每个功能点及其相关的功能点设计测试用例。功能分析方法以需求文档中描述的功能点为测试重点，以用户使用系统完成的任务为测试重点，把测试范围限定于系统具有的功能集合。功能点的数量是有限的，为每个功能点设计的测试用例数量也是有限的，因而总的测试用例数量得以控制。

在分析系统具有的功能时，可以使用层次结构，通常称之为功能分解结构(Function Breakdown Structure，FBS)。首先，在第一层列举系统的主要功能，然后一层接着一层分解，最后细化到一个具体的功能点。例如，经过对某品牌手机功能的三个层次的分解，得到它的一个 FBS，在这个 FBS 的第 3 层列出了此手机的文字信息功能模块的各功能点，如图 5.2 所示。

第 1 层

1. 信息

   第 2 层

   (1)文字信息

      第 3 层

      - 编写和发送信息
      - 信息发送选项
      - 编写和发送短信息电邮
      - 阅读和回复文字信息或短信息电邮
      - 收件箱和已发信息文件夹
      - 收信人列表
      - 范本
      - 已存文字信息文件夹和个人文件夹
      - 删除信息
      - 文字信息和短信息电邮设置

   (2) 彩信

   (3) 电子邮件

   (4) 即时信息

   (5) 语音信息

   (6) 广播信息

   (7) 信息设置

   (8) 网络命令编辑器

2. 通话记录
3. 通讯录
4. 设置
5. 多媒体资料
6. 音像工具
7. 事物管理器
8. 百宝箱
9. 其他

图 5.2 某品牌手机的 FBS

在实际项目中，需求规格说明书很可能不清楚或不完整，甚至没有需求规格说明书。这时，测试设计人员应对系统的行为进行探查和研究，以足够了解系统的行为或具有的功能。与用户代表、开发人员进行充分地沟通，掌握测试设计所需要的用户需求信息。

功能分析方法的具体步骤如下：

① 分析系统具有的功能，将其功能分解为功能点，获得相应的 FBS。这时所有功能点均未被覆盖。

② 如果 FBS 中存在一个未覆盖的功能点，则考察它的输入和输出，设计一个或一组测试用例，这些测试用例足以确认系统实现了这项功能。

③ 分析受这个功能点影响的系统的其他部分，在测试用例设计时考虑补充对这些部分的测试，之后将这个功能点标记为“已覆盖”。

④ 重复上面的两步，直至覆盖 FBS 中的所有功能点。

下面举例说明功能分析方法。

例 1：以某个客户关系管理系统为例，其需求规格说明书中规定了一项功能——“用户应能够在客户记录界面上编辑客户联系电话”。这个功能点属于客户记录编辑功能。

对于这个示例，可以设计一个测试用例，这个测试用例包含以下测试要点：

① 显示客户记录界面，确认客户联系电话可以编辑。

② 以数据字典为依据，确定客户联系电话的一组有效值和无效值作为输入。

③ 运行查询功能或查看数据库，确认编辑后的内容已经正确地保存到数据库中。

④ 考察受此编辑功能影响的其他部分，补充对这些部分的测试。

订单管理是受此编辑功能影响的一个部分，因为显示订单记录时会引用客户的联系电话。这个测试用例还应包含这项内容：验证订单管理部分使用了修改后的客户联系电话。

例 2：设计某品牌手机的文字信息编辑和发送功能的测试用例。使用两个测试用例测试这项功能，如表 5.1 和表 5.2 所列。

表 5.1　手机编写和发送文字信息功能的测试用例 1

编号：000001	设计者：qq	创建日期：2004 年 8 月 31 日
简要说明	测试编写和发送文字信息功能	
优先级	■高　□中　□低	
前置条件及运行准备	准备至少两部测试用的手机	
运行步骤	① 启动手机 ② 选择功能表→信息→文字信息→新建信息 ③ 按“#”键选择输入法 ④ 输入和编辑短信内容 ⑤ 按“发送”键 ⑥ 输入接收方的号码，按“确认”键 ⑦ 查看接收到的短信内容 ⑧ 选择功能表→信息→文字信息→已发信息，查看已发信息文件夹	
预期输出	① 接收到的短信内容与发送的短信内容一致 ② 已发信息文件夹中保存了发送的短信	

续表 5.1

测试输入	接收方的号码	
运行后处理		
与其他测试用例的关系		
备注		

表 5.2　手机编写和发送文字信息功能的测试用例 2

编号:000002	设计者:qq	创建日期:2004 年 8 月 31 日
简要说明	测试编写和发送文字信息功能,在编写信息时使用插入功能	
优先级	■高　□中　□低	
前置条件及运行准备	需要准备至少两部测试用的手机	
运行步骤	① 启动手机 ② 选择功能表→信息→文字信息→新建信息 ③ 按"操作"键,分别使用"插入姓名"、"插入号码"、"插入范本"、"插入图片"、"插入表情符号" ④ 查看插入结果 ⑤ 按"发送"键 ⑥ 输入接收方的号码,按"确认"键 ⑦ 查看接收到的短信内容	
预期输出	① 插入的内容与所选择的对象一致 ② 接收到的短信内容与发送的短信内容一致	
测试输入	① 接收方的号码 ② 名片簿中的姓名,号码,范本库,图片库,表情符号库	
运行后处理		
与其他测试用例的关系		
备　注		

受编辑和发送功能影响的部分有"已发信息",发送的信息将保存到已发信息文件夹。表 5.1 中的测试用例包含了对这部分的测试内容。

另外,在输入接收方的号码时,既要使用有效的号码,也要使用无效的号码。

5.2.2　等价类划分

基于等价类划分和边界值分析的测试设计方法,下面分别简称等价类方法和边界值方法,它们是最经典的两个黑盒方法。它们依据的取舍准则十分简单,在实际应用中也很容易操作。本节和下一节将分别介绍这两种方法。

考察一个功能的一个输入,如果对于它的两个或更多的输入值,都获得同样的测试效果,则没有必要把这些输入值都试一遍,而只需要从中选一个值作为代表即可。例如,在测试交货数量录入功能时,如果觉得输入从 0～999 中任何一个整数都会获得正确的输出,就不用把这 1 000 个数都试一遍,选用 100 作为代表就可以了。这就是基于等价类划分的测试设计方法所采取的取舍准则，它把测试输入值的数量减少到有限的几个数据。

以系统的需求规格说明书和所应具有的功能为依据，分析一项功能的一个输入的取值范围，按如下方法对所有可能的输入值进行分类：如果使用两个不同的输入值获得同样的测试效果，则把它们划分为同一类。经过如此划分得到的每一个类被称为等价类。这就是等价类划分。

一般来说，假设 a、b 是一个输入的两个取值，如果觉得测试时使用 a 与使用 b 相比，获得的测试效果是一样的，则可以把 b 和 a 划分为同一类。也就是说，使用 a 找不到 bug，b 也找不到；使用 a 找到一个 bug，使用 b 也能找到它。

通常，程序对同一等价类中的不同输入值的处理是相同的。例如，某人力资源管理系统具有出生日期录入功能，正确的日期输入值可以归于一类，程序对正确的日期输入值会做相同的处理，而对不属于这一类的、无效的输入值应进行相应的错误处理。

等价类划分通常依靠测试人员的经验和直觉以及它们对系统的行为或功能的理解。对于同一个输入，不同测试人员划分出来的等价类可能不同。

等价类一般可以分为两类：

① 有效等价类：有意义的、合理的或正常的输入值集合。

② 无效等价类：无意义的、不合理的或异常的输入值集合。

例 1：需求规格说明书规定交货数量的有效取值范围是[0,999]。交货数量这个输入的等价类包括：

① 有效等价类：[0～999]。

② 无效等价类：负整数、大于 999 的整数、实数、非数字、空值等。

例 2：规定有效的年份输入值是 21 世纪任何一年。可以将这个输入划分为以下几个等价类：21 世纪、21 世纪前、21 世纪后、非年份输入、空值。

例 3：某图像处理工具的一个输入是一个图像文件，这个工具共支持以下几种图像格式：.jpg、.bmp、.gif。可以把这个输入划分为以下等价类：

① 有效等价类，由于这个工具对具有相同图像格式的图像文件的处理是相同的，可以划分三个有效等价类，分别对应于.jpg、.bmp、.gif 这三种图像格式。

② 无效等价类，包括具有这个工具不支持的格式的图像文件、非图像文件、不存在的文件、空值等。

一个功能可能有多个输入，可以分别针对每个输入划分等价类。在划分了等价类后，可以按如下方法设计测试用例：

① 设计一个输入值组合，尽可能多地覆盖未覆盖过的有效等价类。

② 重复上一步直至所有有效等价类被覆盖。

③ 设计覆盖无效等价类的输入值组合，每个组合尽可能只覆盖一个无效等价类。

下面以计算器的自然数加法功能的测试为例说明上述方法。

例 4：假设要测试某品牌手机附带的计算器的自然数加法功能 A+B，其中 A、B 的取值范围是[0,999999999]。对于输入 A、B 划分等价类，得到：

① 有效等价类：[0,999999999]。

② 无效等价类：负整数、10 亿及以上的数、非数字、空值。

A、B 的划分结果是一样的。按照等价类方法，可以确定测试时所使用(A、B)的输入值组合共有 9 个,如表 5.4 所列。

表 5.4 等价类方法示例

ID	A	B	ID	A	B	ID	A	B
1	99	88	4	10 亿	99	7	99	S
2	−1	99	5	99	10 亿	8	空值	99
3	66	−1	6	A?	99	9	99	空值

注:其中 ID 是指(A,B)的输入值组合的编号。

5.2.3 边界值分析

在等价类划分后,一些有效等价类可能有确定的取值范围,例如交货数量的一个有效等价类是[0,999]。这时可以经过分析找出它们的边界值和次边界值:

① 边界值是位于此范围边缘的值。

② 次边界值是边界值周围的值。

无效等价类由无意义的、不合理的或异常的输入值组成,它们都属于边界外的值。

例 1:以交货数量为例来说明。需求规格说明书规定它的有效取值范围是[0,999]。经分析可知:

① 它的边界值是:0,999。

② 它的次边界值是:1,998,−1,1 000。

简单地说,边界值方法就是使用输入的边界值和次边界值作为作为测试输入[①]。这个方法在实际应用中通常与等价类方法相结合,先划分等价类,再对其中一些等价类做边界值分析。等价类方法一般选取等价类中的中间值,而边界值方法则选取等价类中的边界值和次边界值。

相对于取值范围内的中间值来说,程序很可能需要对边界值和次边界值做不同的处理,而许多程序员容易忽视这点,使程序出现问题。因此,边界值方法把测试重点确定为容易出错的边界情况。

例 2:某品牌手机上通讯录管理功能的一个主要输入是通讯录,规定这个通讯录最多可以保存 200 个记录。可以分析出这个输入的边界情况:

① 边界值:空的通讯录(0 个记录)、满的通讯录(200 个记录)。

5.2.4 判定表

在一些应用中,系统需要根据一组输入条件确定要执行的动作(输出)。判定表将条件和动作的关系表达为表格的形式。如表 5.5 所示,判定表的上半部分是条件,下半部分是动作,每一列表达一条处理规则——特定条件组合所对应的动作。对于条件,通常分别使用“1”“0”表示条件满足和不满足,使用“空白”(即不填写 1 或 0)表示条件与规则无关——即不适用于

---

① 边界值方法还包括另外一种测试输入设计内涵:即构造测试输入,使得软件对应的输出值为边界值或次边界值。这种情况应用得较少。

此规则；对于动作，通常分别使用“1”“0”表示执行动作和不执行动作。

表 5.5　判定表

条　件	规则 1	规则 2	规则 3	规则 4	规则 5	规则 6
条件 1						
条件 2						
条件 3						
条件 4						
动　作						
动作 1						
动作 2						
动作 3						

一些城市的电力公司把用户分为两类：单费率用户和复费率用户。对单费率用户实行单一电价，即在任何时间段都是一个价；对复费率用户在不同时间段实行不同电价，例如在规定的期间内实行优惠的电价，在其他时间段实行普通电价。北京市电力公司规定，在每年 11 月 1 日至第二年 3 月 31 日期间，对于复费率用户，每天 22:00 至第二天凌晨 6:00 实行优惠电价，而其他时间实行普通电价。

表 5.6 是用于计算电费的判定表。由表 5.6 可见，共有 4 条计算电费的规则。对于单费率用户，按公式 A 计算电费；对于复费率用户，如果不在规定期间内，同单费率用户，按公式 A 计算电费，否则按公式 B 计算；如果既不是单费率用户也不是复费率用户，则做其他处理。

由判定表设计测试用例时，要求覆盖所有规则，一般针对每个规则设计一个测试用例，这个测试用例以规则所对应的条件为要满足的输入条件，并以规则所对应的动作作为预期结果。例如，根据表 5.6 可以设计 4 个测试用例，它们分别覆盖规则 1～4，如表 5.7 所列。

表 5.6　电费计算判定表

条　件	规则 1	规则 2	规则 3	规则 4
单费率用户	1	0	0	0
复费率用户	0	1	1	0
规定期间内		0	1	
动　作				
按公式 A 计算	1	1	0	0
按公式 B 计算	0	0	1	0
其　他	0	0	0	1

测试专家 Beizer 指出了适合使用判定表来设计测试用例的一些情况：

① 需求规格说明是以判定表形式表达的，或易于转换为判定表。

② 执行哪些动作不依赖于条件或规则的排列顺序。

③ 不同规则是相互独立的，一个规则的动作的执行不依赖于其他规则。

④ 当一条规则有多个动作要执行时，它们的执行顺序是无关紧要的。

表 5.7 由电费计算的判定表导出的测试用例

测试用例	输入条件	预期结果
1	单费率用户	按公式 A 计算电费
2	复费率用户、不在规定期间内	按公式 A 计算电费
3	复费率用户、在规定期间内	按公式 B 计算电费
4	其他用户	做其他处理

5.2.5 因果图

用因果图的方法进行测试的步骤如下。

1. 形成因果图

分析一组原因（输入条件）和这组原因可能导致的一组结果（输出结果）之间的因果关系，画出对应的因果图。

如 5.3 所示，共有四种因果关系，用不同的图形符号表示：

① 恒等——如果满足输入条件 A，就有输出结果 e。

② 非——如果满足输入条件 A，就不会有输出结果 e。

③ 或——如果输入条件 A、B、C 中有一个满足，就有输出结果 e。

④ 与——如果输入条件 A、B、C 同时满足，就有输出结果 e。

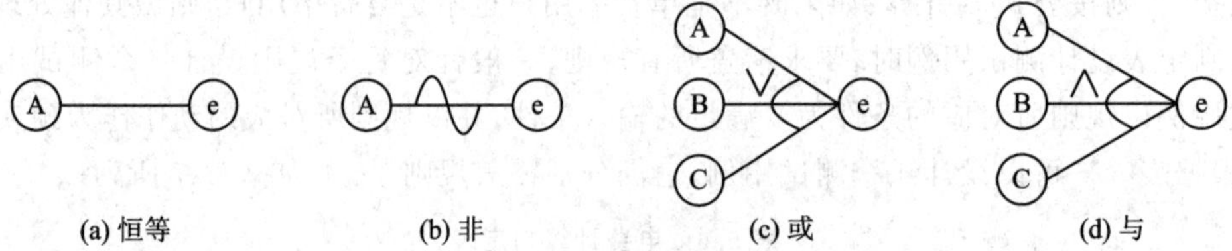

图 5.3 输入条件与输出结果之间的四种关系

例如，在银行业务信息系统中，有三个输入条件：A——活期存折账户，B——正确的密码输入，C——一本通账户（活期、定期合并在一本通存折上）；有两个输出结果：e——显示活期账户信息，f——显示定期账户信息。如果同时满足 A、B，或者同时满足 B、C，就会有 e；如果同时满足 B、C，则会有 f。

对于这个银行信息系统的例子，可以画出如图 5.4(a)所示的因果图，其中 D1、D2 为中间结果。

2. 分析不同原因(输入条件)之间、不同输出结果之间的约束

原因 A、B 之间的约束有以下四种，也用不同的图形符号表示，如图 5.5 所示。

① E 约束（异）：A、B 中至多一个满足。

② I 约束（或）：A、B 中至少一个满足。

③ O 约束（唯一）：A、B 中有一个且仅一个满足。

④ R 约束（要求）：如果 A 满足，则 B 必须满足。

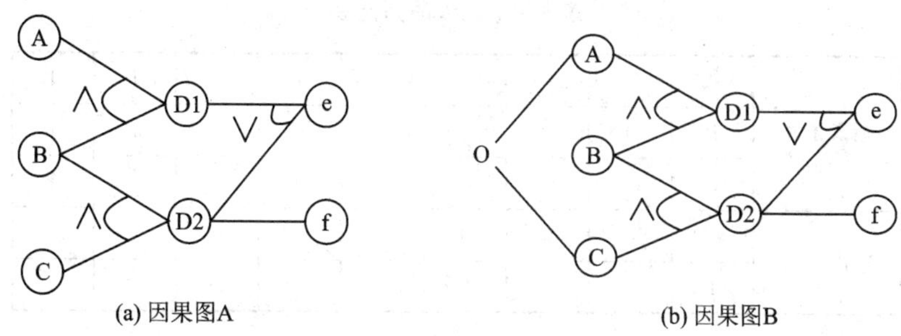

图 5.4 银行信息系统例子的因果图示例

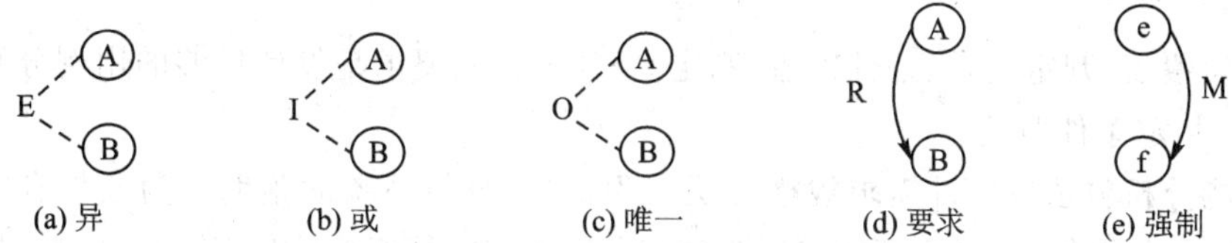

图 5.5 不同输入条件之间、不同输出结果之间的约束关系

结果A、B之间的约束有一种，即M约束(强制)：如果A出现，则B必不出现。

对于前面的银行信息系统的例子，输入条件A、C之间存在O约束，即它们有一个且仅一个满足，即不可能既是活期账户又是一本通账户。在图5.4(a)上增加这个约束关系，就得到图5.4(b)。

3. 构造初步判定表

罗列输入条件的所有组合，构造一个初步的判定表(如表5.8所列)。

表 5.8 初步的判定表

输入条件	A	0	0	0	0	1	1	1	1
	B	0	0	1	1	0	0	1	1
	C	0	1	0	1	0	1	0	1
输出结果	e								
	f								

其中，0表示不满足输入条件，1表示满足输入条件。

4. 形成最终判定表

按照因果图在这个判定表中填入每种输入组合所导致的输出结果，同时根据前面的约束分析，排除一些无效的组合，剩下的组合就构成所需要的测试用例，如表5.9所列。

由于输入条件A、C之间存在O约束，A、C同时为1的两个组合被排除，即表5.9中e、f为空白的两列，因此只剩下六个组合来构成所需要的测试用例。

因果图方法的特点是：分析不同输入、输出之间的关系，排除不可能出现的情况，减少测试用例数目。由于这个方法比较复杂，在采用时需要考虑投入/产出比，有时投入/产出比是不令人满意的。

表 5.9　最终的判定表

输入条件	A	0	0	0	0	1	1	1	1
	B	0	0	1	1	0	0	1	1
	C	0	1	0	1	0	1	0	1
输出结果	e	0	0	0	1	0		1	
	f	0	0	0	1	0		0	

本章要点

① 语句覆盖、判定覆盖、条件覆盖、判定/条件覆盖的要求是设计足够的用例分别对语句、判定、条件、判定条件覆盖。

② 功能分析方法以软件需求规格说明书为依据，分析系统的预期行为或具有的功能，把系统具有的功能一个接一个地列出来，针对每个功能点及其相关的功能点设计测试用例。

③ 如果使用两个不同的输入值获得同样的测试效果，则把它们划分为同一类。经过如此划分得到的每一个类被称为等价类。在等价类划分后，一些有效等价类可能有确定的取值范围，这时可以经过分析找出它们的边界值和次边界值。

本章习题

1. 请阅读下面这段程序，根据程序画出程序流程图，并分别给出符合语句覆盖、判定覆盖、条件覆盖、判定条件覆盖、条件组合覆盖的测试输入。

```
int func2(int a, b, c)
{
  int k = 1;
  if((a>0)||(b<0)||(a + c>0)) k = k + a;
  else k = k + b;
  if(c>0) k = k + c;
  return k;
}
```

2. 请针对以下代码给出满足 MCDC 覆盖要求的测试数据。

```
if(((u == 0) || (x>5)) && ((y<6) || (z == 0)) )
{
  /* instructions */
}
else
{
  /* instructions */
}
```

3. 黑盒测试的含义是什么？它和白盒测试有何异同？

4. 办公软件 Word2016“布局”功能包括“文本方向”、“页边距”、“方向”、“栏”、“分隔符”等功能，请利用功能分析方法测试“布局”功能。

5. 边界值方法和等价类方法的关系是怎样的？

6. 有一个评定并打印学生成绩等级的程序，其规格说明如下：

成绩满分为 100 分，学生成绩记为 x。若 90≤x≤100，打印等级为“优”；若 80≤x<90，打印等级为“良”；若 70≤x<80，打印等级为“中”；若 60≤x<70，打印等级为“及格”；若 0≤x<60，打印等级为“不及格”；若 x<0 或 x>100 或 x 中含有非数字字符，打印为“无效成绩”。试根据此规格说明用等价类方法和边界值方法共同完成针对该程序功能的黑盒测试用例设计。

7. 飞行控制软件需要使用飞机所在的经度和纬度进行计算，即，具有以下输入：

{Longitude，Latitude}，其中－180≤Longitude≤180，－90≤Latitude≤90。请使用等价类方法和边界值方法对该输入设计测试用例。

8. 某游乐场门票自动售卖系统，根据是否高峰时段、是成人还是儿童、是现金支付还是刷卡支付，自动售卖价格不等的门票。售卖条款如下：如果是非高峰时段，现金支付，儿童每人 20 元一张票，成人每人 30 元一张票；非高峰时段，刷卡支付，儿童每人 16 元，成人 24 元一张票；高峰时段，不论支付方式，不论成人儿童一律每人 40 元一张票。请使用判定表，构造测试用例，验证售票系统是否售卖正确价格的门票。

9. 某软件规格说明中包含这样的要求：当输入的第一个字符是 A 或 B，且第二个字符是一个数字时，给出信息 CR；但如果第一个字符不正确，则给出信息 LW；如果第二个字符不是数字，则给出信息 DW。请使用因果图法给出测试用例。

本章参考资料

[1] GJB/Z 141 - 2004，军用软件测试指南[S]. 中国人民解放军总装备部，2004.

[2] 曹薇. 软件测试[M]. 北京：清华大学出版社，2008.

[3] 佟伟光. 软件测试[M]. 北京：人民邮电出版社，2008.

[4] 秦晓. 软件测试[M]. 北京：科学出版社，2008.

第6章　软件可靠性测试

本章学习目标

本章主要介绍软件可靠性测试的基本内容和关键技术，包括以下内容：

- 软件可靠性测试基本概念；
- 如何构造软件操作剖面；
- 如何生成软件可靠性测试数据；
- 软件失效数据种类及其收集方法。

前面几章介绍了一般软件测试技术，这些测试的主要目的是发现软件中存在的各类故障，如功能故障、性能故障等，但是上述测试的结果无法直接用来评估软件的可靠性，必须通过软件可靠性测试才能评估软件的可靠性。因为可靠性是面向用户的质量特性，这些测试的目的决定了测试不是按照用户实际使用软件的方式进行的测试，比如说按照使用的多少来决定测试的多少。因此，软件如果具有明确的可靠性定量要求需要进行验证，或者需要评估一个软件的可靠性定量水平，或者希望高效地达到可靠性目标要求，那么需要对软件进行可靠性测试。软件可靠性测试是指为了达到和/或验证软件的可靠性定量要求而对软件进行的测试，其主要特征是按照用户实际使用软件的方式测试。

本章将首先介绍软件可靠性测试的概念及其分类，然后介绍用于刻画软件实际使用的统计规律的操作剖面的构造技术、基于操作剖面的软件可靠性测试数据生成等技术。

6.1　软件可靠性测试概念及其分类

6.1.1　软件可靠性测试概念

软件可靠性测试是指为了保证和验证软件的可靠性而对软件进行的测试。它是随机测试的一种，其主要特征是按照用户实际使用软件的方式来测试软件。软件可靠性测试是评估软件可靠性水平及验证软件产品是否达到可靠性要求的一种有效途径。与其他类型的软件测试相比，软件可靠性测试可以使用与其他测试方法相同的测试环境和测试结果分析方法，但是必须使用专有的软件测试数据生成方法和软件可靠性评估技术，在测试数据中体现出软件需求以及用户对软件的使用情况，在评估中体现出软件可靠性测试中的定量化评估度量。

通过软件可靠性测试可以达到以下目的：

① 实现软件可靠性的有效增长：通过软件可靠性测试暴露出软件中隐藏的缺陷，并进行排错和纠正后，软件可靠性会得到增强。软件可靠性测试暴露出来的缺陷是那些软件中发生概率高的缺陷，而且是对软件可靠性影响最大的缺陷，这些缺陷得到纠正后，软件可靠性在其测试早期就会得到较大的增强。

② 用于验证软件可靠性是否满足一定的要求：可以根据用户的可靠性要求确定可靠性验

证方案，进行可靠性验证测试，从而验证软件可靠性的定量要求是否得到满足。

③ 用于预计软件的可靠性：通过对软件可靠性增长测试中观测到的失效数据进行分析，可以评估当前软件可靠性的水平，预测未来可能达到的水平，从而为软件开发管理提供决策依据。

软件可靠性测试与一般软件测试在测试目的、测试效率、测试数据生成方法、测试数据收集、测试数据分析以及测试停止准则上都存在差异，软件可靠性测试与一般软件测试的比较如表 6.1 所列。

表 6.1　软件可靠性增长测试与一般测试比较

比较项目	软件可靠性增长测试	一般软件测试
测试目的	评估软件可靠性水平、有效实现软件可靠性增长	发现软件的故障
测试效率	较快达到可靠性要求	达到可靠性要求较慢
测试数据生成方法	基于使用的测试，根据软件的使用状况构造操作剖面然后生成测试用例	基于需求/结构的测试，根据软件的需求或结构生成测试用例
数据收集	需要收集测试输出结果和失效时间等数据	只需收集测试输出结果
数据分析	通过失效数据进行可靠性分析	根据用例执行情况进行需求/结构覆盖分析
测试停止准则	满足可靠性要求	功能/性能测试：需求覆盖 100%、 结构测试：语句覆盖 100%、 分支覆盖 100%或满足其他结构覆盖要求

软件可靠性测试的特点如图 6.1 所示。

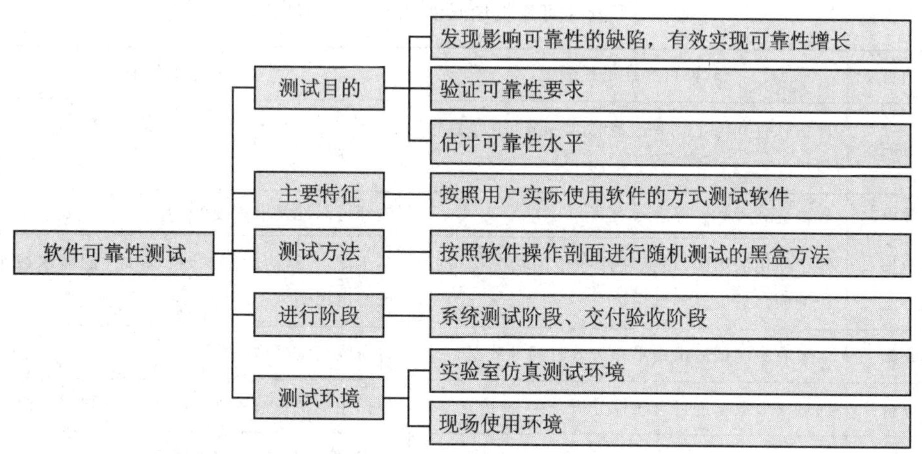

图 6.1　软件可靠性测试的特点

6.1.2　软件可靠性测试分类

按测试目的的不同，可以将软件可靠性测试分为软件可靠性增长测试和软件可靠性验证测试。

6.1.2.1 软件可靠性增长测试

软件可靠性增长测试的目的是为了有效地发现程序中影响软件可靠性的缺陷，通过排除这些缺陷实现软件可靠性增长；根据失效数据可以评估当前软件可靠性的水平，预测未来可能达到的水平，从而为软件开发管理提供决策依据。

软件可靠性增长测试一般在软件系统测试阶段的末期进行。通常在完成编码、单元测试、集成测试以及常规系统测试后，如果还有可靠性要求，再进行软件可靠性增长测试。软件可靠性增长测试是一项费时、费力的工作，一般仅适用于有可靠性定量要求、且可能会影响系统安全和任务完成的关键软件。通常采取的是测试→可靠性分析→修改→再测试→再分析→再修改的循环过程。

软件可靠性增长测试具有的特点如表 6.2 所列，与一般测试的差异如表 6.3 所示。

表 6.2 软件可靠性增长测试的特点

测试目的	通过测试→可靠性分析→修改→再测试→再分析→再修改的循环过程，使软件达到可靠性要求
测试人员	通常由软件研制方而非使用方进行测试
测试阶段	通常在软件系统测试阶段
测试场所	一般在实验室中进行
测试对象	软件产品的中间形式
测试方法	基于操作剖面的随机测试方法
测试特征	测试过程中软件出现失效后修改软件、排除引起失效的缺陷，从而实现软件可靠性的增长

表 6.3 软件可靠性增长测试与一般测试比较

比较项目	软件可靠性增长测试	一般软件测试
测试目的	评估软件可靠性水平、有效实现软件可靠性增长	发现软件的故障
测试效率	较快达到可靠性要求	达到可靠性要求较慢
测试数据生成方法	基于使用的测试，根据软件的使用状况构造操作剖面然后生成测试用例	基于需求/结构的测试，根据软件的需求或结构生成测试用例
数据收集	需要收集测试输出结果和失效时间等数据	只需收集测试输出结果
数据分析	通过失效数据进行可靠性分析	根据用例执行情况进行需求/结构覆盖分析
测试停止准则	满足可靠性要求	功能/性能测试：需求覆盖 100%、 结构测试：语句覆盖 100%、 分支覆盖 100%或满足其他结构覆盖要求

6.1.2.2 软件可靠性验证测试

软件可靠性验证测试是为了验证在给定的置信度下，软件当前的可靠性水平是否满足用户的要求而进行的测试。即用户在接收软件时，确定它是否满足软件研制任务书中规定的可靠性指标要求。软件可靠性验证测试具有如表 6.4 所列的特点。

软件可靠性验证测试同时又属于一种特殊产品的可靠性验证试验，它与已经比较成熟的硬件可靠性验证试验相比，其特点如表 6.5 所列。

表 6.4　软件可靠性验证测试的特点

测试目的	定量估计软件产品的可靠性，并作出接收/拒收回答
测试人员	通常由使用方参加进行测试
测试阶段	软件确认(验收)阶段
测试场所	既可在实验室测试又可在现场测试
测试对象	软件产品的最终形式，而不是中间形式
测试方法	基于软件操作剖面的随机测试方法
测试特征	不进行软件缺陷剔除

表 6.5　软件可靠性验证测试与硬件可靠性验证试验的比较

实施环境	软件测试指测试时的软硬件环境，而不是温度、湿度、振动等物理环境
实施成本	软件产品的测试不存在硬件试验中样本的物理损耗及失效后零部件更换等物理费用(当然软件产品所赖以运行的硬件产品在测试中是有损耗的)，因而测试主要受与时间有关的资源限制
实施机理	软件测试是通过测试数据激发出软件中已存在的缺陷，因而测试数据的选取非常关键
实施结果	软件验证符合要求后，不能直接交付，还要对验证测试中发现的缺陷更正，为避免更正中出现新的缺陷，一般还要通过无失效考核测试才能交付

软件可靠性验证测试是一种统计试验，常见的统计测试方案有：定时截尾方案、序贯方案和无失效运行方案[1]。表 6.6 所列为各统计方案的特点。

表 6.6　统计测试方案特点及确定程序

测试方案	定时截尾方案	序贯方案	无失效运行方案
特　点	① 测试时间可以预先确定，便于进行资源分配，管理简单； ② 在信息量的利用上还不够充分	① 更充分地利用软件每次的失效信息； ② 在可靠性比较高或比较低的情况下可以做出更快的判决	① 针对可靠性要求很高的软件； ② 对验证测试已判为接收的软件改错后要进行无失效运行测试

6.1.2.3　软件可靠性测试流程

软件可靠性增长测试和验证测试流程如图 6.2 所示。

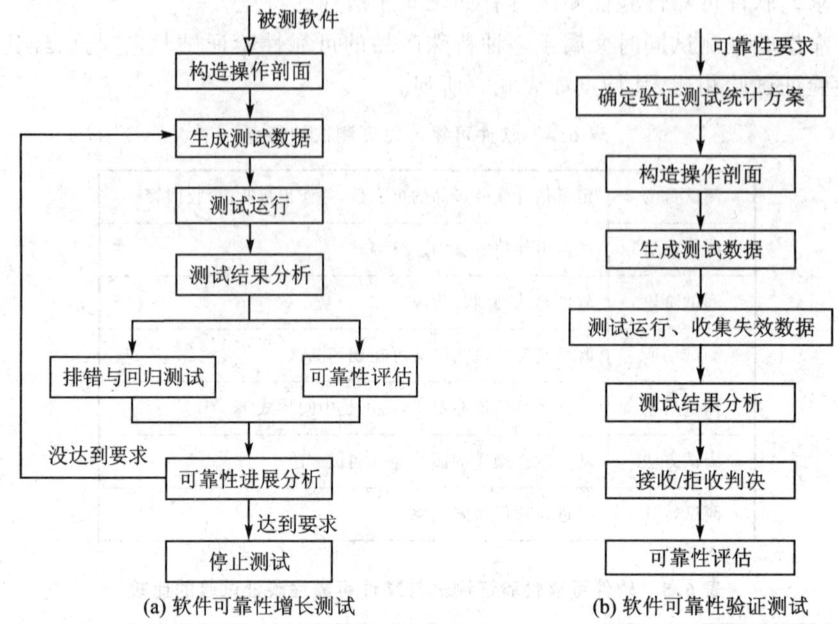

图 6.2　软件可靠性测试流程

6.2　软件操作剖面构造

要得到准确的软件可靠性估计，必须像在现场真实使用一样对软件进行测试，构造软件操作剖面的目的就是定量地刻画用户对软件的实际使用情况，即用户使用软件的统计规律。操作剖面是软件可靠性定义中"规定的条件"的重要组成部分(另一个部分是软件运行的软硬件环境)，操作剖面决定了软件运行是否碰到故障以及碰到故障的时间和频率，是软件可靠性测试数据生成的依据。此外，操作剖面还有助于开发和测试资源的分配，以提高开发和测试效率。

操作剖面的构造工作通常从需求阶段开始，在体系结构、设计和实现阶段对其进行精化。一般由系统测试人员负责，协同系统工程师、系统用户共同完成；某些情况下，由系统工程师开发操作剖面的第一稿，然后由系统构架师和开发人员对其进行精化。

目前主要存在两类软件操作剖面：Markov 操作剖面和 Musa 操作剖面。

1. Markov 操作剖面

Markov 操作剖面是隐式的操作剖面，其中操作可以根据状态转移连接不同的状态得到，操作发生概率可由该路径经过的各转移概率相乘得到。由状态、边、输入、输出和转移概率 5 个元素构成，图 6.3 所示，其中状态通常对应程序的执行状态、动作之间的一段时间或一个阶段，例如程序启动时处于"初始"状态、执行一个用户功能后就转移到另一个状态；边表示状态间的转移关系，如程序从"初始"状态到另一个状态之间就存在一条边；每条边都有输入与之对应，表明软件从当前状态转移到下一个状态需要的输入；每条边还可能包含部分输出，表明软件在状态转移过程中将会产生的输出；每条边都有一个转移概率，标志了状态转移发生的可能性。

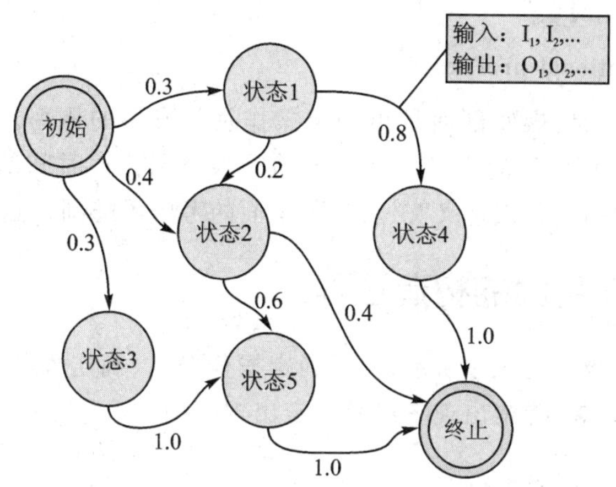

图 6.3　Markov 操作剖面示例

2. Musa 操作剖面

使用表格或图形表示常用的操作及其发生概率，具有构造简单、使用方便的特点，本章主要介绍 Musa 操作剖面的构造及测试数据生成方法。

6.2.1　操作剖面相关概念

1. 操作(operation)

Musa 认为操作是一个主要的系统逻辑任务，持续时间短，结束时将控制权交还给系统，并且它的处理与其他操作有显著不同。这里需要对操作做以下几点说明：

① “主要”是指操作应该与功能需求或产品的特性相关，而不是设计中的子任务。如数据库备份是一个与软件功能相关的操作，备份过程中检查磁盘空闲空间则属于设计过程中的子任务而不是操作。

② “逻辑”是指操作可以跨越一组软件、硬件和人件，可以在非连续的时间段里执行。比较典型的如系统 BIT 操作，它不但涉及到系统的各个子系统，而且是在连续几个系统周期的空余时间进行，执行时间也不连续。

③ “持续时间短”是指在通常的负载条件下每小时执行几百个或几千个操作，如程控交换机每小时可能执行上万次拨号操作。

④ “处理显著不同”是指操作包含一个在其他操作中不会发现的错误的概率很高。如标准拨号与缩位拨号，由于两者在执行路径存在很大差异，如果它们出现错误，那么极有可能是由不同故障引发的不同的错误。

操作可由用户、其他系统或系统自身的控制程序发起，用户执行的命令(如输入电话号码)、对外部系统输入的反应(如报警)以及系统自身激活的例行内务管理(如数据库清理)等都可当作操作。

2. 剖面(profile)

剖面是一组独立的称之为元素的可能情况和与之相关的发生概率。例如，如果某一时刻操作 A 的发生概率是 60%，B 的发生概率是 30%，C 的发生概率是 10%，那么此时的剖面为

[A,0.6...B,0.3...C,0.1]。

3. 操作剖面(operational profile)

Musa 给出的定义[2]是:操作剖面是指一组操作及其发生的概率。欧空局给出的操作剖面定义为[10]:“对系统使用条件的定义。即系统的输入值用其按时间的分布或按它们在可能输入范围内的出现概率的分布来定义”。后者更全面的考虑了随剖面随时间变化的情况。

6.2.2 Musa 操作剖面的构造过程

操作剖面的构造过程如图 6.4 所示,包括确定操作模式、确定操作的发起者、选择表格或图形表示法、创建操作列表、确定出现率以及确定出现概率。

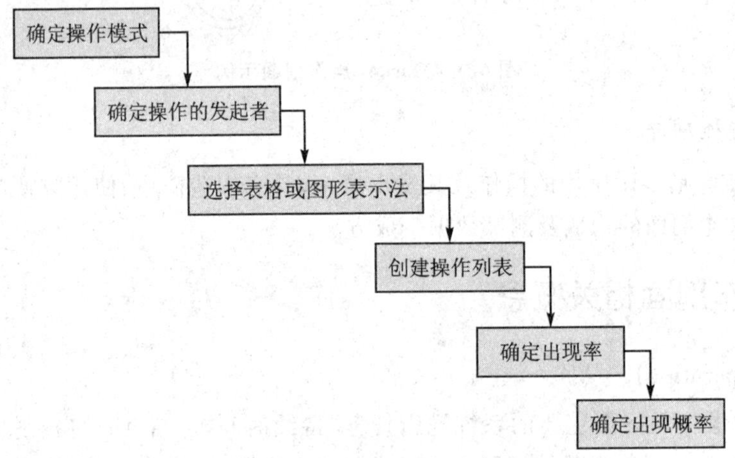

图 6.4 操作剖面构造过程

1. 确定操作模式

操作模式是系统使用的不同模式,并且/或者是需要单独测试的环境条件的集合,因为这些环境条件可能会引起不同的失效。更多的操作模式可以增加测试的真实性,但也会导致系统测试的花费增加。最好的解决方式是首先考虑本来可确定单个操作模式的因素的所有可能组合,然后将得到的结果限制在最常出现或最关键的操作模式上。

可能产生不同操作模式的因素有:

① 一周的某天或一天的某段时间(主要时间与次要时间)。

② 一年的某段时间(金融系统的年末财政结算)。

③ 业务量水平。

④ 不同的用户类型(可能会以相同的方式使用系统的用户集合)。

⑤ 用户的经验(专家和新手对系统的使用是不同的)。

⑥ 系统的成熟度(数据库总数据量)。

⑦ 精简的系统能力(对所有操作,或只对特定操作)。

以 BBS 系统为例,根据不同的用户类型可以确定四个操作模式:

① 站务——负责整个 BBS 站点的管理工作,如开设版面、审核用户等。

② 版务——负责一个或多个版面的管理工作,如文章加精、置底、制作合集等。

③ 用户——BBS 注册用户，可执行发贴、投票、竞选版务/站务等操作。

④ 游客——未注册人员，仅能浏览 BBS 的公开版面，不能执行发帖等操作。

2. 确定操作的发起者

通过操作的发起者能够系统地得到软件的操作。操作的发起者包括系统的用户、外部系统以及系统自身的控制程序。

用户是可能启动系统操作的任何人，不仅包括系统的期望用户，也包括维护和管理系统的人。确定用户首先应根据系统相关的业务案例和市场数据等信息确定系统的客户类型，客户类型是一组具有相似业务，因此具有相同用户类型的客户；然后对客户类型进行分析以确定期望的用户类型，用户类型是倾向于以同样的方式使用系统的用户的集合；最后合并客户类型中相同的用户类型，得到完整的用户类型列表。

确定系统的用户后，还需要确定所有可能启动当前系统操作的外部系统，事件驱动系统通常具有很多可以启动操作的外部系统。最后，检查当前系统自身可能启动的操作，如数据库的审计、备份等，由此确定系统自身的控制程序是否也是操作的发起者。

仍以 BBS 系统为例，根据用户类型可以确定 BBS 系统的操作发起者包括站务、版务、用户和游客。除此之外，BBS 系统定期（每月或每季度一次）会进行数据库的备份操作，因此系统控制器也是一个操作发起者。

3. 选择表格或图形表示法

操作剖面可以采用表格表示或图形表示。表格表示法对每个操作都起一个名字，并且每个名字都有一个相关的概率，操作及其相关概率形成一种表格，如表 6.7 所列。图形表示法包含一个节点集——表示操作的属性，还包含分支——表示属性的不同取值，每个操作表示为通过图的一条路径，如图 6.5 所示。图形表示法中的每个属性值都有一个关联的发生概率，操作的发生概率可由表示该操作的路径上的所有分支的发生概率相乘得到。

表 6.7　操作剖面表格表示法

操　作	发生概率
标准外部拨号	0.56
标准内部拨号	0.24
缩位外部拨号	0.02
缩位内部拨号	0.18

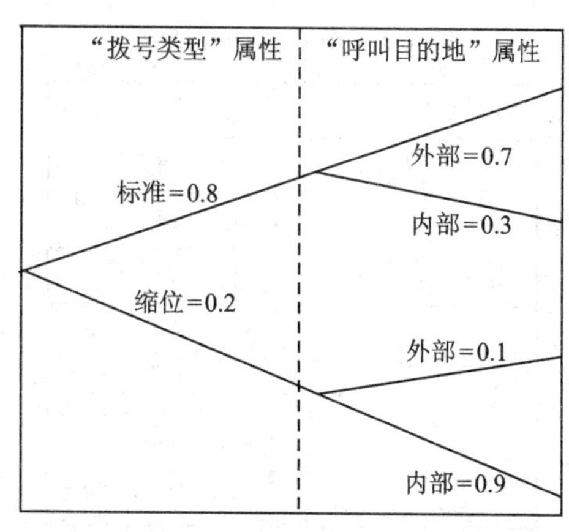

图 6.5　操作剖面图形表示法

如果大部分操作可以用很少的属性（通常是 1 个或 2 个）来表示，就倾向于使用表格表示法，否则使用图形表示法（见图 6.5）。那些可以用相对独立处理决定的序列来刻画的功能或操作特别适合于图形表示法。根据实际情况的不同，可以有些操作使用表格表示，另一些操作使用图形表示。当前大部分应用都使用表格表示法。

4. 创建操作列表

基于操作的发起者,能够较为方便地创建操作列表。通常先对每个发起者创建一张操作列表,然后再将这些操作列表进行合并。

创建操作列表时,需要为每个显著不同的处理过程分配一个不同的操作或属性值,除非它的发生概率非常低,并且执行的是非关键功能。显著不同的处理是指该处理可能具有不同的失效行为。

创建操作列表主要应该参考系统需求,然而系统需求通常都不完整,因此还要参考其他信息来源,如不同角色的工作过程流图、用户手册、系统原型以及以前的系统版本等。与系统工程师进行讨论可以找出他们在系统要求中遗漏的或过时的操作,与系统预期用户的讨论也经常能找出系统工程师遗漏的操作。

如果选择的是表格表示法,直接列出操作;如果选择的是图形表示法,则可通过标出属性和属性值的方式间接地列出操作。

根据前面确定的操作发起者,为 BBS 系统建立操作列表。表 6.8 只列出了各操作发起者的一些主要操作,某些较少执行的操作如删除版面、封禁用户等未在表中列出。另外,对于一些可由多个发起者发起的操作如浏览文章、备份数据库等,表 6.8 也仅列出一次。

5. 确定出现率

出现率是操作在一段时间内的发生次数,最好使用真实的现场数据,该数据可通过机器可读的系统日志得到。通常情况下,这些数据存在于相同或相似的系统中。如果没有可直接使用的数据,可以通过更多的调研工作进行收集,或者使用相关的信息对出现率进行合理地估计。如果绝对没有任何信息用于估计操作的相对出现率,那么假设所有操作的出现率相等。

对于表格表示法,需要确定操作的出现率;对于图形表示法,需要确定属性值的出现率。表 6.9 所列为 BBS 系统表格表示法的出现率。

表 6.8 BBS 系统操作列表

操作发起者	操　作
站　务	审核用户信息
	新建版面
	仲　裁
版　务	删　帖
	加　精
	置底(或置顶)
	制作合集
用　户	发　帖
	发在线消息
游　客	浏览文章
	注　册
系统控制器	备份数据库

表 6.9 BBS 系统出现率

操　作	出现率(每天发生次数)
审核用户信息	50
新建版面	0.02
仲　裁	0.04
删　帖	15
加　精	10
置底(或置顶)	2
制作合集	0.1
发　帖	5
发在线消息	20
浏览文章	25
注　册	60
备份数据库	0.05
合　计	127.21

5. 确定发生概率

发生概率通过出现率计算得到，表格表示法中，操作的发生概率通过将操作的出现率除以所有操作的总出现率得到；图形表示法中，将每个属性值的出现率除以该属性的总出现率可以得到属性值的发生概率。属性值的发生概率是条件概率，从同一个属性节点引出的属性值分支的发生概率之和必须为 1。

表 6.10 所列为 BBS 系统的表格表示的操作发生概率。

表 6.10　BBS 系统发生概率

操　作	发生概率
审核用户信息	0.2822
新建版面	0.0001
仲　裁	0.0002
删　帖	0.0846
加　精	0.0564
置底(或置顶)	0.0113
制作合集	0.0006
发　帖	0.0282
发在线消息	0.1129
浏览文章	0.1411
注　册	0.2822
备份数据库	0.0003
合　计	1.0

6.3　软件可靠性测试数据生成

确定软件操作剖面后，就能够根据操作剖面选取操作，并为操作确定可靠性测试数据。生成可靠性测试数据前，还需要对操作的输入空间进行分析，即分析操作的输入变量及其取值规律。软件可靠性测试数据生成流程如图 6.6 所示，包括输入变量分析和测试数据生成两个阶段，其中输入变量分析就是为操作剖面中的所有操作确定输入变量及取值规律，测试数据生成又可进一步划分为概率处理、操作选取、变量取值和变量组合等过程。

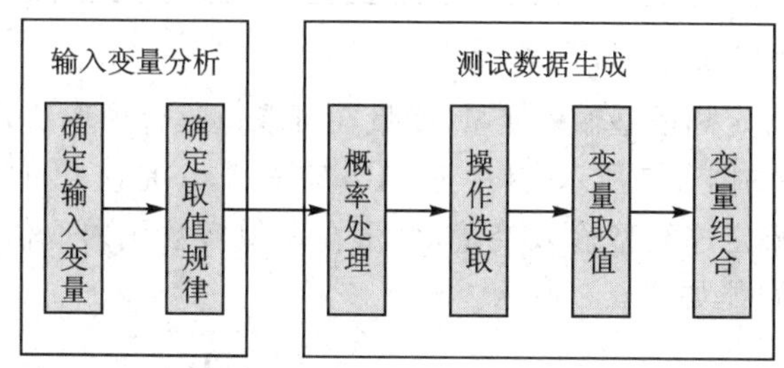

图 6.6　软件可靠性测试数据生成流程

6.3.1　输入变量分析

分析输入变量的目的是为了确定操作的输入空间，操作所有输入变量定义域(即取值范围)的笛卡尔积(Cartesian Product)就构成了操作的输入空间。

输入变量的含义是：任何存在于系统外部、同时影响此系统的数据元素。由程序计算出来的，同时并不存在于程序外部的中间数据不是应该关心的输入变量。输入变量的概念是逻辑上的，并非物理上的。

操作的完成需要由一系列按顺序或时序输入的输入变量驱动，操作输入空间中的每个输入变量的取值按顺序或时序组成一个输入向量，该向量是输入空间中的一个输入状态，可靠性测试数据就是从输入空间中选取的可用于驱动可靠性测试的输入状态。

输入变量的种类很多。根据输入变量与时间的相关性可以分为时间相关型输入变量和时间无关型输入变量；根据输入变量取值的确定性可以分为确定型输入变量和不确定型输入变量；根据输入变量取值范围的数据特征可以分为离散型输入变量和连续型输入变量；根据输入变量取值的数据类型可以分为整数型、实数型、字符型、逻辑型等输入变量。此外，还可以从其他角度对输入变量进行分类。组合各种分类方式，可以获得输入变量的各种类型，如表6.11所列。由于输入变量取值的数据类型较多，很难一一列举，为了避免过多分类给分析造成不便，此处没有加入根据输入变量取值的数据类型对输入变量进行的分类。

表6.11 输入变量类型

分类方式						输入变量类型
时间相关性		取值确定性		取值范围数据特征		
相 关	无 关	确 定	不确定	离 散	连 续	
√		√		√		时间相关确定离散型
√		√			√	时间相关确定连续型
√			√	√		时间相关不确定离散型
√			√		√	时间相关不确定连续型
	√	√		√		时间无关确定离散型
	√	√			√	时间无关确定连续型
	√		√	√		时间无关不确定离散型
	√		√		√	时间无关不确定连续型

不同类型的输入变量具有不同的取值规律。

① 对于时间相关确定离散型输入变量，变量在可取值集合内取值，取值随时间变化，$V=V(t)$，$V(t)$的图形可能如图6.7所示，其中$V_1, V_2, V_3 \in A$，A是该变量的可取值集合。

② 对于时间相关确定连续型输入变量，变量在取值实数域内取值，取值也随时间变化，$V=V(t)$，$V(t)$的图形可能如图6.8所示。

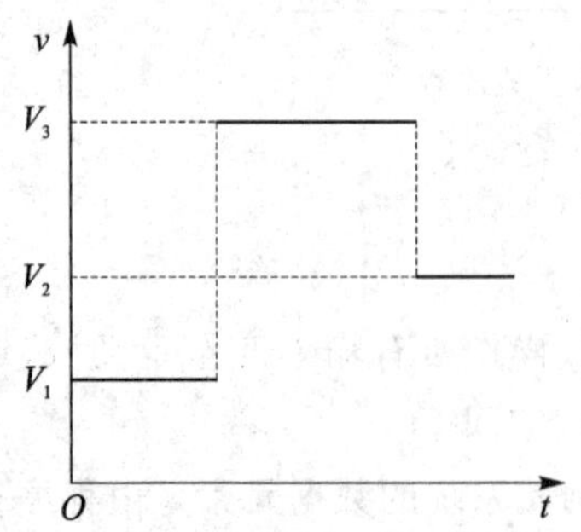

图6.7 时间相关确定离散型变量取值函数示意图

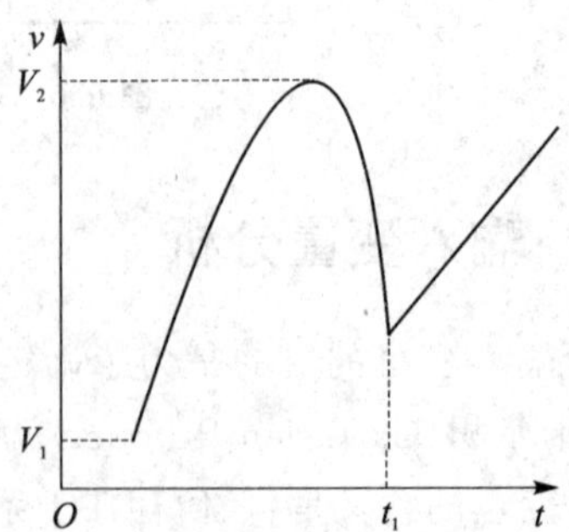

图6.8 时间相关确定连续型变量取值函数示意图

其中，$[V_1, V_2]$是该变量的取值实数域，t_1是函数$V(t)$的分段时刻，当$t \leqslant t_1$时，函数$V(t)$按曲线规律变化；当$t > t_1$时，函数$V(t)$按直线规律变化。

设给定概率空间(Ω, F, P)和参数集 $T\subset(-\infty,+\infty)$，若对于每个 $e\in\Omega$，$t\in T$ 都有一个定义在概率空间上的随机变量 $X(e,t)$ 与它对应，则称依赖于参数 t 的随机变量 $\{X(e,t), t\in T\}$ 为随机过程，简记为 $\{X(t), t\in T\}$ 或 XT 或 $X(t)$。考虑时间相关不确定型输入变量的特性，设输入变量的取值范围为状态空间 Ω，时间的取值范围 T 为参数集 $T=[0,+\infty)$，输入变量的取值 V 为随机变量，它依赖于参数 t，因此 V 可看成定义在概率空间的一个随机过程 $\{X(e,t), t\in T\}$，简记为：$\{X(t), t\in T\}$。对于时间相关不确定离散型输入变量，由于其取值范围是一个离散点的集合，即用于描述该类输入变量的随机过程的状态空间 Ω 是一个离散空间，其参数空间是连续的，因此可用离散随机过程描述该类输入变量；对于时间相关不确定连续型输入变量，由于其取值范围是一个实数域，即用于描述该类输入变量的随机过程的状态空间 Ω 是一个连续空间，其参数空间也是连续的，因此可用连续随机过程描述该类输入变量。

时间无关型输入变量的取值与时间无关。对于确定型输入变量，变量分析过程中只需确定其可取值集合 $\{V_i \mid i=1,2,\cdots n\}$(时间无关确定离散型输入变量)或取值实数域 $[V_1,V_2]$(时间无关确定连续型输入变量)；对于不确定型输入变量，如果是离散型的，变量分析过程中还需确定可取值对应的概率分布 $\{(V_i, P_i) \mid i=1,2,\cdots n\}$，连续型变量还需给出取值实数域的概率分布密度 $f(v)$，$v\in[V_1,V_2]$。

6.3.2　数据生成过程

确定软件的操作剖面并完成操作的输入变量分析后，就可根据操作剖面生成软件可靠性测试数据，具体过程如下。

① 概率处理：将操作剖面 $\{OP_i \mid OP_i=<O_i, P_i>, i=1,2,\cdots,N\}$ 中所有操作发生的概率 P_i 求前 j 项和 S_j，$S_j=\sum_{i=1}^{j}P_i$ 形成一个数列 $\{S_j\}$，其中 $j=1,2,\cdots,N$，N 为软件操作剖面中的操作总数，规定 $S_0=0$，并有 $S_1=P_1$，$S_N=1.0$，$S_j-S_{j-1}=P_j$，操作 $O_j(j=1,2,\cdots,N)$ 及对应的概率选取范围 $(S_{j-1}, S_j]$ 如表 6.12 所列。

表 6.12　操作概率选取范围表

操　作	概率范围
O_1	$(S_0, S_1]$
O_2	$(S_1, S_2]$
…	…
O_N	$(S_N-1, S_N]$

② 操作选取：任给一个随机数 $\eta\in(0, 1.0)$，观察 η 落在上表的哪个区间，若 η 满足 $S_{j-1}<\eta\leqslant S_j$，则该随机数 η 与 P_j 这个概率值对应，那么这次随机抽到的操作为 O_j。

③ 变量取值：确定操作 O_j 中每个输入变量的具体取值，根据输入变量的类型采取不同的取值方法，如表 6.13 所列。

表 6.13　输入变量取值方法

输入变量类型	取值方法
时间相关确定离散型	由 $V(t)$ 确定
时间相关确定连续型	由 $V(t)$ 确定
时间相关不确定离散型	由离散型随机过程确定
时间相关不确定连续型	由连续型随机过程确定
时间无关确定离散型	从可取值集合中指定

续表 6.13

输入变量类型	取值方法
时间无关确定连续型	从取值实数域中指定
时间无关不确定离散型	根据可取值的概率分布随机确定
时间无关不确定连续型	根据取值实数域的概率分布密度随机确定

④ 变量组合:将得到的输入变量具体取值按顺序或时序组合得到软件可靠性测试数据。

6.4 软件失效数据收集

软件可靠性测试区别于其他测试的一个重要方面是需要收集失效数据,以便据此进行软件可靠性评估。其中,失效数据类型、失效严重等级等内容已在软件可靠性度量章节中介绍,此处不再赘述。软件可靠性测试之前需要对软件失效进行定义,根据失效定义判断软件是否失效。软件可靠性增长测试需要分析失效原因、排除软件故障并进行回归测试,因此对于同一个故障引发的软件失效,软件可靠性增长测试仅统计一次;软件可靠性验证测试本身不包括排错和回归测试,因此需要统计所有的软件失效而不用关心导致这些失效的原因是否相同。

在可靠性测试执行过程中,需要按要求记录每个测试用例执行的实际结果,并根据每个用例的期望测试结果和用例的通过准则判断该用例是否通过。若不通过,则记为软件问题。

6.4.1 时间的记录与处理

除了记录软件问题以外,还需要根据可靠性测试的类型,按照选择的统计测试方案,记录软件失效发生的时间。如果测试用例执行时间与软件真实运行时间存在一定的比例,则需要换算成真实运行时间,并加以记录。若采用多个软件同时测试的方法,则所记录的时间应为所有被测软件测试到该失效发生时刻为止的累积运行时间,软件测试结束时间也是指所有被测软件进行测试的累积运行时间。

6.4.2 软件问题的处理

对软件可靠性测试中发现的问题应该根据问题的类型加以处理,通常情况下软件的问题分为两种:责任问题和非责任问题。

1. 责任问题

由被测软件本身的缺陷引起的软件问题称为责任问题,该类问题计入被测软件失效,简称软件失效。若被测软件中含有外购软件,则该部分出现的问题是否定为责任问题应事先明确规定。

2. 非责任问题

由被测软件之外的其余软件、测试相关设备、测试环境以及测试方法或测试步骤不当引起的软件问题称为非责任问题。

在软件问题的记录中,责任问题计入软件失效,非责任问题不计入软件失效。

对于在测试中出现的非责任问题,应由相关人员对产生问题的原因进行更改,确认更改正确后重新投入测试。对于在测试中出现的软件失效，如果是增长测试，在测试期间一般应对软件缺陷进行更改；如果是验证测试，则不对引起该失效的软件缺陷进行更改。

6.5　软件可靠性测试实例

本章以某超市集团信息管理系统为例，介绍如何进行软件可靠性测试，包括构造软件操作剖面、生成软件可靠性测试数据以及收集失效数据等内容。

6.5.1　超市信息管理系统简介

现代大型商场超市通常都是连锁经营，在各个城市或城市的不同地区分别设有不同的存储仓库，因此需要信息管理系统对商品的销售、供应、库存等情况进行统一管理。超市信息管理系统的数据库由商品、连锁店、仓库、销售、库存、供应六个互相联系的数据表组成。为了方便地对信息进行查询及统计，软件共计八个页面，通过主操作页面调用其他页面。主操作页面如图 6.9 所示，包括基本信息、高级信息、高级查询和退出四个菜单。基本信息菜单下包含商品、仓库、连锁店三个子菜单，用于显示及编辑对应的三张数据表；高级信息菜单下包含销售、供应、库存三个子菜单，也用于显示及编辑对应的三张数据表；高级查询下只有统计信息子菜单，用于进行大部分的统计工作；退出菜单用于退出系统。

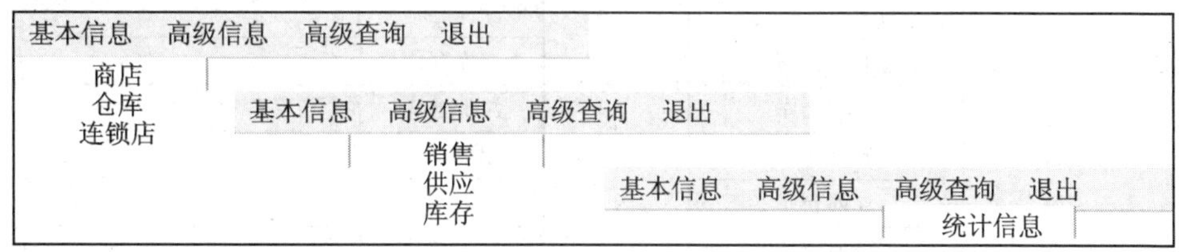

图 6.9　超市信息管理系统菜单

6.5.2　构造操作剖面

1. 确定操作模式

根据用户类型的不同，确定超市信息管理系统的 4 个操作模式如下：

① 经理模式：主要执行连锁店的管理、供应管理和各种查询操作。

② 会计模式：主要执行一些审计操作，如统计商品的销售、供应、库存等。

③ 售货员模式：主要执行与销售相关的操作，如添加、更改、删除销售信息，统计供应情况等。

④ 仓库管理员模式：主要维护库存信息，为此还需要执行一些基本信息的操作如商品、仓库的管理等。

下面主要介绍仓库管理员模式下的操作剖面构造。

2. 确定操作发起者

分析系统的用户、外部系统和系统自身的控制程序可知，信息管理系统的操作发起者包括：

① 用户类:经理、会计、售货员和仓库管理员。

② 外部系统:无,因为没有其他外部系统能够启动超市信息管理系统的操作。

③ 系统自身控制程序:无。

对于仓库管理员模式下的超市信息管理系统的操作发起者只有仓库管理员。

3. 选择表格或图形表示法

超市信息管理系统主要实现对各类信息的读取和查询,由于操作比较简单,使用表格方式就能表示所有操作。

4. 创建操作列表

由于仓库管理员模式下的操作发起者只有仓库管理员,分析仓库管理员可能执行的操作可以得到如表 6.14 所列的超市信息管理系统操作列表。

5. 确定出现率

对表 6.14 中列出的所有操作统计其出现率信息,可以得到如表 6.15 所列的结果。

表 6.14 超市信息管理系统操作列表(仓库管理员模式)

操作发起者	操　作
仓库管理员	添加库存信息
	删除库存信息
	查询库存信息
	添加仓库
	删除仓库
	查询仓库
	添加商品
	删除商品
	查询商品

表 6.15 超市信息管理系统的操作出现率(仓库管理员模式)

操　作	出现率(每天 8 小时的操作个数)
添加库存信息	180
删除库存信息	50
查询库存信息	60
添加仓库	5
删除仓库	3
查询仓库	6
添加商品	30
删除商品	20
查询商品	80
合计	434

6. 确定发生概率

将上述各操作的出现率除以所有操作的出现率,就能得到相应的操作发生概率。如表 6.16 所列,超市信息管理系统在仓库管理员模式下的操作及其发生概率组成了该模式下的操作剖面。

表 6.16 超市信息管理系统操作剖面(仓库管理员模式)

操　作	发生概率	操　作	发生概率
添加库存信息	0.4147	查询仓库	0.0138
删除库存信息	0.1152	添加商品	0.0691
查询库存信息	0.1382	删除商品	0.0461
添加仓库	0.0115	查询商品	0.1843
删除仓库	0.0069	概率总计	1.0

6.5.3 生成测试数据

1. 分析操作输入变量

为超市信息管理系统生成软件可靠性测试数据之前需要分析各操作的输入变量。以操作“添加库存信息”为例，分析可知其包含 4 个输入变量：“仓库号”“商品号”“日期”和“库存量”。其中前三个变量的类型为时间无关不确定离散型，“库存量”的变量类型为时间无关不确定连续型，对应的取值函数如表 6.17 所列。

表 6.17 操作“添加库存信息”输入变量分析

变 量	类 型	取值函数	
		取值范围	概 率
仓库号	时间无关不确定离散型	有效仓库号	0.9
		无效仓库号	0.1
商品号	时间无关不确定离散型	有效商品号	0.9
		无效商品号	0.1
日 期	时间无关不确定离散型	有效日期	0.85
		无效日期	0.15
库存量	时间无关不确定连续型	[0, 50000]	0.95
		其 他	0.05

注：变量在取值范围内符合均匀分布。

2. 数据生成

确定所有操作的输入变量后，就能根据前面介绍的方法生成软件可靠性测试数据。按照 6.2.2 中给出的概率处理的方法，仓库管理员模式下超市信息管理系统各操作对应的概率选取范围如表 6.18 所列。

表 6.18 操作概率选取范围(仓库管理员模式)

操 作	概率范围
添加库存信息	(0, 0.4147]
删除库存信息	(0.4147, 0.5299]
查询库存信息	(0.5299, 0.6682]
添加仓库	(0.6682, 0.6797]
删除仓库	(0.6797, 0.6866]
查询仓库	(0.6866, 0.7004]
添加商品	(0.7004, 0.7695]
删除商品	(0.7695, 0.8156]
查询商品	(0.8156, 1]

任给一个随机数 $\eta \in (0, 1.0)$，η 落在哪个区间就选取相应的操作。假设 $\eta = 0.3211$，由表 6.18 可知对应的操作为“添加库存信息”。然后再根据“添加库存信息”操作输入变量取值的概率分布(见表 6.17)随机抽取确定各输入变量的取值，如“仓库号”＝CK005，“商品号”＝SP0186，“日期”＝2007－12－01，“库存量”＝10 000，具体过程略。最后根据输入顺序组合各输入变量的具体取值，得到一个软件可靠性测试数据：“仓库号＝CK005，商品号＝SP0186，日期＝2007－12－01，库存量＝10 000”。

6.5.4 测试执行并收集失效数据

根据上述数据生成过程，本次测试共生成软件可靠性测试数据 170 个，测试过程中依照生成的顺序依次执行了所有测试数据，共发现超市信息管理系统的失效 14 次(测试过程中未对发现的软件故障进行更改，同一个故障引发的失效只记一次)，每次失效的累计执行时间及失效严重等级如表 6.19 所列。

表 6.19 超市信息管理系统可靠性测试失效数据(仓库管理员模式)

失 效	累计失效时间(分钟)	失效严重等级
1	43	3
2	102	3
3	139	2
4	183	3
5	289	3
6	334	3
7	390	3
8	441	1
9	507	2
10	576	3
11	655	3
12	716	3
13	782	3
14	867	2

其中，失效严重等级的定义如表 6.20 所示：

表 6.20 超市信息管理系统失效严重等级定义

失效严重等级	定 义
1	用户不能进行一项或多项操作
2	用户不能进行一项或多项操作，但是有补救办法
3	一项或多项操作中的小缺陷

6.5.5 可靠性评估

本次测试是为确定超市信息管理系统的可靠性而进行的一次软件可靠性测试，超市信息管理系统的操作简单，失效时间基本符合指数分布，根据指数分布的公式(参见第一部分10.3.2.6)可以计算出不同失效严重等级下超市信息管理系统的平均故障间隔时间如下。

① 严重程度为 1 级的平均失效间隔时间 $MTBF_1$：

$$MTBF_1 = T/n_1 = 867 \text{ 分钟}$$

② 严重程度为 1 级和 2 级的平均失效间隔时间 $MTBF_{2+}$：

$$MTBF_{2+} = T/n_{2+} = 216.75 \text{ 分钟}$$

③ 软件的平均失效间隔时间 MTBF：

$$MTBF = T/n = 61.9 \text{ 分钟}$$

其中：

- $T=867$ 分钟，为测试总时间。
- $n_1=1$ 失效严重等级为 1 级的失效总数。
- $n_{2+}=4$ 失效严重等级在 2 级(含 2 级)以上的失效总数。
- $n=14$ 为本次测试的总失效数。

有关软件可靠性评估、软件可靠性模型参见文献[11]。

本章要点

① 软件可靠性测试是为了分析和验证软件的可靠性而对软件进行的测试，按测试目的的不同可分为软件可靠性增长测试和软件可靠性验证测试。

② 常规的软件测试结果不能直接用来评估软件的可靠性。

③ 软件操作剖面用来表示软件使用的统计规律，帮助分配开发和测试资源，提高开发和测试的效率。

④ 操作剖面的构造包括确定操作模式、确定操作的发起者、选择表格或图形表示法、创建操作表、确定操作的出现率以及确定操作的发生概率。

⑤ 软件可靠性测试数据是按照软件操作剖面随机生成的。

⑥ 输入变量是任何存在于系统外部、同时影响此系统的数据元素。

⑦ 失效数据可分为完全失效数据和不完全失效数据，其中完全失效数据是指由每一次失效发生的时间构成的失效数据，不完全失效数据是指由各时间段内发生的失效次数构成的失效数据。

本章习题

1. 软件可靠性测试与一般软件测试有何不同?
2. 简述软件可靠性测试的基本过程。
3. 试确定校园卡自助服务系统的操作剖面。
4. 在上题确定的操作剖面中选取一个操作，分析其输入变量，同时介绍如何根据该操作剖面生成软件可靠性测试数据。

5. 假设校园卡自助服务系统在下午1点重新启动，在下午2、3、4点记录到出现了失效。这三个小时的计算机利用率分别是0.3、0.5、0.7。请问用执行时间表示的失效间隔时间和累计失效时间分别为多少?

本章参考资料

[1] 陆民燕. 软件可靠性工程[M]. 北京:国防工业出版社,2011.

[2] John D. Musa. 软件可靠性工程[M]. 韩柯 译. 北京：机械工业出版社，2003.

[3] 阮镰,陆民燕,韩峰岩. 装备软件质量与可靠性管理[M]. 北京:国防工业出版社，2006.

[4] 颜炯. 基于UML的软件统计测试研究[D]. 长沙：国防科学技术大学，2005.

[5] MICHAEL R. 软件可靠性工程手册[M]. 北京：电子工业出版社，1996.

[6] 陈雪松. 基于运行剖面的实时软件可靠性测试数据生成技术研究[D]. 北京：北京航空航天大学出版社，2001.

[7] 艾骏. 实时嵌入式软件可靠性测试数据自动生成技术研究[D],2006.

[8] Jeff Tian，Software Quality Engineering-Testing，Quality Assurance and Quantifiable Improvement，2007.

[9] 王自果，田铮. 随机过程[M]. 西安：西北工业大学出版社，1990.

[10] ESA空间系统软件产品保证要求，欧空局标准PSS-01-21，1991.

[11] 徐仁佐. 软件可靠性模型及应用. 清华大学出版社，广西科学技术出版社，1994.

第7章 软件FMEA

本章学习目标

本章介绍软件FMEA的基本概念，以及利用软件FMEA发现软件中潜藏缺陷的分析方法，主要包括以下内容：

- 什么是软件FMEA，有何特点；
- 何时开展软件FMEA，以及软件FMEA的分析对象，方法类型；
- 如何进行系统级软件FMEA分析。

软件FMEA，即软件失效模式和影响分析，是通过识别软件失效模式分析造成的后果，研究分析各种失效模式产生的原因，寻找消除和减少其有害后果的方法，以尽早发现潜在的问题，并采取相应的措施，从而提高软件的可靠性和安全性。由于无需动态运行程序来发现问题，软件FMEA属于静态测试技术。

FMEA是一种传统的可靠性、安全性分析方法，在硬件的可靠性工作中已获得了广泛的应用，对提高硬件的可靠性、安全性发挥了重要作用。软件FMEA概念的提出始于1979年，近年来软件FMEA的应用有逐步增多的趋势，主要集中在嵌入式软件领域，并成功应用于安全关键领域，如医疗仪器、军用产品、汽车业等。

与软件代码审查、静态分析、系统测试等软件测试方法不同的是，软件FMEA可以在软件需求分析、概要设计、详细设计阶段及编码阶段，找出软件需求或设计中的缺陷及薄弱环节，通过采取改进措施避免将缺陷引入到后续开发阶段，体现了缺陷尽早检测的原则，不仅能降低缺陷修复的成本，而且有利于缩短缺陷修复的时间。

软件FMEA能有效地识别因软件功能模块或软件部件等失效而导致的整个软件系统失效，因而可以与软件开发阶段早期的其他静态测试方法，如软件FTA(见第8章)及需求、设计评审、审查等配合使用，以尽可能多地发现需求和设计中的缺陷。

7.1 软件FMEA相关基本概念

软件FMEA包含以下几个基本概念。

1. 软件失效

软件失效(software failure)就是泛指程序在运行中丧失了全部或部分功能、出现偏离预期的正常状态的事件。如死机、计算结果错误。软件失效是由软件故障引起的。

2. 软件失效模式

软件失效模式(software failure mode)指软件失效发生的不同方式。例如输出结果错误，或精度不满足要求。

3. 软件失效原因

软件失效的原因(software failure cause)，即软件中潜藏的软件缺陷。如逻辑遗漏，或数据错误等。

4. 软件失效影响

软件失效影响(software failure effect)是指软件失效模式对软件系统的运行、功能或状态等造成的后果。如软件失效会影响任务的完成或造成设备的损坏。

5. 软件失效严酷度

软件失效严酷度(severity)指失效模式所产生后果的严重程度。最严重的后果可能是导致人员死亡、对环境造成灾难性破坏,而轻微的后果仅降低使用的舒适性、方便性等。

有关失效模式、失效影响及失效严酷度分类在7.4节详述。

7.2 软件FMEA的分析阶段与级别

虽然软件和硬件FMEA在原理上是相似的,但由于软件和硬件本质上的重大差别,在进行软件FMEA分析时,不能完全套用硬件的分析方法,特别是在分析阶段与分析级别的选择方面。

1. 分析阶段

软件质量关键在于设计质量。软件FMEA适用于软件开发阶段的早期,如软件需求分析和概要设计阶段,目的在于分析各种失效模式对软件系统的影响,从而在软件实现之前找出设计缺陷,为改进设计质量提供依据。

2. 分析级别

硬件FMEA的分析对象可以深入到最底层的元件、导线和焊点,由于它们的失效模式明确而数量有限,因而是可行的。但对于软件,如果分析对象也深入到基本的语句,则因失效模式数目繁多,难以实施分析工作。可行的软件FMEA的分析级别包括软件子系统、软件功能模块,或软件部件、单元等。

7.3 软件FMEA分析方法类型

根据软件FMEA分析阶段与级别的不同,采用的分析方法也不同。通常有两种分析方法,即系统级软件FMEA和详细级软件FMEA。

1. 系统级软件FMEA

FMEA分析在软件开发阶段的早期即需求分析和概要设计阶段进行,用于发现软件需求或软件体系结构等存在的缺陷,在这一阶段进行需求或体系结构的修改费用较低。系统级软件FMEA的分析对象是开发阶段早期的高层次的子系统、部件。

2. 详细级软件FMEA

FMEA的分析对象是已经编码实现的模块或由伪代码描述的模块,因此至少要在详细设计完成以后进行。详细级软件FMEA通过分析模块的输入变量和算法的失效模式,推导出对输出变量产生的影响,直至对整个系统的输出。由于详细级软件FMEA分析极其繁琐,是劳动密集型工作,因此适用于如内存、通讯、处理结果等缺乏硬件保护的安全关键系统。

图7.1所示为软件FMEA方法与分析阶段的关系。

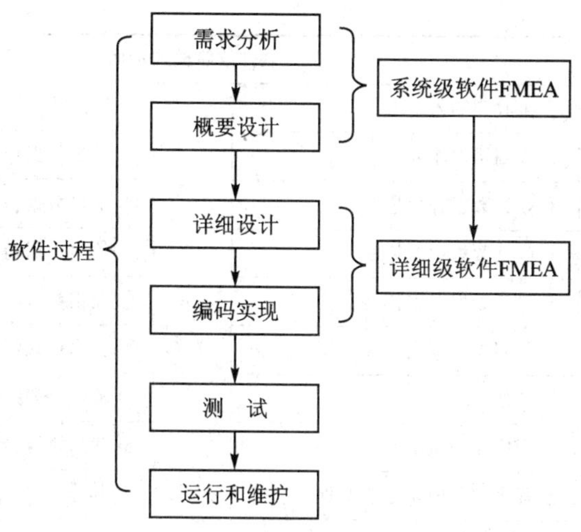

图 7.1　软件 FMEA 方法与分析阶段的关系

本章将介绍系统级软件 FMEA 的分析方法。

7.4　系统级软件 FMEA 分析方法

在这一节中将介绍适用于软件开发阶段早期的系统级软件 FMEA 分析方法，包括软件失效模式，以及系统级软件 FMEA 的分析步骤。

7.4.1　软件失效模式

软件失效模式的分析是软件 FMEA 的基础。只有将被分析对象的所有可能的失效模式尽可能全面地分析出来，才能采取相应措施改进设计，防止失效现象的发生。因此失效模式的分析是否全面合理决定了软件 FMEA 的分析效果，是整个分析过程中最为关键的一步。

在进行失效模式的分析时，如果单凭分析人员的经验，难免会由于人为因素造成遗漏，这将影响分析的效果。在工程实践中，人们常常将以往的分析经验和积累的失效案例加以总结，归纳出软件的失效模式。分析人员根据被分析软件的具体特点选择适用的失效模式，可以在很大程度上避免由于分析人员经验不足造成的遗漏。随着人们对软件失效研究的进一步深入，会进一步丰富、完善现有的失效模式，从而更加有效地指导分析工作。

此外，相关标准对软件失效进行了描述，可用于指导软件失效模式分析。例如，在国军标《GJB/Z1391—2006 故障模式、影响及危害性分析指南》[5] 中，给出了嵌入式软件 FMEA 的分析方法，其中软件的故障模式(此处即失效模式)见表 7.1。

表 7.1　实用的软件故障模式分类及其典型示例

序　号	类　别	软件故障模式示例
1	软件的通用故障模式	① 运行时不符合要求
		② 输入不符合要求
		③ 输出不符合要求

续表 7.1

序号	类别	软件故障模式示例			
2	软件的详细故障模式	输入故障	① 未收到输入	输出故障	① 输出结果错误(如输出项缺损或多余等)
			② 收到错误输入		② 输出数据精度轻微超差
			③ 收到数据轻微超差		③ 输出数据精度中度超差
			④ 收到数据中度超差		④ 输出数据精度严重超差
			⑤ 收到数据严重超差		⑤ 输出参数不完全或遗漏
			⑥ 收到参数不完全或遗漏		⑥ 输出格式错误
			⑦ 其他		⑦ 输出打印字符不符合要求
		程序故障	① 程序无法启动		⑧ 输出拼写错误/语法错误
			② 程序运行中非正常中断		⑨ 其他
			③ 程序运行不能终止		
			④ 程序不能退出	未满足功能及性能要求故障	① 未达到功能/性能的要求
			⑤ 程序运行陷入死循环		② 不能满足用户对运行时间的要求
			⑥ 程序运行对其他单元或环境产生有害影响		③ 不能满足用户对数据处理量的要求
					④ 多用户系统不能满足用户数的要求
			⑦ 程序运行轻微超时		⑤ 其他
			⑧ 程序运行明显超时		
			⑨ 程序运行严重超时		
			⑩ 其他		
		其他	① 程序运行改变了系统配置要求		⑥ 人为操作错误
			② 程序运行改变了其他程序的数据		⑦ 接口故障
			③ 操作系统错误		⑧ I/O 定时不准确导致数据丢失
			④ 硬件错误		⑨ 维护不合理/错误
			⑤ 整个系统错误		⑩ 其他

7.4.2 系统级软件 FMEA 分析步骤

系统级软件 FMEA 分析一般包括系统定义、失效模式分析、失效原因分析、失效影响分析以及制定改进措施等几个步骤,如图 7.2 所示。

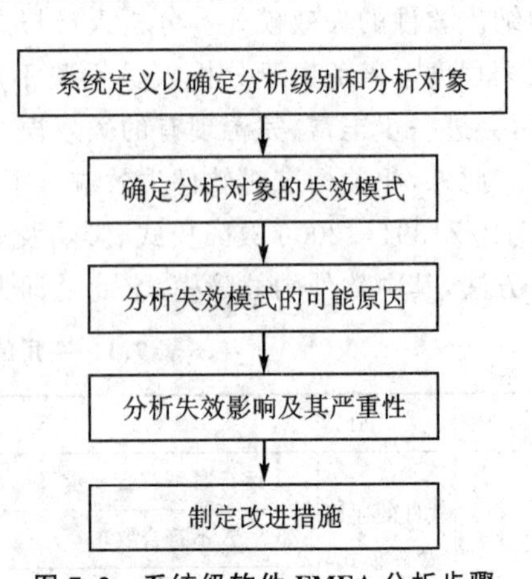

图 7.2　系统级软件 FMEA 分析步骤

1. 系统定义

系统定义的主要目的是确定软件 FMEA 的分析级别和分析对象,以确定分析的重点。

在系统定义中首先应说明系统的主要功能和次要功能、用途、系统的约束条件和失效判据等。系统定义还应包括系统工作的各种模式的说明、系统的环境条件，以及软、硬件配置。

其次，根据软件系统的功能、结构特征等层次结构确定系统的分析级别，以及分析对象，如功能模块、软件部件或单元等。在层次结构的高层较易进行全面的分析，而在低层因可供参考的信息更丰富，因而分析更深入，但工作量会相应地增大。

如果受时间或经费等因素的影响无法对整个软件系统进行全面的分析时，可在分析前确定分析的重点。通过识别对系统功能和安全性影响较大的危险事件，确定对上述危险事件的出现有直接或间接关系的功能模块、软件部件等，作为软件 FMEA 分析的重点。

2. 失效模式分析

针对每个分析对象，确定其潜在的失效模式（例如：响应时间超时或者输出错误值等）。

3. 失效原因分析

分析每个失效模式的所有可能原因（见表 7.2）。软件失效的原因是软件中潜藏的缺陷，一个软件失效的产生可能是由一个软件缺陷引起的，也可能是由多个软件缺陷共同作用引起的。在进行失效原因分析时应尽可能全面地分析所有可能的软件缺陷，为制定改进措施提供依据。

表 7.2　潜在的软件失效原因表

一般失效原因	具体失效原因
逻辑遗漏或执行错误	① 遗忘细节或步骤 ② 逻辑重复 ③ 忽略极限条件 ④ 不必要的函数 ⑤ 需求的错误表述 ⑥ 未进行条件测试 ⑦ 检查错误变量 ⑧ 循环错误
算法的编码错误	① 等式不完整或不正确 ② 丢失运算结果 ③ 操作数错误 ④ 操作错误 ⑤ 括号使用错误 ⑥ 精度损失 ⑦ 舍入和舍去错误 ⑧ 混合类型 ⑨ 标记习惯不正确
软硬件接口故障	① 中断句柄错误 ② I/O 时序错误 ③ 时序错误导致数据丢失 ④ 子函数或模块 ⑤ 子函数调用不当 ⑥ 子函数调用位置错误 ⑦ 调用不存在的子函数 ⑧ 子函数不一致

续表 7.2

一般失效原因	具体失效原因
数据操作错误	① 数据初始化错误 ② 数据存取错误 ③ 标志或索引设置不当 ④ 数据打包解包错误 ⑤ 变量参考错误数据 ⑥ 数据越界 ⑦ 变量缩放比率或单位不正确 ⑧ 变量维度不正确 ⑨ 变量类型错误 ⑩ 变量下标错误 ⑪ 数据范围不对
数据错误或丢失	① 传感器数据错误或丢失 ② 操作数据错误或丢失 ③ 嵌入到表中的数据错误或丢失 ④ 外部数据错误或丢失 ⑤ 输出数据错误或丢失 ⑥ 输入数据错误或丢失

4. 失效影响分析

分析每个失效模式对本层次、上一层次，直至整个系统的影响，以及失效影响的严重性。分析失效影响及其严重性的目的是识别软件失效所造成后果的严重程度，以便按照优先级为不同严重等级的失效制定改进措施。表 7.3 所列为软件失效影响严重性等级分类的一个示例，在进行软件 FMEA 分析时，应根据软件的特点加以实例化，制定适合的失效影响严重性等级分类。

表 7.3　失效影响严重性等级分类示例

严重性等级	严重性定义
关　键	引起人员死亡，系统报废，或对周围环境造成灾难性破坏
严　重	引起人员严重伤害，系统严重损坏，任务失败，或环境严重破坏
一　般	引起人员轻度伤害，系统轻度损坏，导致任务延误或降级，环境受影响
轻　微	不会导致人员伤害，不影响任务完成，不影响环境，但使用的方便性或舒适性降低

5. 制定改进措施

根据上述分析得到的失效产生的原因及影响的严重性等，确定出需要采取的改进措施。改进措施可以有两种途径，一是修改软件缺陷，二是增加硬件防护措施。

进行软件 FMEA 时，应填写 FMEA 工作表格。FMEA 工作表格应能完整地体现分析的目的和取得的成果。表 7.4 所列为 FMEA 工作表格的示例，表中记录了 FMEA 分析的结果。

表 7.4　软件 FMEA 工作表格

编　号	单　元	功　能	失效模式	可能的失效原因	失效影响			严重性	改进措施
					本层次影响	上一层次影响	最终影响		
1.1	输　出	输出数据提交用户显示	数值高于正常范围	逻辑问题计算问题数据操作问题	N/A	无	任务降级	一　般	…
1.2			数值低于正常范围	逻辑问题计算问题数据操作问题	N/A	无	任务降级	一　般	…
1.3			输出数据没有显示	逻辑问题接口或时序问题	N/A	无	任务中止	严　重	…
1.x			…	…	…	…	…	…	…

7.5　系统级软件 FMEA 实例

本节给出了系统级软件 FMEA 的两个分析实例。实例 1 为一个型号通讯软件，实例 2 为一个小球悬浮系统。

7.5.1　系统级软件 FMEA 实例 1——某舰载防御武器型号通信软件

下面以某舰载防御武器型号通信软件为例进行软件 FMEA 分析说明。

1. 系统定义

某舰载防御武器型号的转塔控制与伺服系统的并行通信采取主从双机 8255 通讯(固定字节长度)的方式，其中控制计算机为主计算机(A)，伺服计算机为从计算机(B)，如图 7.3 所示。

主从双机之间的通讯协议如下，其示意图见图 7.4。

① A 进入通讯子程序后，先发中断，B 响应中断后进入通讯子程序准备接收 A 的数据。

② 先由 A 向 B 发送 N 字节，待 B 接收完 N 字节后，B 再向 A 发送 M 字节。

③ A 发送的第一字节为 HeadA，HeadA 为控制机命令标识，A 发送的第 N 字节为 TailA，TailA 为控制机校验标识。B 发送的第一字节为 HeadB，HeadB 为从属机接收状况回应标识，B 发送的第 M 字节为 TailB，TailB 为从属机校验标识。

④ A 发送过程的容忍时间为 TSA，A 接收过程的容忍时间为 TTA，B 发送过程的容忍时间为 TSB，B 接收过程的容忍时间为 TTB。

⑤ 采用 8255，实现能判别是否对方已提供字节数据，能判别对方是否已取走字节数据。

本例中选取控制计算机(即主计算机 A)的并行通讯模块作为分析对象进行软件 FMEA。

2. 失效模式确定

根据通讯协议，可从以下几个方面分别确定分析对象的失效模式：模块的通讯控制、接收和发送数据的内容，以及接收和发送数据的时间等。

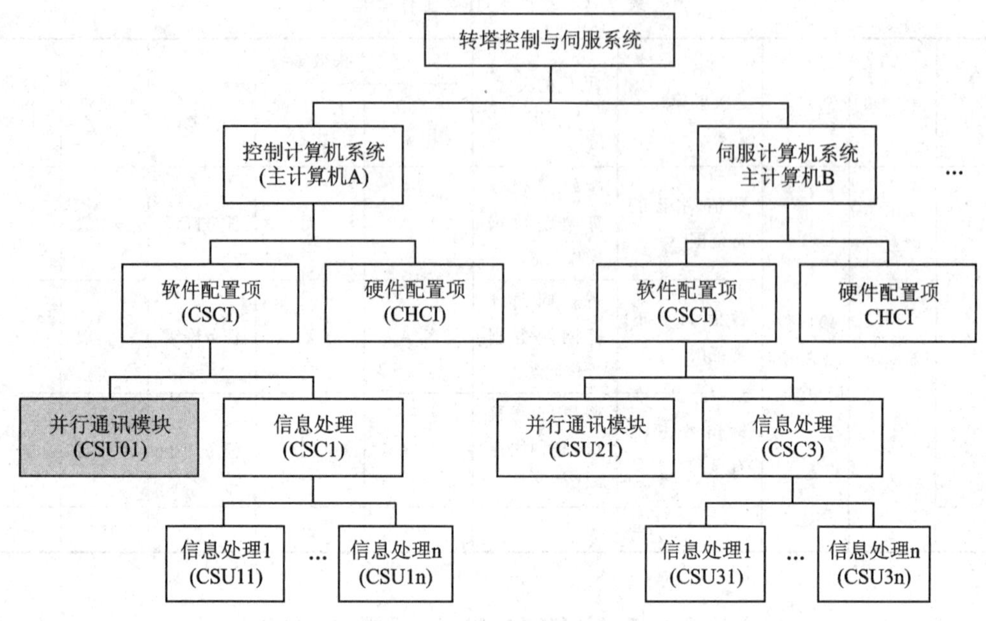

图 7.3　实例 1 软件结构层次图

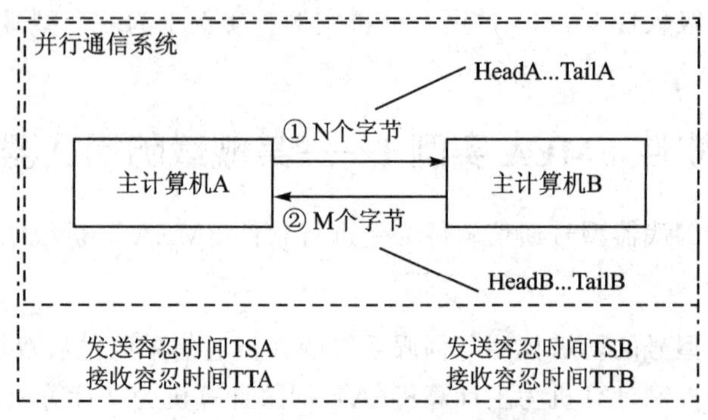

图 7.4　通信协议示意图

3. 失效原因分析

失效原因主要从通信传输干扰、对方发送的原因和自身程序的原因等方面进行分析。

4. 失效影响分析

针对每个失效模式，分别分析其对本通讯模块、控制计算机，直至整个转塔控制与伺服系统造成的影响及其严重程度。

5. 改进措施制定

根据以上失效模式、原因、影响及其严重程度的分析结果，对每个失效模式制定相应的改进措施。

对该并行通讯模块的软件 FMEA 分析结果见表 7.5。

表 7.5　控制计算机系统并行通讯模块软件 FMEA 表(部分)

编号	失效模式	可能的失效原因	失效影响			严重性	改进措施
			本层次影响	上一层次影响	最终影响		
1	A 无法进入通讯子程序	A 接收到其他中断或其他原因	无	A 无法发送数据	系统无法通讯	关　键	由 A 的通讯外程序采取措施保证按时进入通讯子程序
2	A 发送中断超时	中断被阻塞;没有超时处理设计	无	A 发送数据周期混乱	系统通讯混乱	严　重	在 A 中设置定时器,或通过计数控制,以保证规定时间内发送数据
3	A 发送头字节 HeadA 出现错误	外界干扰;没有数据合法性检验	无	A 发送错误数据	系统通讯错误	严　重	B 接收 A 的头字节后,判别头字节的合法性
4	A 发送的中间字节出现错误	外界干扰;没有数据合法性检验	无	A 发送错误数据	系统通讯错误	严　重	利用异或等校验手段进行校验
5	A 发送尾字节 TailA 出现错误	外界干扰;没有数据合法性检验	无	A 发送错误数据	系统通讯错误	严　重	B 接收 A 的尾字节后,判别尾字节的合法性
6	A 处于接收状态时,无法接收数据	始终无 B 提供数据信号	无法进入信息处理单元	A 通讯瘫痪	系统无法通讯	关　键	参见失效模式{2}的措施
7	A 接收数据超时	B 发送数据超时;没有超时处理设计	进入信息处理单元超时	A 通讯超时	系统通讯超时	一　般	在 A 中设置定时器,或通过计数控制,以保证规定时间内接收数据
8	A 未有数据,状态却显示已提供字节数据	双方在通讯前 8255 的状态未保证处于 A 尚未提供数据的初始状态	进入信息处理单元不同步	A 通讯起步与 B 不同步	系统通讯混乱	严　重	在每次通讯后,重新将 8255 初始化

7.5.2　系统级软件 FMEA 实例 2——小球悬浮系统

小球悬浮系统是一个通过调节气流,控制小球悬浮在一个预先设定的高度的系统,下面说明对该系统的软件进行 FMEA 分析的过程。

1. 系统定义

被分析的软件系统是一个小球悬浮系统,如图 7.5 所示。该系统的工作原理如下:

① 系统通过调节进入管子中的气流量,控制小球悬浮在一个预先设定的高度。

② 小球离顶端越近,位于管子顶部的红外传感器接收到的光强度越大,输出电压越大,该电压经 A/D 转换成一个字节值。

③ 微控系统输出 PWM(脉宽调制)信号,通过调节占空比控制风扇转速,从而控制小球悬浮的高度。

④ 输入输出控制回路起保护系统的作用。

⑤ 每5微秒产生一次中断,定时器初始值设为100,即输出PWM信号的周期为0.5 ms。

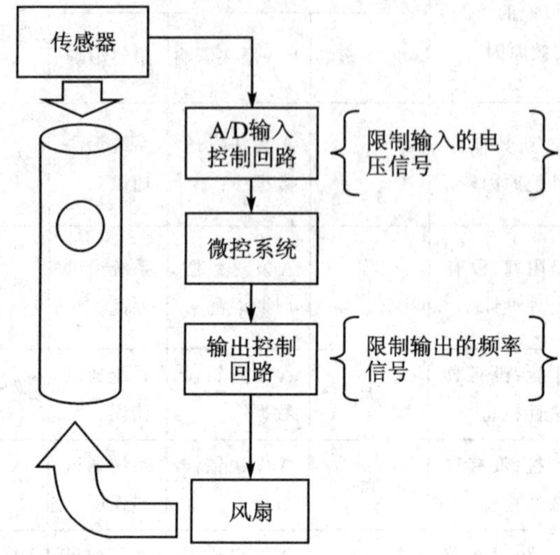

图7.5 小球悬浮系统示意图

软件主要功能包括:

① 功能1:PIA(外围接口适配器)及定时器中断初始化。

② 功能2:A/D转换。

③ 功能3:占空比计算。

下面以功能1和功能2作为分析对象,说明软件FMEA的分析过程。

2. 失效模式确定

可从以下几个方面分别确定分析对象的失效模式。

对于功能1,可从外围接口(包括输入接口、输出接口)及定时器中断初始化几个方面分析可能的失效模式,具体如下:

① 输入接口初始化失败。

② 输出接口初始化失败。

③ 中断初始化失败。

对于功能2,可从A/D转换时间、转换数值等方面分析可能的失效模式,具体如下:

① A/D转换失败。

② A/D转换超时。

③ A/D转换值不正确。

3. 失效原因分析

失效原因主要从以下方面进行分析:

① 硬件故障。

② 外部干扰。

③ 自身程序原因等。

4. 失效影响分析

针对每个失效模式，分别分析其对本软件、对风扇的控制，直至整个小球悬浮系统所造成的影响及其严重程度。

5. 改进措施制定

根据以上失效模式、原因、影响及其严重程度的分析结果，对每个失效模式制定相应的改进措施。

对该小球悬浮系统的软件 FMEA 分析结果见表 7.6。

表 7.6　小球悬浮系统软件 FMEA 表(部分)

编号	失效模式	可能的失效原因	失效影响			严重性	改进措施
			本层次影响	上一层次影响	最终影响		
1	输入管脚初始化失败	硬件故障或外干扰	无法读取输入数据	风扇不转	小球落到管子底部	一　般	在塑料管的底部增设一个红外传感器，如果小球落到管子底部，则复位系统
2	输出管脚初始化失败	硬件故障或外干扰	无法输出	风扇不转	小球落到管子底部	一　般	同　上
3	中断服务例程ISR 初始化失败	硬件故障或外干扰	无法运行中断服务例程	风扇不转	小球落到管子底部	一　般	同　上
4	A/D 转换失败	硬件故障或外干扰	输出不正确	风扇转速不变	系统失控	关　键	设置硬件或软件检查装置以保证周期性地更新输入数据
5	A/D 转换超时	硬件故障，且软件对 A/D 转换时间未进行超时检查	响应过慢	风扇转速不正确	系统失控	关　键	设置 A/D 转换时间检查模块，如果转换超时则复位系统
6	A/D 转换值不正确	外干扰，且软件对输入数据未进行合法性检查	输出不正确	风扇转速不变	系统失控	关　键	设置软件检查模块以保证输入值在允许范围内

本章要点

① 软件 FMEA 是一种自底向上的分析方法。通过识别软件失效模式，分析造成的后果，研究分失效模式产生的原因，寻找消除和减少其有害后果的方法，并采取相应的措施，从而提高软件的可靠性和安全性。

② 软件 FMEA 适用于软件开发阶段的早期，发现可靠性和安全性设计隐患，提供设计更改建议。

③ 根据软件 FMEA 分析阶段和级别的不同，通常有两种分析方法，即系统级软件 FMEA 和详细级软件 FMEA。

④ 系统级软件 FMEA 分析一般包括系统定义、失效模式分析、失效原因分析、失效影响分析，以及制定改进措施等几个步骤。

⑤ 失效模式的分析是否全面合理决定了软件 FMEA 的分析效果，是整个分析过程中最为关键的一步。分析人员可参考相关标准中或根据经验积累的软件失效模式，并结合被分析软件的具体特点选择适用的失效模式。

本章习题

1. 针对 7.5 节的实例中伺服计算机的并行通讯模块进行 FMEA，分析其可能的失效模式及原因，分析失效可能产生的影响及其严酷度，在此基础上制定改进措施，并填写 FMEA 表格。

2. 请针对以下三个软件单元分析其可能的失效模式。

a. 单元 1：读取飞机高度数据

b. 单元 2：检验高度容许范围

c. 单元 3：高度异常时写入故障记录并告警

3. 如下图所示的机器人手术系统主要由控制计算机、监控计算机和追踪系统组成，其主要作用是辅助外科医生进行关节置换手术，将骨骼切割成特定的形状，从而可以接受植入的关节。切割过程由控制计算机进行控制，通过控制切割工具以精密的模式移动，在骨骼上切割出预定的形状。病人的体位和所有自动化设备都由 3D 追踪系统精确定位。监控计算机用于监控切割工具的切割边缘，并且独立规划出工具的切割轨迹。要想使机器人正常工作，控制计算机和监控计算机必须达成一致。请针对该手术系统进行 FMEA，并填写 FMEA 表格。

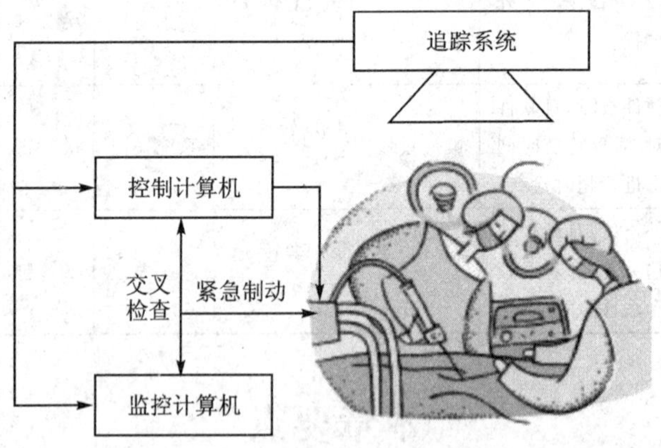

图 7.6　机器人手术系统示意图

本章参考资料

[1] Reifer. Software Failure Modes and Effects Analysis [J]. IEEE Transactions on reliability, vol. R-28, No. 3, Aug 1979: 247-249.

[2] 黄锡滋. 软件可靠性、安全性与质量保证[M]. 北京：电子工业出版社，2002.10.

[3] PeterL. Goddard. Software FMEA Techniques[J]. IEEE，2000. Proc. Ann. Reliability and Maintainability Symp，Jan. 2000：118-123.

[4] 国标 GB/T 11457—2006. 软件工程术语[S]. 北京:国家技术监督局，1995.

[5] 国家军用标准 GJB/Z1391—2006:故障模式、影响及危害性分析指南,中国人民解放军总装备部，2006.

[6] John B. Bowles. Software Failure Modes and Effects Analysis For a Small Embedded Control System[J]. IEEE，2001. Proc. Ann. Reliability and Maintainability Symp，Jan. 2001:1-6.

[7] John Knight 著,古廷阳主译. 软件工程师可信计算基础[M]. 北京:国防工业出版社,2014.

第8章　软件FTA

本章学习目标

本章的目的是介绍软件故障树的建立方法，以及在此基础上的定性定量分析方法。通过阅读本章，你将了解以下内容：

- 软件故障树分析方法的基本概念
- 软件故障树的建立方法
- 软件故障树定性分析方法
- 软件故障树定量分析方法

与软件FMEA（第7章）自底向上分析方法不同，软件FTA（Fault Tree Analysis），即软件故障树分析，是一种自顶向下的软件可靠性、安全性分析方法，即从软件系统不希望发生的事件（顶事件），特别是对人员和设备的安全产生重大影响的事件开始，向下逐步追查导致顶事件发生的原因，直至最底层的根本原因（底事件）。

软件FMEA是一种单因素失效分析方法，即只能分析单个的软件部件或功能模块等的失效对系统造成的影响，无法完善地表达失效原因之间的各种逻辑关系。而本章中将要介绍的软件FTA可以弥补这一不足，利用图形化的方式可以直观地表达各种失效原因的逻辑关系。此外，对于在软件测试或实际使用过程中出现的失效事件，也可以利用软件FTA进行故障定位，确定失效发生的原因。

软件故障树分析可以在软件生命周期的各个阶段使用：

① 在软件开发过程的早期可以用来指导软件需求和设计，通过建立软件故障树，并在此基础上进行定性、定量分析，可以找出导致顶事件发生的关键因素，即对顶事件的发生有重要影响的底事件，并采取措施加以避免，从而降低顶事件的发生概率，提高软件的可靠性和安全性。

② 在软件测试阶段可用来确定软件测试的重点，并指导测试用例的设计。

③ 在软件系统交付后可利用软件FTA对使用过程中遇到的失效事件进行故障定位。

自20世纪80年代初FTA被引入到软件领域以来，其在飞行控制系统、核电站、武器系统、医疗监视系统、软件容错分析以及网络入侵检测等方面都有着广泛的应用。

8.1　软件故障树的建立

建立软件故障树的目的是找出导致顶事件发生的直接原因，直至最底层的根本原因。只有建立了故障树，才能在此基础上进行定性定量分析。故障树的建立是软件故障树分析中最基本同时也是最关键的一项工作。故障树建立的完善程度直接影响定性分析和定量分析的准确性，因而需要建树者广泛地掌握并使用各方面的知识和经验。

在软件开发的不同阶段需要有不同领域的专家共同完成软件故障树分析工作。

① 在软件需求分析阶段需要如下人员：

● 软硬件结合的专家。
● 拥有丰富领域知识的软件专家。
● 软件系统测试负责人等。

② 在软件设计阶段,除所有上述人员外,还需要:

● 软件架构师。
● 或软件设计人员。

③ 在软件实现阶段需加入软件编码人员。

④ 在软件测试阶段需加入软件测试人员。

8.1.1　软件故障树中使用的符号

软件故障树由一套符号构建而成。将这些符号加以组合构成故障树,利用这种图形化方式直观地表示故障事件之间的逻辑关系。

软件故障树中使用的符号包括事件符号和逻辑门符号两类。事件符号用以表示故障事件,逻辑门符号用以表示故障事件之间的逻辑关系。

图 8.1 所示为几种通用的软件故障树符号。其中与门和或门符号是最常用的逻辑门符号。顶事件、中间事件和基本事件(底事件)符号是最常用的事件符号。未展开事件符号用以表示不能做进一步深入分析的事件。条件符号用以表示失效事件发生的系统状态或条件。出三角形和入三角形符号用以简化故障树。

与门：只有所有输入事件都发生时才能导致输出事件发生。

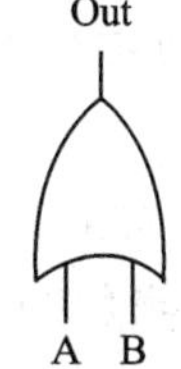

或门：输入事件中至少有一个发生时，就能导致输出事件发生。

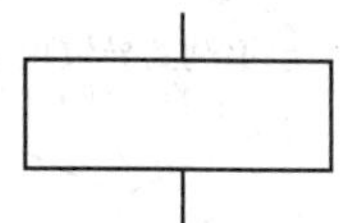

顶事件或中间事件：表示需进一步分析的事件。顶事件是不希望发生的系统不可靠或不安全事件。中间事件是故障树中除底事件和顶事件之外的所有事件。

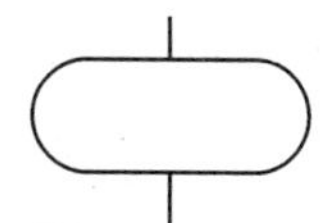

条件：可用来表示导致某种失效事件的系统状态或条件。

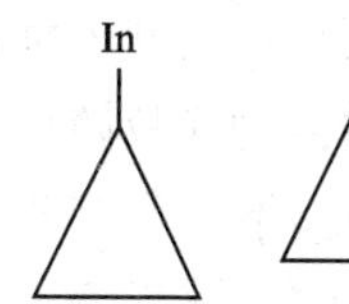

入三角形：表示树的部分分支在另外地方绘制，用以简化故障树；
出三角形：表示该树是在另外部分绘制的一颗故障树的子树，用以简化故障树。

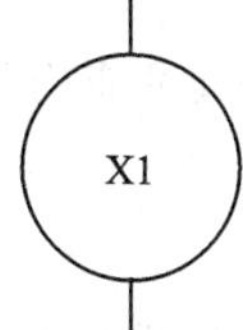

基本事件：即底事件，对于故障树中的基本事件不必作更深入的分析。

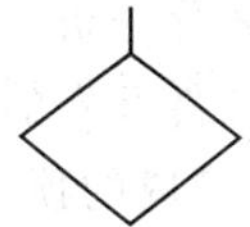

未展开事件：由于发生概率较小，或由于信息不足，不能作更深层的分析的事件。

图 8.1　通用的软件故障树符号

图 8.2 所示为一个简单的软件故障树示例。

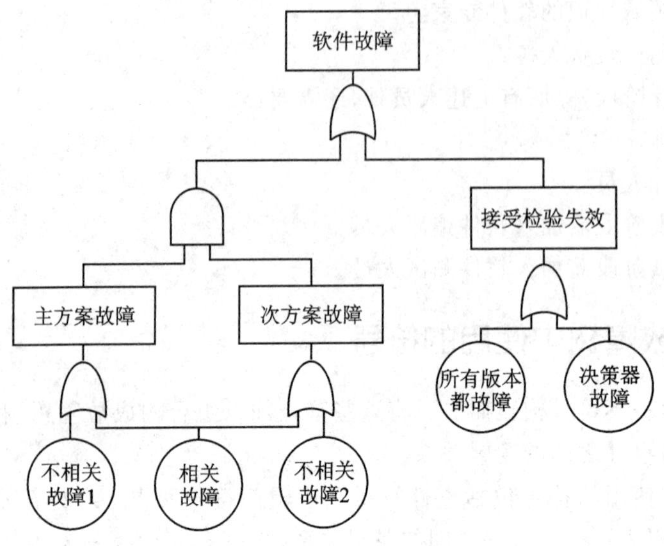

图 8.2　软件故障树示例

8.1.2　软件故障树建立的基本方法

建立软件故障树通常采用演绎法，见图 8.3。所谓演绎法的基本步骤是：

① 选择要分析的顶事件（即不希望发生的故障事件）作为故障树的“根”。

② 分析导致顶事件发生的直接原因（包括所有事件或条件），并用适当的逻辑门与顶事件相连，作为故障树的“节”。

③ 按照这个方法逐步深入，一直追溯到导致顶事件发生的全部原因（底层的基本事件）为止。这些底层的基本事件称为底事件，构成故障树的“叶”。

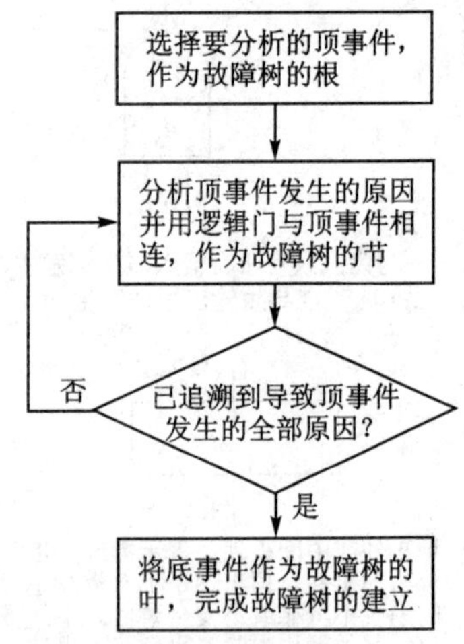

图 8.3　软件故障树建立方法

1. 顶事件的确定

在故障树最顶层的顶事件是系统不期望的故障事件。可依据以下信息确定软件故障树的顶事件：

(1) 软件危险分析提供的信息

危险分析是指对系统设计、使用、维修及与环境有关的所有危险进行系统化分析，以判别和评价危险或潜在的危险状态、可能相关的危险事件及其后果的危害性。在软件开发的各个阶段，通过危险分析可识别出对软件系统可能造成的潜在危险，可以此作为故障树的顶事件进行软件 FTA。

例如，在对飞机发动机控制系统软件需求阶段的危险分析中，识别出发动机停车、发动机喘振等危险事件，在软件故障树分析时，可以此作为顶事件进行分析。

(2) 软件 FMEA 的分析结果

在软件 FMEA 中，通过对失效模式的影响分析可以得出对软件系统产生的不利影响。在进行软件 FTA 时，可选取严重性较大的系统影响作为软件故障树的顶事件进行分析。

(3) 软件需求规格说明等文档中提出的要求等

例如，在某飞控系统的软件需求规格说明中提出了低限自动拉起的功能需求，即飞机在低空飞行过程中如果遇到山、建筑物等障碍物，飞控系统应能控制飞机及时拉起，以保证飞行安全。针对这一需求，可选取“飞控系统不能自动拉起”作为软件故障树的顶事件进行分析。

2. 底事件的确定

在故障树最底层的底事件是导致顶事件发生的根本原因。软件故障树分析的目的就是要采取措施避免底事件的发生，从而降低顶事件的发生概率。在软件故障树分析中，底事件可以是(但不限于)：

① 一个功能模块产生了一个不正确结果。

② 一个模块接收了一个无效输入。

③ 由于用户或缓冲区溢出造成的对参数初始值的不正确设置。

有些底事件可以独立地引发顶事件，有些底事件按照一定的逻辑关系共同引发顶事件。

例如，在图 8.2 所示的故障树中，底事件“决策器故障”可以独立地引发顶事件“软件故障”，而底事件“不相关故障 1”或“相关故障”则必须与底事件“不相关故障 2”同时发生才能共同引发顶事件发生。

软件故障树的建立可以伴随着软件开发过程而逐步深入。对于软硬件综合系统，在开发过程早期的高层次的故障树中，既包括软件，也包括硬件。在软件需求分析阶段，可以利用故障树分析软件需求中可能导致顶事件发生的原因，即需求的不完善之处。随着软件开发过程的深入，可以通过对软件设计的进一步分析，对软件故障树加以扩展，直至最底层的软件单元，甚至可以分析到软件代码语句级。

8.2　软件故障树的定性分析

软件故障树定性分析的目的是找出关键性的导致顶事件发生的原因，指导软件可靠性、安全性设计以及软件测试，从而提高软件的可靠性和安全性。软件故障树定性分析的常用方法是识别所有最小割集，并对最小割集进行定性比较，对最小割集及底事件的重要性进行排序。

8.2.1　割集与最小割集

识别最小割集是软件故障树定性分析的基础，那么什么是割集和最小割集呢？

① 割集：能引起顶事件发生的底事件集合。

② 最小割集：不包含任何冗余因素的割集。如果去掉最小割集中的任何事件或条件，它就不再成为割集。

在进行定性分析时，如果割集中包含了多个相同的底事件，则可以去掉冗余信息进行分析。如果一个割集是另一个割集的子集，那么在以后的分析中可以不考虑后者，因为它不是最小割集。

最小割集的求解方法通常有下行法和上行法两种：

① 下行法的分析规则：遇到“与门”增加割集的阶数（割集所含底事件数目），遇到“或门”增加割集的个数。

② 上行法的分析规则：将“或门”输出事件用输入事件的并代替，将“与门”输出事件用输入事件的交代替。然后再利用集合运算法则进行简化。

下行法因其直观易懂，是较为常用的最小割集求解方法。下面以图 8.4 所示的软件故障树为例，说明利用下行法进行最小割集求解的方法。

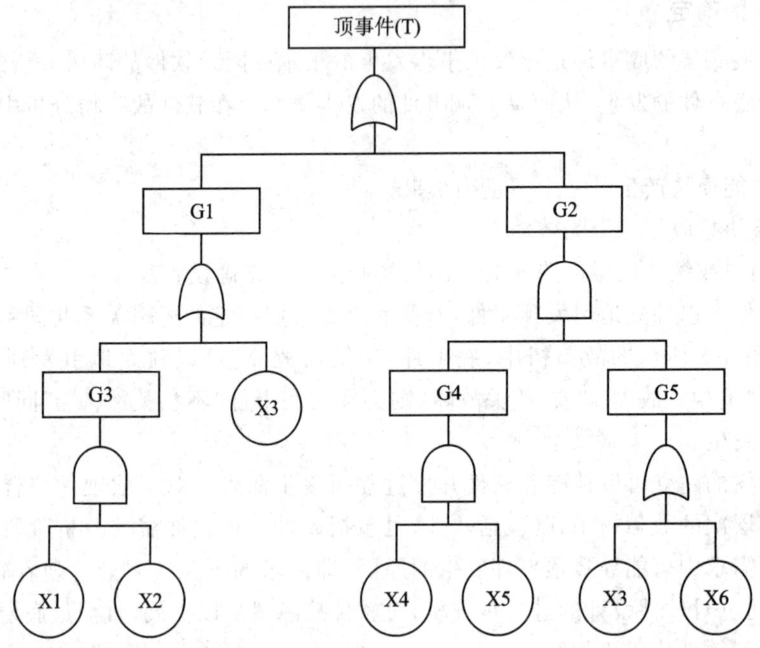

图 8.4　软件故障树定性分析示例

根据下行法的分析规则，分析的过程如表 8.1 所列。从顶事件开始向下分析，遇到的第一个门是或门，因此增加割集的个数，得到两个割集{G1}和{G2}。再向下分析{G1}，遇到的仍是或门，因而得到由{G1}扩展出的两个割集{G3}和{X3}。进一步分析{G3}，遇到与门，因而增加割集的阶数，得到由{G3}转化而来的割集{X1，X2}。用同样的方法可进一步分析{G2}，最后得出的割集有{X1，X2}、{X3}、{X4，X5，X3}及{X4，X5，X6}。根据最小割集的定义，可得最小割集有三个：{X1，X2}、{X3}和{X4，X5，X6}。

表 8.1　最小割集的求解方法

步　骤	1	2	3	4	5	6
过　程	G1	G3	X1，X2	X1，X2	X1，X2	X1，X2
	G2	X3	X3	X3	X3	X3
		G2	G2	G4，G5	X4，X5，G5	X4，X5，X3
						X4，X5，X6

8.2.2 最小割集的定性比较

当软件故障树建立并得出所有最小割集后，即可对其进行定性比较，并将结果应用于指导故障诊断，或改进系统设计等。

对最小割集进行定性比较，应根据最小割集所包含的底事件数目(阶数)排序，在各底事件发生概率比较小，其差别不大的条件下，应遵循以下原则：

① 阶数越小的最小割集越重要。

② 低阶最小割集所包含的底事件比高阶最小割集中的底事件重要。

③ 在不同最小割集中重复出现次数越多的底事件越重要。

例如在上面的例子中，{X3}是最重要的最小割集，X3 是最重要的底事件。

8.3 软件故障树的定量分析

软件故障树定量分析的目的是计算或估计软件故障树顶事件发生的概率。如果每一个底事件的发生概率是已知的，可根据软件故障树的逻辑关系，计算顶事件的发生概率。

故障树顶事件的发生概率可由最小割集的集合来确定，即：$P\{\bigcup_{i=1}^{n} C_i\}$，其中 C_i 是系统的最小割集。由于割集通常是相交的，并集的概率并不等于各个割集的概率之和。因此，考虑割集相交的情况，根据计算并集发生概率的基本法则，有：

$$P\{\bigcup_{i=1}^{n} C_i\} = \sum_{i=1}^{n} P\{C_i\} - \sum_{i<j} P\{C_i \cap C_j\} + \sum_{i<j<k} P\{C_i \cap C_j \cap C_k\} \mp \cdots \pm P\{\bigcap_{i=1}^{n} C_i\} \tag{8.1}$$

即一次取出一个割集的概率和，减去一次取出两个割集的交集概率和，加上一次取出三个割集的交集概率和，以此类推。

以图 8.4 所示的故障树为例，假设每个底事件发生概率为：

P{X1}=P{X2}=0.2

P{X3}=P{X4}=0.15

P{X5}=P{X6}=0.3

则各最小割集的发生概率为：

P{C1}=P{X1}×P{X2}=0.04

P{C2}=P{X3}=0.15

P{C3}=P{X4}×P{X5}×P{X6}=0.0135

根据公式(8-1)，顶事件发生概率的上界为：

$$\sum_{i=1}^{n} P\{C_i\} = P\{C_1\} + P\{C_2\} + P\{C_3\}$$
$$= 0.04 + 0.15 + 0.0135 = 0.2035$$

顶事件发生概率的下界为：

$$P\{\bigcup_{i=1}^{n} C_i\} \approx \sum_{i=1}^{n} P\{C_i\} - \sum_{i<j=2}^{n} P\{C_i \cap C_j\}$$

$$= \sum_{i=1}^{n} P\{C_i\} - (P\{C_1 \cap C_2\} + P\{C_1 \cap C_3\} + P\{C_2 \cap C_3\})$$

$$= \sum_{i=1}^{n} P\{C_i\} - (P\{C_1\}P\{C_2\} + P\{C_1\}P\{C_3\} + P\{C_2\}P\{C_3\})$$

$$= 0.2035 - (0.04 \times 0.15 + 0.04 \times 0.0135 + 0.15 \times 0.0135)$$

$$= 0.194935$$

可以进一步向下扩展得到更准确的上界和下界，或者停止扩展，得到顶事件的发生概率在0.194935和0.2035之间。

需要指出的是，应将软件故障树分析的重点放在定性分析，而不是定量分析。软件故障树分析最重要的意义在于，通过分析找出软件设计中的薄弱环节，以指导软件可靠性、安全性设计以及软件测试，从而提高软件的可靠性和安全性。此外，软件故障树分析法因繁琐费时，通常只适合在软件的可靠性和安全性关键部位使用，而不适宜在编码层次上对整个系统进行彻底的分析。

8.4 软件FTA实例

本节讲述了两个软件FTA的应用实例。实例1给出了从故障树构建到定性分析的完整过程。实例2重点介绍了软件故障树的构建过程。

8.4.1 软件FTA实例1——学生选课系统

这个实例是一个学校的学生选课系统，学生进入选课系统网址，登录成功后，选择本学期的课程，最后点击确认提交至服务器。

1. 建立故障树

对该系统在需求阶段进行软件FTA分析，故障树建立过程如下：

① 确定顶事件：选取“选课故障”作为故障树的顶事件来展开分析。

② 分析故障树的第一层中间事件：导致选课故障的可能原因，包括应该选的课程选不上(事件1)、选错课(事件2)、未选上某课程却误认为已选上(事件3)，以及重复选课(事件4)。

③ 针对以上事件向下分析：

- 对事件1：导致其发生的可能的原因是：没有正确设置本用户选择课程的相应的权限(事件1.1)，或必选课的选课人数已满(事件1.2)。
- 对事件2：导致其发生的可能的原因是：没有正确设置本用户选择课程的相应的权限(事件2.1，同事件1.1)，或数据库存储错误(事件2.2)。
- 对事件3：导致其发生的可能原因是：用户选课失败时未给出提示信息(事件3.1)，或已选课程自动退选(事件3.2)，或未选上的课程显示在已选课程中(事件3.3)。
- 对事件4：导致其发生的可能原因是：用户选择同时上课的多门课程时未给出提示信息(事件4.1)，或同一门课程可以选择多次(事件4.2)。
- 进一步分析事件1.2：得到可能的原因有两个：其他用户超权限选课(事件1.2.1)，或者必选课的选课人数限制设置错误(事件1.2.2)。

- 进一步分析事件 1.2.1：得到可能的原因有两个：其他用户权限设置错误（事件 1.2.1.1），或者数据库存储错误（事件 1.2.1.2，同事件 2.2）。
- 进一步分析事件 3.2：得到可能的原因是：再次选课时未自动勾选之前已选上的课程（事件 3.2.1），同时，确认提交时未提示用户相应的课程将被退选（事件 3.2.2）。
- 进一步分析事件 4.2：得到可能的原因有两个：不同时间段的同一门课程均可选择（事件 4.2.1），或者数据库存储错误（事件 4.2.2，同事件 2.2）。

至此，建立的软件故障树如图 8.5 所示。

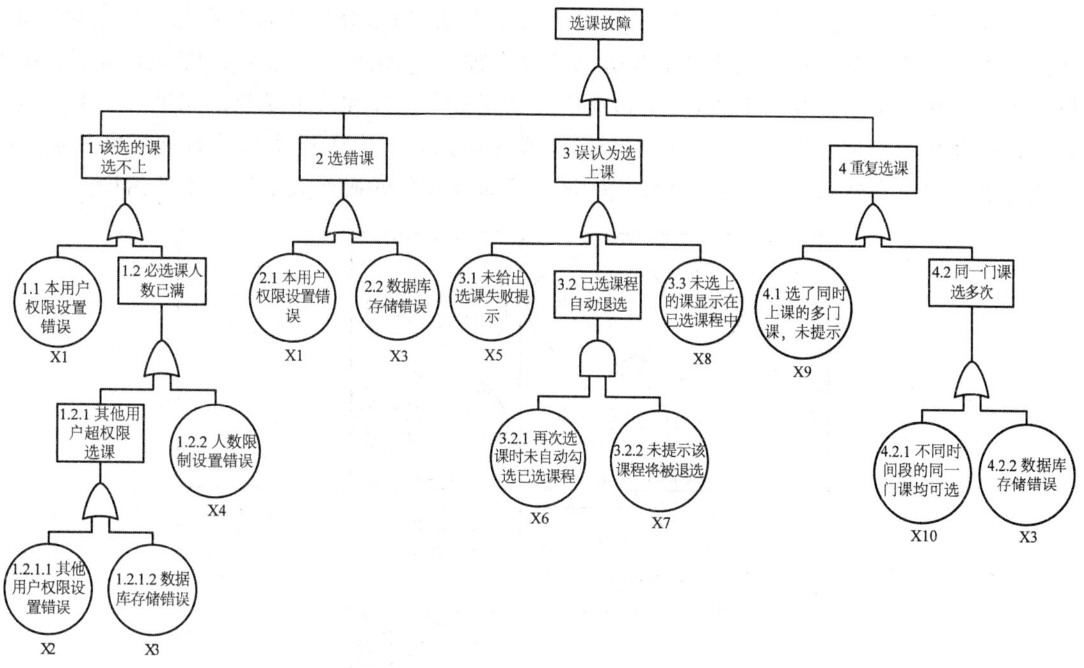

图 8.5　学生选课系统故障树

2. 故障树定性分析

在上述建立的故障树的基础上进行定性分析。将底事件从左至右依次表示为 X1 至 X10（相同的底事件用同一编号表示），如图 8.5 所示。按照下行法，可得出该故障树有 9 个最小割集，即{X1}、{X2}、{X3}、{X4}、{X5}、{X8}、{X9}、{X10}以及{X6，X7}。根据最小割集定性比较的原则，{X1}、{X2}、{X3}、{X4}、{X5}、{X8}、{X9}、{X10}是重要的最小割集。

根据上述分析结果，对软件中的缺陷提出改进意见，具体措施如下：

① 修改不同用户选择课程的权限。

② 修改必选课的选课人数限制值。

③ 增加选课失败时的提示信息。

④ 在后续的软件设计和实现阶段对再次选课时自动勾选已选课程功能加强验证。

⑤ 增加课程将被退选时的提示信息。

⑥ 在后续的软件设计和实现阶段对已选课程显示功能加强验证。

⑦ 增加选择同一时间上课的多门课程时的提示信息。

⑧ 限制用户选择不同时间段的同一门课。

⑨ 在后续的软件设计和实现阶段进一步分析数据库存储错误发生的原因，并加强验证。

从上述实例可以看出，通过故障树分析，可以在软件开发过程的早期发现软件中的缺陷，通过制定改进措施避免了将缺陷引入到开发阶段的后期，提高了软件的可靠性。

8.4.2 软件 FTA 实例 2——晶片加工设备

实例中的设备用来制造一种半导体材料——晶片(wafer)，这个设备是车间的生产线中一系列加工设备中的一个，每天生产上百个晶片[3]。

图 8.6 所示为这台设备的示意图。设备中有四个加工仓，分别负责对晶片进行四种不同的刻蚀加工。待加工和加工完成的晶片分别放置在加工仓外的流入加工盒和流出加工盒中。机器人固定在四个加工仓的中心，负责移动机械手臂取出晶片和放下晶片。如果操作不恰当，对晶片的刻蚀加工过程以及传送过程都会损坏或污染晶片。由于设备自身有被污染的危险，因此在晶片加工仓外围设置了一个保护罩，隔绝了靠近设备的操作人员所带来的污染。

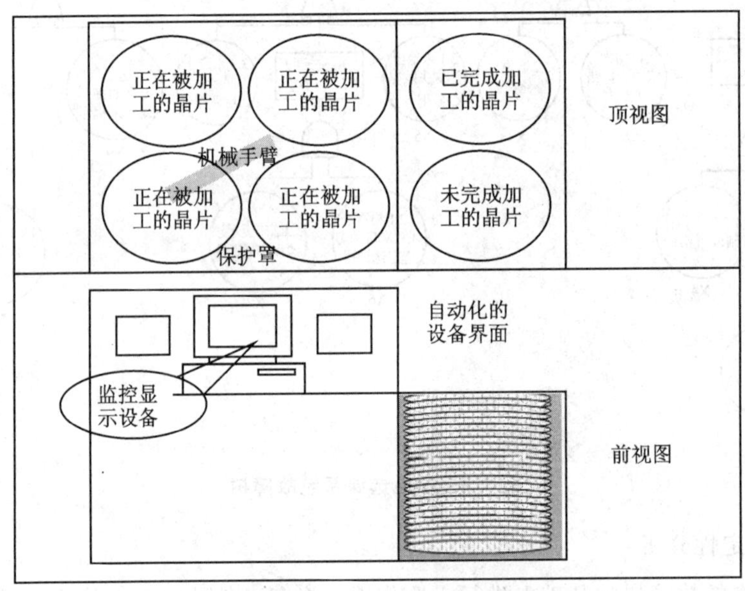

图 8.6 晶片加工设备示意图

晶片的刻蚀加工依据用户指定的"加工处方"进行。这个处方包含了加工过程的操作说明和规格说明等，例如：刻蚀的深度以及在晶片的什么部位进行刻蚀等。处方还规定晶片应在哪种加工仓加工，以及进入不同加工仓的先后顺序。

此外还有一个"加工盒处方"，描述了加工盒的哪些槽位上的晶片有待加工，哪些不用加工，以及如何选择加工模式，即，自动模式(没有操作者介入)还是手动模式(一次只能加工一个晶片)。

晶片的刻蚀加工过程如下：

① 按照加工盒处方中的每一条指令，从加工盒中取出晶片。

② 根据加工处方将这些取出的晶片放入一个加工仓中。

③ 根据加工处方将晶片从一个加工仓传送到下一个加工仓中进行加工，直到按处方中的规定完成所有加工操作为止。

④ 晶片完成加工后，将其取出放置于成品加工盒(即流出加工盒)的顶部。

对上述系统进行软件 FTA 的分析过程如下：

1. 确定故障树顶事件

通过回顾车间生产的历史数据，专家集体讨论出所有不期望的故障事件为：

① 晶片物理破损。

② 晶片被错误加工。

③ 晶片被污染。

实例中选取“晶片破损”作为故障树的顶事件(事件 1)来进行分析。

2. 分析导致顶事件发生的直接原因作为故障树的第一层中间事件

这一部分工作难度比较大。讨论小组讨论出可能引起“晶片破损”的所有潜在的失效原因作为中间事件。从过去发生的故障情况来看：

① 导致“晶片破损”的原因 1：当晶片处于槽位的交叉状态，即卡在加工盒的两个槽位中间的时候，如果机器人将其从加工盒中取出容易导致其破损(事件 2)。

② 导致“晶片破损”的原因 2：晶片被机器人摔落在地上(事件 3)。

3. 讨论事件 2(晶片在交叉槽位状态取出)

首先分析导致事件 2 发生的原因，再进一步讨论子事件发生的原因。

① 可能导致事件 2 发生的原因为：

- 从开始的时候，即当其他设备自动将其传递到加工盒上的时候，就处于槽位的交叉状态(事件 2.1，对此事件不进一步展开分析)，并且，
- 在机器人返回来取晶片进行加工前设备无法停下来，晶片一直保持交叉槽位状态(事件 2.2)。

② 可能导致故障事件 2.2 的发生的原因为：

- 设备的探测传感器失效(事件 2.2.1)。
- 或者，当传感器探测到交叉槽位状态时，软件并没有采取相应的补救措施。(事件 2.2.2)

4. 讨论事件 3(晶片被摔落)

同样，首先分析导致事件 3 发生的原因，再进一步讨论子事件发生的原因。

① 可能导致事件 3 发生的原因为：

- 机器人机械手臂故障(事件 3.1)：由于本实例侧重于软件故障的分析，我们用菱形来表示对这一故障不展开分析。
- 或者，卸载晶片的动作发生在加工仓范围之外，导致晶片被摔落在地上(事件 3.2)。

② 可能导致事件 3.2 发生的原因为：

- 软件工程师分析得到，这种情况往往发生在机器人接受了无效的坐标，即缺少验证坐标有效性(事件 3.2.1)。
- 软件未对坐标的有效性进行检验以确保其不会等于或超出保护罩的外边界(事件 3.2.2)。

至此，建立的软件故障树如图 8.7 所示。

根据故障树分析的结果，需要修改需求，增加在异常情况下的检测和处理能力。添加进系统需求的项目有：

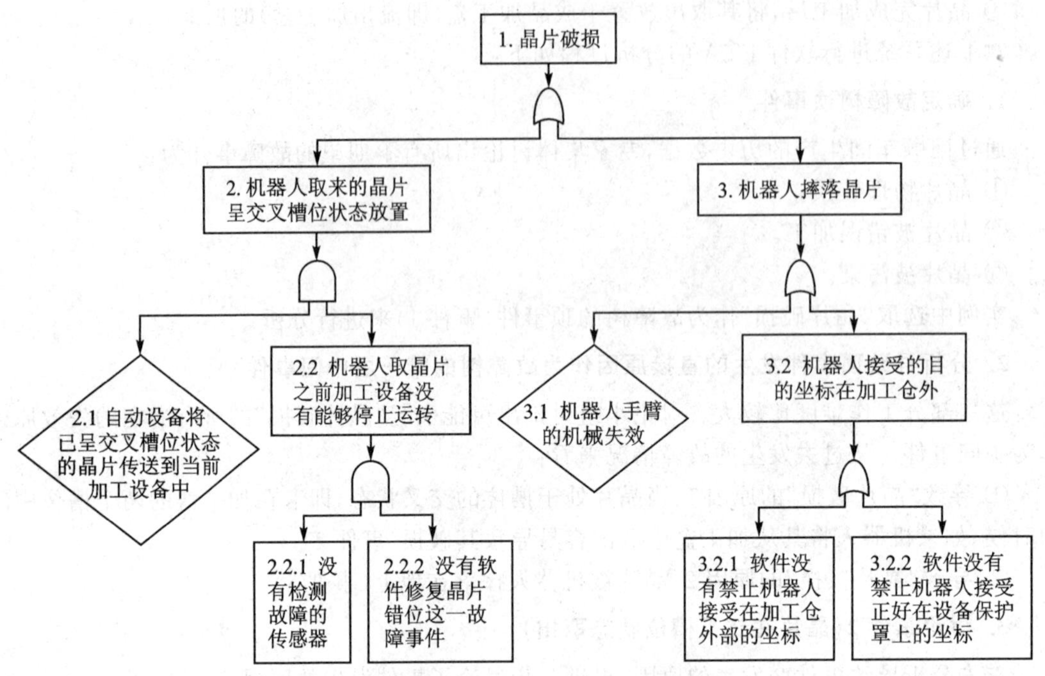

图 8.7 晶片加工设备软件故障树

① 在每个加工盒上添加一个传感器用来检测晶片的交叉槽位状态。如果发现了这种摆放不好的晶片，由显控面板上的报警器给出提示。

② 机器人放下晶片的允许的最大绝对坐标不能超过保护罩的总长和宽。

③ 机器人放下晶片的允许的最大绝对坐标不能在加工仓或加工盒之外。

通过故障树分析，发现了软件需求中的需求缺陷，并通过制定改进措施提高了软件的可靠性和安全性。故障树分析还可以进一步向设计阶段扩展，以发现软件设计中的薄弱环节。由于篇幅所限，此处从略。

本章要点

① 软件 FTA 是一种自顶向下的可靠性分析方法。目的是找出导致顶事件发生的关键因素，并采取措施加以避免，从而降低顶事件的发生概率，提高软件的可靠性和安全性，并指导软件测试。

② 软件故障树分析可在软件开发的不同阶段开展，需要有不同领域的专家共同完成软件故障树分析工作。

③ 故障树的顶事件是系统不期望的故障事件。可依据以下信息确定软件故障树的顶事件：软件危险分析提供的信息，软件 FMEA 的分析结果，以及软件需求规格说明等文档中提出的要求等。

④ 故障树的底事件是位于故障树底端的导致顶事件发生的原因事件。底事件可以独立地或者多个底事件通过某种逻辑关系共同导致顶事件发生。可利用演绎法向下逐步追溯顶事件发生的根本原因直至底层的基本事件，即底事件。

⑤ 软件故障树由一套逻辑和事件符号构建而成，利用这种图形化方式直观地表示故障事件之间的逻辑关系。

⑥ 软件故障树定性分析的目的是根据分析的结果找出关键性的事故发生的原因，常用方法是识别所有最小割集，并对最小割集进行定性比较，对最小割集及底事件的重要性进行排序。

⑦ 软件故障树定量分析的目的是计算或估计软件故障树顶事件发生的概率，可由最小割集的集合来确定，根据集合运算法则计算顶事件的发生概率。

本章习题

1. 对于图 8.2 所示的软件故障树，请利用下行法找出最小割集，进行定性分析。

2. 根据上述定性分析结果，谈谈对软件设计的指导意义。

3. 假设上述软件故障树中的底事件发生概率分别为 0.1、0.1、0.2、0.2、0.1，计算顶事件的发生概率。

4. “读取文件”功能模块广泛应用于诸多应用软件中。该模块常以图标来表示，单击该图标，在弹出的对话框中，确定“查找范围”“文件名”和“文件类型”，即可选择指定的文件进行读取。要求以该功能模块为例，对“无法读取文件”这一顶事件进行 FTA 定性分析。

5. 请针对第 7 章习题 7.3 中的机器人手术系统，识别出系统所面临的危险，画出故障树的前三层。

本章参考资料

[1] Massood Towhidnejad, Dolores R. Wallace, Albert M. Gallo, Fault tree analysis for software design, Proceeding of the 27th Annual NASA Goddard/IEEE Software Engineering Workshop(SEW-27'02)

[2] MilenaKrasich, Use of fault tree analysis for evaluation of system-reliability improvements in design phase, 2000 Proceedings Annual Reliability and Maintainability Symposium

[3] 黄锡滋. 软件可靠性、安全性与质量保证[M]. 北京：电子工业出版社，2002.

[4] SoftRel 公司培训教材（www. softrel. com）

[5] Michael R Lyu. 软件可靠性工程手册[M]. 刘喜成，等译. 北京：电子工业出版社，1997.

第三部分

缺陷遏制技术

第9章　软件容错技术

本章学习目标

本章介绍软件容错概念及软件有哪些容错技术，主要包括以下内容：

- 有哪些软件容错技术；
- 有哪些故障检测技术；
- 有哪些故障处理方法；
- 什么是信息容错及其实现技术；
- 什么是时间容错及其实现技术；
- 什么是结构容错及如何实现二种基本的结构容错：软件 N 版本程序设计及恢复块技术；
- 结构容错的组合容错的概述；
- 如何设计一个容错软件，其设计过程是什么。

通过缺陷预防、缺陷检测等技术能够有效抑制故障引入，得到较为“纯净”的软件。但就目前的软件开发技术、方法和工具而言，面对日益庞大、复杂的软件系统，不论其构思和设计何等精心、测试何等深入，软件中仍然难免存在着故障，原因如下。

① 实现故障避免首先需要软件的正确设计，目前正确设计很难做到，因为：

- 设计是否正确可以通过测试来验证。但对于大型软件，不可能在一个合理的时间测试到所有的程序路径和数据集，所以穷举测试在大多数情况下是不现实的，因此目前测试只能发现故障，即使没有发现故障也不能保证软件绝对正确。
- 设计是否正确也能通过正确性证明。例如软件中的形式化正确性证明，它具有一系列的理论基础，但实际上很难实现。特别是证明一个大型软件的正确性几乎是不可能的。

② 实现故障避免的第二个因素是实现途径的无故障，包括使用的开发环境、工具等。如软件编译系统、链接定位系统、加载调试系统等，这样的环境是否完美，同样存在着对于这些系统的正确性证明和确认问题。所以通过使用十分完美的环境来实现所需要的最终产品，这一点也很难实现。

③ 实现故障避免的第三个因素是满足设计预先规定的使用环境。例如要求软件各种状态输入、遇到的所有边界条件，在软件算法中都需要进行正确性的处理。但在实际的工程中，对于软件也是很难做到的。

因此，软件通过缺陷预防、缺陷检测等技术不能做到没有故障，只能让软件达到一定程度的可靠性，对有高可靠性要求或失效后果可能为灾难性的系统，如对宇宙飞船、飞控系统来说，仅仅采用缺陷预防和缺陷检测技术是不能满足要求的。对于这一类软件需要在软件存在故障的情况下，仍能提供所需的功能——即具有容错特性，这种软件质量与可靠性保证技术称之为缺陷遏制技术。

容错技术是研究在系统存在故障的情况下，如何发现故障并纠正故障使计算机系统不受到影响继续正确运行，或将故障影响降到可接受范畴的技术，使系统能继续满足用户的要求。

容错技术可在不同体系结构上实现，也可以在不同的级别上实现，例如系统级、计算机级、模块级、芯片级、编码级等，容错功能可以用软件也可以用硬件实现；当系统故障表现出来时，软件容错技术应能给系统提供防止失效发生的必要机制。在此，只介绍以软件的方式如何实现容错。

对软件而言，一般系统故障可分为两大类：

① 内在故障：由于在软件的设计（需求分析、概要及详细设计）、生产（编程）过程中考虑不周等人为错误而导致的软件本身的故障，在系统中使软件发生失效，这一类故障具有永久性、重复性、不可恢复的特征。

② 外在故障：由于外界因素导致系统存在故障，多为硬件错误等环境因素影响所致，具有瞬态、偶发性、可恢复的特征。

容错的意义是当系统发生上述两类故障时，系统不受到影响或将有害影响限制在一个较小的范围。

实现容错技术的关键思想是冗余。称其为冗余的含意是指，当系统无故障时取消这些冗余措施不会影响正常的运行，冗余技术是软件获得高可靠性、高安全性的设计方法之一，其基本思路是采用增加多余资源获得高可靠性。只有当冗余的几套资源都发生故障时系统才会丧失功能。冗余数不是越多可靠性就越高。冗余数增多，相应的故障检测必然会增多，设计的不好可能会使软件的可靠性降低。

那么到底可以对哪些资源进行冗余呢？任何一个计算系统都具有无形的时间资源、需要处理的信息资源、模块单元或软件配置项（结构资源）等三个要素，故冗余可包括信息冗余、时间冗余和结构冗余。

① 信息冗余：通过对信息中外加一部分信息码或将信息存放在多个内存单元或将信息进行备份等实现冗余。

② 时间冗余：通过软件指令的再执行实现冗余。

③ 结构冗余：通过余度配置模块单元或软件配置项来实现冗余，结构冗余包括结构静态冗余、结构动态冗余和结构混合冗余。

软件实现容错设计就是针对上述资源（信息、时间和结构）进行冗余配置，所以软件容错技术可包括信息容错、时间容错及结构容错。

① 时间容错：实现在编码级上的一种容错方式，通过软件指令的再执行来诊断系统是否发生瞬时故障，并排除瞬时故障的影响。其目的是为了解决由于外界随机干扰造成的外在故障。

② 信息容错：实现在编码级上的一种容错方式，是在数据（信息）中外加一部分信息，以检查数据是否发生偏差，并在有偏差时纠正偏差。其目的是消除一些重要的数据通信的外在故障。

③ 结构容错：配置实现同一功能的相异性设计的软件资源，是实现在模块级和系统级上的一种容错方式。其目的是为了解决软件本身的设计有误引起的内在故障。

容错的任务分两个层次：第一层是判断故障；第二层是故障处理。所有容错技术除了冗余技术之外还涉及两个基本技术：故障检测和故障处理。因此，本章首先介绍故障检测、故障处理，然后分别介绍三种容错技术：信息容错、时间容错和结构容错技术，最后介绍容错软件的设计过程。

9.1　故障检测

容错的前提通常是在程序运行中发现故障，而故障检测是指检测系统中是否发生故障，指示故障状态，所以故障检测是容错的第一步。没有对故障状态的检测，系统将无法知道故障源和故障性质，也就无法解决故障。

故障检测有二个问题需要考虑：一是检测点的设置问题，即故障检测原则；第二是判定故障的准则问题，即用什么方法判定有故障。

故障检测可以从两个方面进行：一方面检查系统操作是否满意，如果不是，则表明系统处于故障状态；另一方面是检查某些特定的（可预见的）故障是否出现。

9.1.1　故障检测原则

为了使故障检测有效进行，应该遵循下列两条原则：

① 相互怀疑原则：在设计任何一个单元、模块时，假设其他单元、模块存在着故障。每当一个单元、模块接受一个数据时，无论这个数据是来自系统外的输入或是来自其他单元、模块处理的结果，首先假定它是一个错误数据，并且竭力去证实这个假设。

② 立即检测原则：当故障征兆出现后，要尽快查明，以限制故障的损害范围并降低排错的难度。

无论是什么性质的软件系统，实施故障检测的必要前提是，在程序处理过程中的若干关键性环节建立起检测判据。从系统可靠性的观点来分析，故障检测模块与过程处理程序构成一个串联系统，其结果将导致系统可靠性降低。因此，必须充分注意故障检测模块本身的可靠性问题。

在故障检测时，应该尽量将检测的功能集中到一起，构成故障检测模块，其优点如下。

1. 有利于预防检测模块干预程序的主干处理过程

检测模块与执行模块相分离后，可以使检测模块的作用只限于从主过程中读取数据进行检测，同时还应限制检测模块的优先权，以防万一检测模块企图干预数据变换时能够及时察觉。

2. 有利于程序编制

主程序需要解决的问题是“应该怎么做”，检测模块面临的问题是裁定“做的结果是否正确”，二者的目的不同，设计方式也不同，需要分别设计。

3. 有利于测试

在检测模块与主程序相分离的条件下，更容易对检测模块进行彻底的测试，以排除检测模块本身的故障。

4. 有利于维护

程序运行后，有时需要修改程序的检测功能，这时需要明确区别修改对象是故障检测程序还是故障检测对象。在检测模块与主程序分离的条件下，修改较易进行，修改中引入的故障也易于察觉。

5. 有利于系统的再启动

在检测模块与主程序相分离的条件下，对系统的检测只是检测模块与主程序的接口进行，因此可以为系统的再启动提供参照点。

9.1.2 故障检测方法

故障检测的具体实施方法有很多种，在很大程度上取决于软件的用途、功能、结构及算法，没有通用的模式可供遵循，常用方法包括：

① 功能检测法；

② 合理性检测法；

③ 基于监视定时器的检测法；

④ 软件自测试；

⑤ 基于冗余模块的表决判定检测法。

1. 功能检测法

功能检测法是一种按照问题本身的实际需求，归纳出检查标准，对软件功能运行结果进行检查的方法。功能检测如图 9.1 所示，一组输入数据经软件功能的变换便得到一组输出结果，之后对这组输出结果进行检查，验证软件功能是否正确实现。

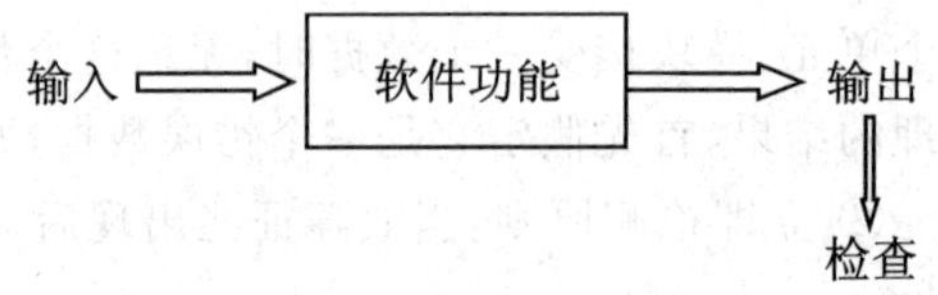

图 9.1 功能检测示意图

功能检测法一般可以从以下方面进行考虑。

(1) 直接检测输出

软件功能的目的是为了实现规范要求，在很多情况下，规范本身就蕴含着其结果必须满足的条件，用这些条件就可构成接收检查标准。

例：排序问题，测试标准是验证软件排序的输出结果是否将所有要求的数据按要求进行了排列。

这种标准的掌握是比较困难的，需要预先知道运算的结果或范围，有时判断其正确性的程序也很复杂，例如检查输出的数据是否按要求进行了排序，是一个比较容易的问题，但要检查是否是预先输入的数据则相对比较复杂。一般有可靠性要求的系统可用这种方法。

(2) 逆变换检测

一般来说，判断结果是否满足规范要求是一个程序的逆问题，如果这种变换是可逆的，可以通过逆变换进行验证检查。

例：为了验证写盘操作的正确性，可以通过把刚写入的数据回读出来与原先数据比较。为了验证两个矩阵积的输出结果的正确性，可以把结果矩阵与相应矩阵的逆矩阵相乘然后与另一矩阵比较等。

(3) 检查输出结果的允许范围

在很多情况下，逆推过程很难确立。对某些操作来说，逆问题并不是唯一的。

例：程序要求解算出 X^2，从 X^2 的结果逆推出 X，则具有两个解＋X 和－X。

即便如此，对于那些不可逆的变换，也可以通过确认输出结果的允许范围等进行可行性测试。对于系统行为，可以根据规定的阈值如最大响应时间，标准功能的执行时间、吞吐量等考察系统工作正常与否。由经验可知，许多失效常会由极端条件导致。

2. 合理性检测法

合理性检测法是以运算的结果是否合理为标准的一种检查方法。合理性检查包括检查变量的取值范围、程序的预期状态、事件的顺序或检查系统必须遵从的其他关系。合理性检查和功能检查没有严格的区别。其差别主要体现在：合理性检查通常是建立在客观约束的基础上，即可检查软件功能的输出结果，也可检查软件功能的输入数据；而功能检查主要是检查数学和逻辑关系，主要用于检查软件功能的输出结果。

合理性检测法一般可以从以下方面进行考虑。

(1) 检查每个数据的属性

任何一个程序数据的属性都有明确的规定。例如，有的是整数型、实数型，有的是字符型，所以可以按照规定的属性进行检查，包括数据类型是否正确、数据长度是否在要求的范围内、是否可以为空、是否是关键字、数据格式是否符合规定要求、是否包含不合理的特殊字符等。

例 1：检查输入数据不可为空。

```
function CheckInput(char InputValue)
{   if (InputValue.length == 0)
      {
          alert('检索内容为空！');
          return false;
      }
}
```

例 2：检查输入数据不可含有%。

```
function CheckInput(char InputValue)
{   var intFound;
      intFound = InputValue.search("%");
      if (intFound> - 1){
          alert("无效输入!");
          return false;
      }
}
```

例 3：检查输入数据格式是否为 1999-02-02 或 2003/9/3 这种格式。

```
function CheckDateTime(InputValue)
{
      var   reg = /^((19|20)\d{2})[\-\/](1[0-2]|0?[1-9])[\-\/](0?[1-9]|[12][0-9]|3
[01])$/
      var   isValid
      isValid = reg.exec(InputValue);
      if (!isValid) {
```

```
        alert("输入 " + InputValue + " 无效!");
        return false;
    }
    return true;
}
```

(2) 为表格、记录和数据块设立识别标志(tag),并用识别标志检查数据

例如一个 16 位的数据块,其中,第 2 位至第 16 位为数据位。第 1 位为识别标志,取值为 0 代表此数据块中的数据无效;取值为 1 代表数据有效。所以,可以通过识别标志的取值来检查数据是否有效。

(3) 检查所有的多值数据的有效性

例如,某个代表区域码的数据,只能在 10 个区域中取值,则应依次检查区域 1 至区域 10,且不可在检查了区域 1 至区域 9 之后就停止检查,并认定该数据是区域 10。

(4) 检查数值运算的有效性

对于进行数值运算之前,应对数值运算的有效性进行检查。如平方根运算的数据不能小于 0;除法的分母不能为 0;求反正弦函数和反余弦函数的数值应限制在[-1.0,1.0]之间;进行等于、大于等于、小于等于等比较运算数据不能为浮点类型等。

合理性检测的难点是明确合理的范围是什么。C 语言中合理性检测的典型用法如下:

```
if(函数调用(参数)/某个变量 == AN - ERROR){
/ * 出错处理代码 * /
}else{
/ * 正常返回代码 * /
}
```

3. 基于监视定时器的检测法

监视定时器的目的是在时序上保证消息或命令的可靠到达和避免进程阻塞。例如,系统向另外一个设备发出查询命令并等待应答时,如果该设备因故障不能应答,发起方进程就可能一直在等待应答而造成阻塞。为了避免这种情况,发起方进程在发出命令后可以设置一个定时器,在定时器超时之前收到的应答为有效应答,否则认为发送失败,然后进行相应的处理或继续向下运行。监视定时器俗称“看门狗”(watchdog)。

看门狗分硬件看门狗和软件看门狗。硬件看门狗是利用一个定时器电路,其定时输出连接到电路的复位端,系统正常运行时,程序在一定时间范围内对定时器清零(俗称“喂狗”),因此程序正常工作时,定时器总不能溢出,也就不能产生复位信号。如果程序出现故障,不在定时周期内复位“看门狗”,就使得看门狗定时器溢出产生复位信号并重启系统。软件看门狗原理上一样,只是将硬件电路上的定时器用处理器的内部定时器代替,这样可以简化硬件电路设计,但在可靠性方面不如硬件定时器,比如系统内部定时器自身发生故障就无法检测到。

下面以 MAX706P 看门狗电路(见图 9.2)为例来了解硬件看门狗工作原理。该电路具有手动复位、看门狗、电压监视功能。

看门狗工作原理:MAX706 的内部看门狗定时器定时时间为 1.6 s,如果在 1.6 s 内,看门狗输入脚 WDI 保持为规定电平(高电平或低电平),看门狗输出端 WDO 变为低电平,二极管 D 导通,使低电平加到复位端 MR,MAX706 产生复位信号 RESET 使单片机复位,直到复位

后看门狗被清零，WDO 才变为高电平。当 WDI 有一个跳变沿（上升沿或下降沿）信号时，看门狗定时器被清零。如图 9.2 所示，将 WDI 端与单片机某 I/O 输出端相连，程序只要在小于 1.6 s 内将该 I/O 端取反一次，使定时器清零而重新计数，不产生超时溢出，程序正常运行。当程序"跑飞"时，不能执行产生跳变指令，到 1.6 s 时，WDO 因超时溢出而变为低电平，产生复位信号使单片机复位。

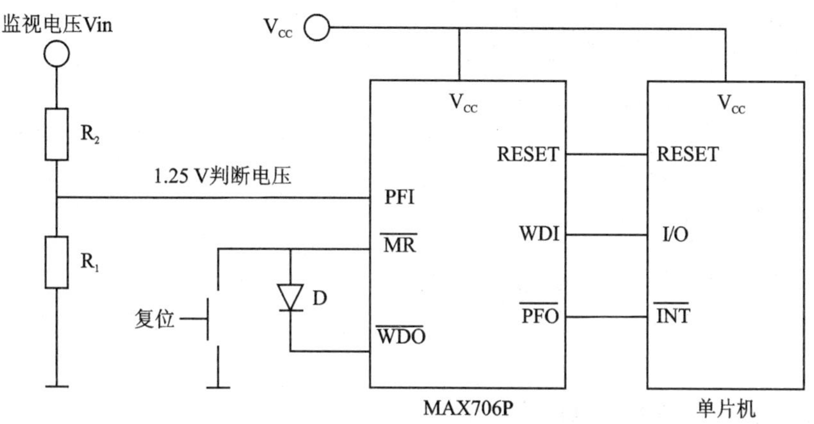

图 9.2　MAX706P 看门狗电路

图 9.3 是软件"看门狗"的一般流程。它借鉴了限时服务概念，采用一个限时服务计时变量，对本模块运行时间计时。此时，即使模块退出的条件不满足，但由于运行时间的约束，也可强制结束本模块，从而解决了其独占 CPU 时间的问题。

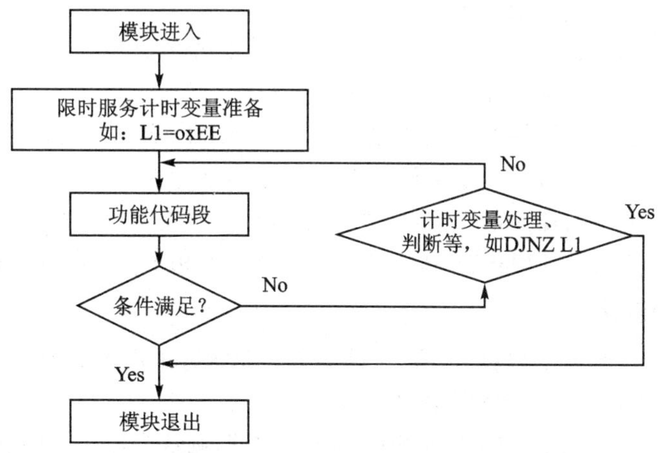

图 9.3　软件看门狗处理流程

加入"看门狗"的目的是对一些程序潜在故障和外界恶劣环境干扰等因素导致系统死机，而又无人干预情况下自动恢复系统正常工作。"看门狗"也不能完全避免故障造成的损失，毕竟从发现故障到系统复位恢复正常这段时间内怠工。同时一些系统也需要复位前保护现场数据，重启后恢复现场数据，这可能也需要一笔软硬件的开销。所以"看门狗"是嵌入式系统的最后防线。

4. 软件自测试

把硬件的自测试(BIT)概念用于软件即软件自测试。软件 BIT 一般包括以下几方面：

(1) 对 ROM 中的代码进行和检验(sum check),累加各存储单元数值并与检验和比较

其源程序(伪代码)示意如下：

```
TestROM()
{//用移位累加和校验
sum = 0;
for(i = 0;i<MAXRAMSize;i ++ )
{
sum = sum + ram;
sum = sum>>1;
}
if(sum == CHECKSUM) printf("ROM test OK!\n");
else printf("ROM test ERROR!\n");
}
```

(2) 检测 RAM,以保证正确的读写操作

测试 RAM 的方法是写读各个内存单元,检查是否能够正确写入。例如：

① 向某一固定地址依次写入 FEH、FDH、FBH、F7H、EFH、DFH、BFH、7FH 并读出判断。

② 向某一固定地址依次写入 1H、2H、4H、8H、10H、20H、40H、80H 并读出判断。

③ 所有单元置 1(先清零再置 1 并读出判断)。

④ 所有单元清零(清零并读出判断)。

⑤ 向某一单元高速交替写入若干全 0 和全 1,最后以全 0 结束。

(3) 对关键及重要的函数功能及逻辑功能进行校核

对航空电子系统来说,软件 BIT 可包括上电自检 SBIT、启动自检 IBIT、周期自检 PBIT 和维护自检 MBIT。下面以 PBIT 来举例说明。

PBIT 是作为周期性的任务来安排,如规定每 50 ms 检查一次。也可当作一个低优先级的任务来执行,在系统处于等待状态时,主动进行检查。图 9.4 是周期自检的一部分代码。

5. 表决判定检测法

当操作结果有 N 个,到底取哪一个为最终结果？此时可采用表决判定检测法。表决判定检测法一般对操作结果实行多数表决或一致表决。

① 一致表决：如果 N 个操作结果是相同的或一致的,则认为输出结果是正确的,否则认为输出结果是不一致的,这是一致表决。

② 多数表决：当 N 个操作结果不尽相同时,当有多数相同或一致(m>=[(N+1)/2],N>1),则认为输出结果是正确的,否则认为输出结果是不正确的,这是多数表决。

表决判定检测法不能算是严格意义上的故障检测方法,而是故障屏蔽的一种方法,即表决判定不能发现故障,只能屏蔽故障。例如下文：

信息容错中采用多数表决对存储于不同的随机存取存储器中的程序和数据进行裁决。

结构容错中 NVP 表决器的表决算法。

```
while(1)
{ ......
  pbit();
}
void pbit()
{    if(!CPU_test1())
     {
          BitSet(&usErrPuBit,CPU_BIT);
     }
     if(!RAM_test1())
     {
          BitSet(&usErrPuBit,RAM_BIT);
     }
     .......
   PrintPUBITErr();
}
```

```
int CPU_test1()
{
 int x;
 float x1;
 int p,p1,q;
 int i,j,row, colum,max;
  for(i=0;i<=2;i++)
  for(j=0;j<=3;j++)
   if(a[i][j]>max)
   {
    max=a[i][j];
    row=i;
    colum=j;
   }
 if((max==10)&&(row==2)&&(colum==1))
  return 1;
 else
  return 0;
}
```

图 9.4　周期自检代码

9.2　故障处理

当通过故障检测发现故障或表明处于故障状态之后，如何解决故障，就是故障处理需要回答的问题。故障处理是容错的另一项任务。

故障处理指当确定软件发生故障时，采用一定方法将其解决，使软件继续正常运行。故障处理的策略在很大程度上与软件的用途、功能、结构及算法、重要程度等因素紧密相关，对于每个可识别的故障来说，可以有四类处理方式：改正、恢复、报告、立即停机。系统可以根据自身情况选择一种或几种故障处理方式。

1. 改　正

程序运行过程中，经过故障检测发现故障之后，人们自然期望软件具有能够自动改正故障的功能。改正故障的前提是已经准确地找出软件故障的起因和部位，程序又有能力修改、剔除有故障的语句。

前面已经介绍过，系统故障一般可分为两大类：一类是内在故障；另一类是外在故障。目前，对不同的故障类型有不同的处理能力和处理方式。如果是外在故障，故障检测之后可以采用默认值或系统认为可接受的正确值进行替换，在一定程度上改正故障；但如果是内在故障，在现阶段要修改此类故障，没有人的参与几乎是不可能的，现阶段大多数的做法是仅限于减少软件故障造成的有害影响，或将有害影响限制在一个较小的范围。

例：高度 HeightData 为外界传入数据，当其有误时可将其设置为默认值，之后再进行相应的处理。

```
void Datainput(int HeightData) //其中,HeightData 为外界传入数据
{
    if ((HeightData<0)||( HeightData>2000)) //有效范围[0,2000]
    {
        HeightData = 2000 //数据有误,将其设置为默认值 2000
    }
    ……//进行相应的处理
}
```

2. 恢　复

故障恢复是系统处理检测到的可恢复故障(如瞬时故障)的重要环节,其作用是消除故障造成的影响,使系统恢复到某一正确状态,然后从这个正确的状态开始继续系统的运行。故障恢复一般有两种策略:向前恢复和向后恢复。

(1) 向后恢复策略

向后恢复策略是把有故障的系统从当前故障状态卷回到以前的某一正确状态,然后从这一状态开始继续系统的运行。这种恢复方式是以事先建立恢复点为基础的。

例:时间容错的指令复执和结构容错的恢复块 RB 法是向后故障恢复的典型例子。指令复执是用相同的方式重试执行;而恢复块 RB 法是以另外一种不同的方法重试执行。

(2) 向前恢复策略

向前恢复策略是根据系统的故障特征,校正故障的系统状态,使系统正确运行下去的一种恢复方式。这种恢复方式不需要保存故障前的状态和信息,不需要卷回重运行。向前恢复策略对于处理可预见的故障是很有效的,如果恢复点设置很好,恢复过程也较快。

向前恢复的优点主要是系统开销小。向前恢复的主要缺点有两个:一是恢复算法复杂;二是不能采取措施来消除故障或掩盖故障。

例:异常处理就是向前故障恢复的一个典型例子。它的基本思想是根据系统可能出现的异常情况,设计一组处理程序,建立一个异常处理程序库,当系统因故障而出现某种预料中的异常情况时,可从库中调用相应的异常处理程序进行处理,实现故障恢复。这种故障恢复方式也叫"预设陷阱"。这种恢复方式没有"卷回"过程,具有向前恢复的特点。异常处理目前已经成为高级程序设计语言必备的特性。

3. 报　告

故障处理的最简单的方式是向处理故障的模块报告问题,可以记录在一个外部文件上或向显示屏输出故障信息。

例:高度 HeightData 为外界传入数据,当其有误时将故障信息告知用户。当然,也可将此故障信息记录在一个文件中。

```
void Datainput(int HeightData) //其中,HeightData 为外界传入数据
{
    if ((HeightData<0)||( HeightData>2000)) //有效范围[0,2000]
    {
        print("高度数据有效范围未在(0,2000)!") //数据有误,向显示屏输出故障信息
```

```
    }
    ……
}
```

4. 立即停机

当检测为不可修复故障，系统无法继续运行或继续运行可能带来严重的后果，系统允许可以立即停机，待故障修复后再重新运行。

例：火力发电厂热工仪表及控制装置技术监督规定：当所有上位机出现故障时（“黑屏”或“死机”），若主要后备操作及监视仪表可用且暂时能够维持机组正常运行，则转用后备操作方式运行，同时排除故障并恢复操作员站运行方式，否则应立即停机、停炉。若无可靠的后备操作监视手段，也应停机、停炉。

具有容错功能的软件系统对故障的处理一般是重试，如时间容错的程序卷回和结构容错的 RB 法，如重试不成功，可根据故障的性质考虑报告或立即停机等故障处理方式。

9.3　信息容错

在计算机系统中，信息常以编码形式表示，采用二进制的编码形式进行数据处理与传输，信息可能发生的偏差有：

① 数据在传输中发生偏差；

② 数据输入存储器或从存储器中读出时发生偏差；

③ 运算过程中发生偏差。

如何解决上述的信息偏差呢？可以通过信息容错对信息偏差进行预防与处理，信息容错是通过信息冗余的手段实现的。一般包括以下几种方式：

1. 信息容错的方式之一

通过在数据中外加一部分冗余信息码以达到故障检测、故障屏蔽或容错的目的，冗余信息码使原来不相关的数据变为相关，并把这些冗余码作为监督码与有关信息一起传递。

在接收端按发送端的编码规则相应地进行解码处理，附加的信息码元就能自动检测出传输中产生的差错，并采取一定的纠错措施。一般而言，外加的信息位越多，其检错和纠错的能力也就越强，但也不能无限制的增加。这种方式一般用于数据通信软件系统中，外加的一部分信息常以编码的形式出现，称为检错码或纠错码。常使用的检错和纠错码有奇偶检验码、检验和、海明码、循环冗余校验码（CRC 校验）等，其中循环冗余校验码是一种最有效的冗余校验方法。一般在串行通信中采用奇偶校验位、检验和。下面以奇偶校验码来举例说明。

奇偶校验码最简单，但只能检测出奇数位出错，如果发生偶数位故障就无法检测。但经研究发现奇数位发生故障的概率大很多，而且奇偶校验码无法检测出哪位出错，所以属于无法纠正故障的校验码。而海明码、循环冗余校验码可以。

奇偶校验码是奇校验码和偶校验码的统称。它们都是通过在要校验的编码上加一位校验位组成，如果是奇校验加上校验位后，编码中 1 的个数为奇数个，如果是偶校验加上校验位后，编码中 1 的个数为偶数个。

例：奇偶校验码举例说明见表 9.1。

如果发生奇数个位传输出错，那么编码中1的个数就会发生变化，从而校验出错误，要求重新传输数据。

表9.1 奇偶校验码

原编码	奇校验	偶校验
0000	0000 1	0000 0
0010	0010 0	0010 1
1100	1100 1	1100 0
1010	1010 1	1010 0

另外，对于容易受到外界干扰的重要信息也可用这种信息容错进行故障屏蔽，消除对软件的破坏。如对于安全关键功能必须具有强数据类型(所有的变量都清晰地标记为属于某个特定数据类型，不能声明为像 Visual Basic 和脚本语言中的 Variant 数据类型)；不得使用一位的逻辑“0”或“1”来表示“安全”或“危险”状态；其判定条件不得依赖于全“0”或全“1”的输入。

2. 信息容错的方式之二

对随机存取存储器(RAM)中的程序和数据，应存储在三个或三个以上不同的地方，而访问这些程序和数据都通过表决判断的方式(一致表决或多数表决)来裁决，以防止因数据的偶然性故障造成不可挽回的损失。

这种方式一般用于软件中某些重要的程序和数据中，如软件中某些关键标志如点火、起飞、级间分离等信息。

3. 信息容错的方式之三

建立软件系统运行日志和数据副本，设计较完备的数据备份和系统重构机制，以便在出现修改或删除等严重误操作、硬盘损坏、人为或病毒破坏及遭遇灾害时能恢复或重构系统。

信息容错可提供故障的自检测、自定位、自纠错能力，其优点是不必增加过多的硬件或软件资源，缺点是增加了时间开销和存储开销，降低了系统在无故障情况下的运行效率。

9.4 时间容错

时间容错是通过时间冗余的手段实现的。时间容错主要是基于“失败后重做(Retry - on - Failure)”的思想，即重复执行相应的计算任务以实现检错与容错。时间容错是不惜以牺牲时间为代价来换取软件系统高可靠性的一种手段，常被采用且行之有效的方法。时间容错有两种基本形式：指令复执和程序卷回。

1. 指令复执

指令复执是最简单和传统的时间容错方式，是在指令(语句)级作重复计算。

指令复执是当应用软件系统检查出正在执行的指令出错后，让当前指令重复执行 n 次(n>=3)，若故障是瞬时性的干扰，在指令重复执行时间内，故障有可能不再复现，这时程序就可以继续往前执行下去。这时指令执行时间比正常时大 n 倍。

例：当 I/O 设备未就绪时作查询等待。指令复执的代码实现形式如：

```
For (i = 0;i<3;i ++ )
{
    …
    strData = ReadData(…);   //读入数据
    if (strData is True)
```

```
    {
        …     //exit For
    }
    …
}
```

2. 程序卷回

程序卷回(program roll back) 是指在程序段级作重复计算,是目前广受重视的时间容错形式。

程序卷回,即当系统在运行过程中一经发现故障,便可进行程序卷回,返回到起始点或离故障点最近的预设恢复点重试。如果是瞬时故障,经过一次或几次重试后,系统必将恢复正常运行。程序卷回是一种向后恢复技术,是以事先建立恢复点为基础的。

图 9.5 所示为一个程序执行的时间序列。时刻"t_0,t_1,t_2…"对应于程序中预先设置好的各个恢复点。假设程序从 t_0 时刻开始执行,如果在 t_{i-1} 到 t_i 这段时间内有故障发生,并在 t_i 处被检出,则让程序卷回到 t_{i-1} 时刻的状态重新开始执行,以求从故障中恢复。在各个恢复点存有该点对应时刻的运行数据记录,供卷回复算使用。由于在整个程序中预先设置了若干个恢复点,在卷回时就可以只对某些程序段进行卷回复算,避免整个程序的重新启动。

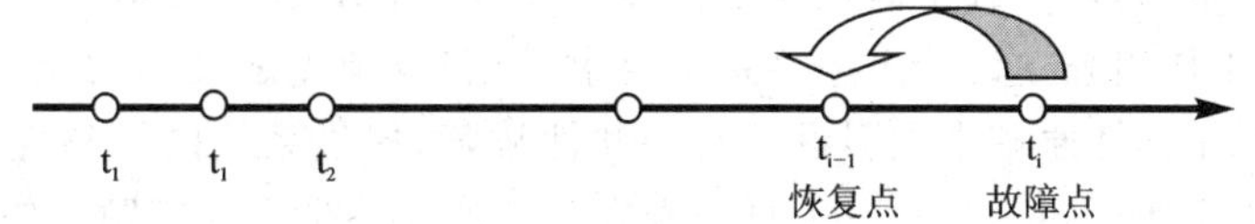

图 9.5　程序卷回示意图

9.5　结构容错

结构容错是通过结构冗余的手段实现的。两个通常的结构容错软件方案是 N -版本程序设计 NVP(N - Version Programming)和恢复块 RB 法(Recovery Block),NVP 与结构冗余的结构静态冗余相对应,RB 与结构冗余的结构动态冗余相对应。将 NVP 和 RB 以不同的方式组合即可产生一致性恢复块、接受表决和 N 自检程序设计,它们与结构冗余的结构混合冗余相对应。

9.5.1　相异性设计原理

结构容错是基于软件相异性设计原理,利用结构冗余来实现。

首先解释什么是相似余度和非相似余度的概念。

① 相似余度(SIMILAR REDUNANCE) 指构成容错计算机系统各个余度实体的设计和实现都是相同的。

② 非相似余度(DISSIMILAR REDUNDANCE) 指使用不同的设计实现相同的功能,构成一个余度计算机系统,达到容错的目的。

相似余度计算机可以实现一定程度上的容错,但是存在固有的缺陷,因为存在下列任何一种缺陷,相似余度计算机都无法达到容错的目的。

① 规范缺陷,包括系统、软件和硬件方面的规范定义的缺陷。也就是系统的总体要求中存在缺陷,例如要求的不正确、不完整或存在二义性。

② 设计缺陷,包括硬件和软件设计阶段出现的缺陷。这是根据正确的规范在主观设计过程中人为产生的缺陷,例如设计不满足规范要求,设计的结果与规范不一致,设计没有考虑边界条件和例外情况等设计差错。

③ 实现缺陷,包括硬件和软件的实现过程中由于实现环境而引入的缺陷。这是指在客观实现的结果和设计意图不一致。这可以是所使用的工具环境等具有某种未被发现的缺陷。这里主要是指在软件实现过程中用了有缺陷的语言编译或解释系统、链接工具和加载工具等。

以上任何一种缺陷,将导致最终所完成的相似余度计算机中的每一个余度在某种条件的激励下,在同一个时刻,对同一操作对象或工作单元产生相同的故障结果(即共性故障),无法达到容错的目的。

相似余度的软件是相同的一个版本软件(程序)在N个相同的硬件通道上并行执行。如果软件设计有缺陷,则简单地拷贝软件的同时也拷贝了设计的缺陷,对于相同的输入,软件将会产生相同的结果,将可能引起软件的共性故障,导致系统的失效。这就是相似余度计算机软件系统存在的问题。

软件是设计的结果,软件容错的根本是相异性设计。相异性设计即由一个初始需求规范出发,几个独立的工作组独立设计出满足系统要求、能完成预先定义的功能实体,形成一个系统。软件可以使用相异性原理来克服设计上的共性故障,提供系统的可靠性。相异性设计原理也可以有效地防止使用同一个开发工具和开发环境的缺陷带来的问题。软件相异性设计原理可以通过多种方法达到。

① 由相互独立的不同人员进行开发。

② 需要使用不同的设计方法来实现需求。举例来说,一个团队被要求使用面向对象的方法设计,而另外一个团队需要使用面向结构化的方法进行设计。

③ 使用不同的程序设计语言来完成实现。举例来说,在3版本的系统,分别用Ada,C++和Java来实现这3个软件版本。

④ 要求系统分别使用不同的开发工具,且在不同的开发环境中完成。

⑤ 明确要求在实现的某些部分使用不同的算法。例如,同是解微分方程的初值问题,一个用Runge-Kuta方法,一个用Adams方法。

⑥ 测试程序的规范、测试方法、测试程序、测试组织,尽可能由不重复的相互独立的人员组开发。

⑦ 最终规范与最终设计、最终编程由不重复的审核人员对照软件需求、软件规范、软件设计进行审核。

9.5.2 软件N版本程序设计

软件N版本程序设计NVP是指对于一个给定的功能,由N(N>2)个不同的设计组独立编制出N个不同的程序,然后同时在N个机器上运行并比较运行的结果。也可进一步理解为,软件N版本程序设计从一个初始规范出发,N个设计组独立地开发N(N>2)个功能等价的软件版本,在N个硬件通道的容错计算机上运行,从而避免软件设计共性故障。

图 9.6 所示为 N 版本程序设计实现容错的基本结构。对于同一个输入、由 N 个功能相同的软件版本(P1、P2、P3、……、Pn)分别在不同的处理机上同时进行运算，表决器对每个软件版本输出结果进行表决。

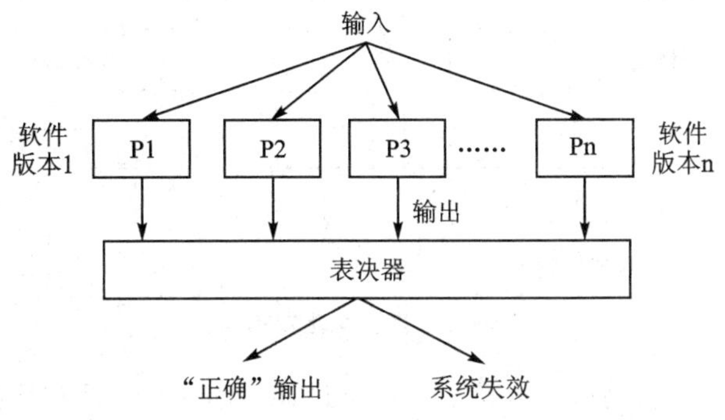

图 9.6　软件 N 版本程序设计基本结构

表决器的表决算法可以采用“故障检测”一节中的“表决判定检测法”，对操作结果实行多数表决或一致表决。如果 N 个软件版本运行的结果是一致的，则认为结果是正确的，这是一致表决；如果 N 个软件版本输出不尽相同时，则按多数表决的方式判定结果的正确性，这是多数表决。这都可以根据系统执行任务的性质来选择。由于各个程序在运行中多少都会存在一点误差，因此通常采用“非精确表决”算法。可在一个设定的允许误差范围内进行比较和决策，或者根据各程序模块已做的可靠性推断，对不同程序的运算结果加权，使其在表决中起更大的表决作用。为了将检测到的软件故障隔离到更小的模块级，N 版本程序设计在软件流程中间设置了一些交叉表决点。

9.5.3　恢复块 RB 法

恢复块 RB 法在每次模块处理结束时都要检验运算结果，在找出故障后，通过代替模块进行再次运算以便实现容错的概念。使用形式化的方式，一个功能模块在使用恢复块时的原理如图 9.7 所示。

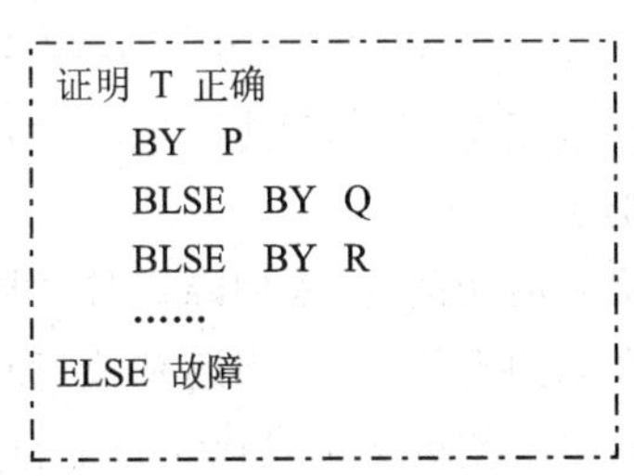

图 9.7　恢复块工作原理

这里的 T 是一个验收测试条件，P、Q(可以更多)等模块是满足同一功能规范要求的软件模块。如果 P 模块通过测试，则说明 P 模块运行正确，否则运行 Q 模块等。如果都不能通过测试，软件出错。其基本工作方式见图 9.8，可进一步描述如下：

首先运行基本块 M1；软件进行验收测试 A1；如果通过测试便将结果输出后续模块，否则调用第一个替换块 M2；否则调用第二个替换块 M3；……调用第 n 个替换块 Mn。在 n 个替换块用完后仍未通过测试，便进行故障处理。

状态保护和恢复是两个非常重要的环节。状态保护是进程进入该块时将状态保持下来，它包括每一次进入该块时的数据和指令，以便替换块能正确地接替工作，完成该块程序的任务。状态保护需要专门的恢复缓冲器，以便存储可能变化的变量和状态的初值。恢复块技术

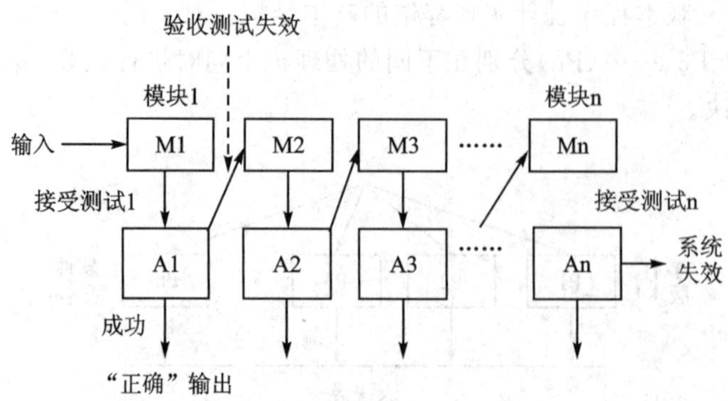

图 9.8　恢复块基本结构

的核心是验收测试 T。验收测试可以按二种要求设计。第一是检测程序执行结果与预期结果的偏离,这是一个较为严格的要求;第二是检测和防止能触发安全事故的输出,这是一个较为宽松的要求。实现验收测试的方法可参考“故障检测”一节中的内容。

综上所述,完善的软件验收测试设计较难确定,但恢复块技术对计算机的结构没有要求,例如在单机上也可以实现。

RB 结构中的替换块也就是一种冗余的程序,其作用是在基本块不能通过接收测试时,将其投入运行以重新执行这一段功能。因此,替换块的设计原则上是遵循和基本块相同的需求说明来进行。同时为了能够覆盖基本块上的故障,应该是两者尽可能地独立或相异。一般可以利用下面三种方法来进行设计。

① 相同加权,独立设计。设计的每个模块以最佳的方式提供完全相同的功能,其相异性可利用对各模块采用不同开发人员、开发工具和方法保证。

② 优先的、全功能设计。每个模块执行相同的功能,但有严格的执行顺序。例如,替换块可以是基本块的未精炼的老版本,且在改进期间引入的故障没有对其造成破坏。

③ 功能降级设计。基本块提供全部功能,但替换块提供逐次降级功能,替换块可能是主模块的老版本(但在功能改进时没有受到破坏),也可能是为降低软件复杂性和执行时间故障降级的版本。

需要说明的是,采用降级替换块,其接收测试必须弱化。另外,对实时系统来讲,功能降级替换块尤为有用,因为当遇到故障时,可能没有足够的时间执行全功能替换块。

这里介绍的例子是以飞行器自动导航系统中的定位算法为背景的。许多类型的自动导航系统的定位算法都采用了 RB 算法,但在设计细节上互为不同。例子是经过简化的,其结构如图 9.9 所示。

这是一段关于当前飞机所在位置的算法。计算数据一是此刻以前飞机的轨迹;二是在该空域对应的地形测试数据。根据轨迹数据可提供前一时刻飞机的水平位置,然后根据最近测得的飞机的水平速度算出新的位置。算法由一个基本块和一个恢复块实现。测量数据来自于不同的测量仪器,接收测试的要求是飞机位置的变化应在一个合理的范围内,也就是在飞机速度连续变化的条件下,加速度、速度和位置的变化应在一个合理的范围内。上述两个块运行时都附加有一个定时监督单位,如在规定时间内未完成运算,即调用后续替换块。

在基本块与替换块的运算结果均被接收测试所拒绝时,系统调用一个预先设计的功能降

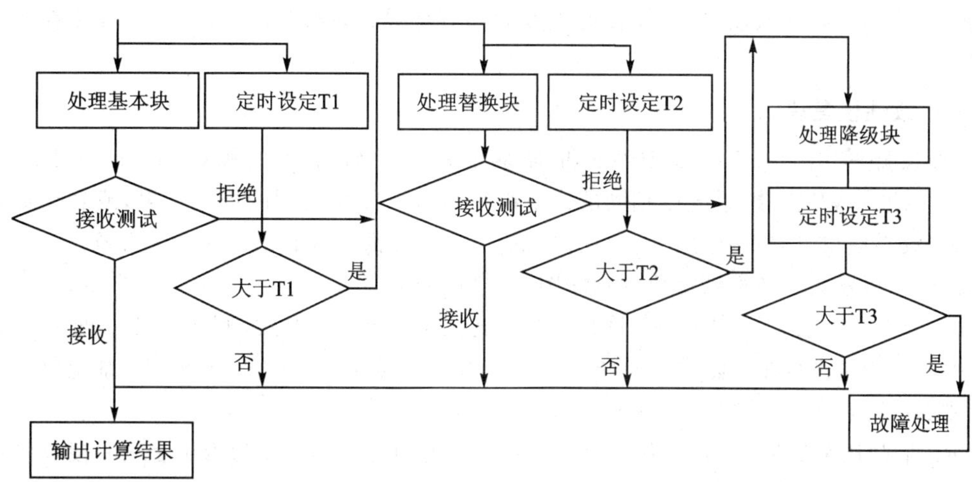

图 9.9　自动导航系统中定位算法的 RB 结构

级替换块。它能简单地估计结果并保留当前水平速度数据,作为下一时刻计算的数据。在这个块的计算结果也被拒绝时,系统仅保留飞行轨迹记录并告知该设备故障。

9.5.4　组合容错

上述基本的结构容错 N 版本程序设计和恢复块法都有各自的优点和缺点,详见表 9.2。

表 9.2　RB 与 NVP 的优点与缺点

	恢复块 RB 法	N 版本程序设计
优点	可以在单处理机体系结构下可以实现,要求的硬件资源较少。	不需要验收测试,而是使用输出多数表决算法判断版本的运行状态,算法相对简单而且大多数正常或仅有少数故障的情况下,利用多数版本计算的结果进行没有时延的、正确的输出,从而输出具有更好的实时性。
缺点	① 程序运行一个模块前的状态必须保存成为一个数据结构,而且需要一直到这个软件模块输出通过了验收测试之后。从而需要相当的空间开销; ② 在软件故障情况下,系统要恢复该软件模块运行前的状态,再运行替换模块,这一系列操作需要一个相当的延时,对于某些系统会造成时间的不确定性; ③ 验收测试是恢复块技术中最重要的一个环节,又是最困难的一个环节。验收测试算法应尽可能地简单,保证其正确性。但在有些情况下,验收测试模块可能与运行的软件模块的规模、难度和复杂度处于同一个数量级,难于保证验收测试的正确性。	① 需要建立多计算机平台; ② 需要研究建立多机之间的同步/异步关系; ③ 还需要建立多机之间交叉通道数据通讯; ④ N 版本程序设计存在的一个较大问题是当一个版本的某一个软件模块出现故障时,整个版本就可能被切换,导致系统余度降级。

因此,恢复块和 N 版本程序设计各自都有相应的应用领域和场合。恢复块一般适应于实时性能要求不高的应用场合;N 版本程序设计则在实时环境下使用。可以用适当的方法将上述技术结合起来建立组合容错,从而克服 N 版本程序设计和恢复块各自的不足。对于组合容

错的研究，诸如一致性恢复块、接收表决和N自检程序设计，进展缓慢并且大多停留在理论上的研究。

1. 一致性恢复块

一种按顺序结合NVP和RB的混合系统称为一致性恢复块(Consensus Recovery Block)。如果NVP失效，系统以相同的模块恢复到RB(使用相同的模块结果，或者当怀疑发生瞬态失效时模块可以重新运行)。只有当NVP和RB都失效时系统才发生失效。

图9.10所示为一致性恢复块的示意图，可描述如下：

输入经NVP处理后如“正确”输出，则系统正常运行；如失效，则转入RB处理，RB对NVP中输出变量进行接收测试。同样，RB处理有二种结果：一为“正确”输出，系统仍正常运行；否则RB失效，此时系统发生失效。

CRB最初用来处理NVP失效后有多个“正确”输出的情况，因为RB合理的接收测试可以避免产生多“正确”值输出。

2. 接受表决

上述CRB混合结构的反向，称之为接受表决(AV：Acceptance Voting)。图9.11为接收表决的示意图。

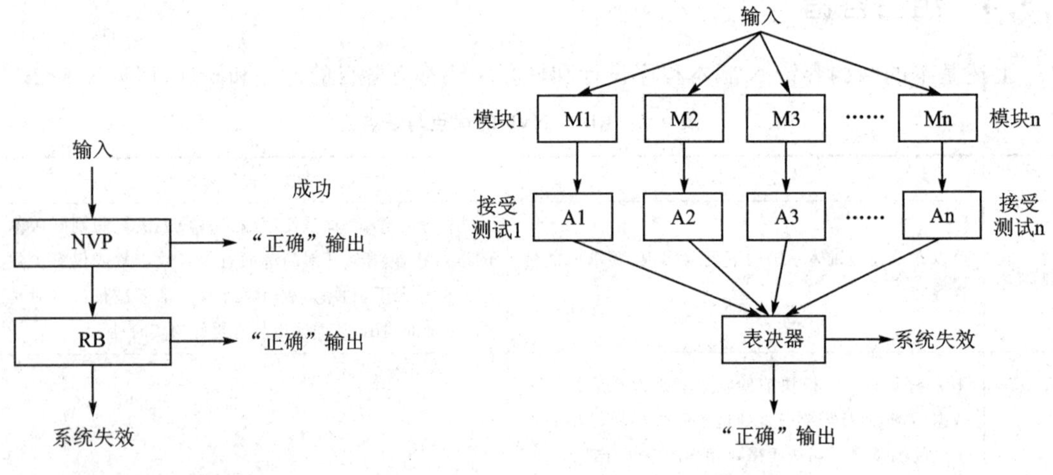

图9.10 一致性恢复块　　**图9.11 接收表决**

在NVP中，所有的模块M1、M2…Mn并行执行，然后每个模块的输出传递给一个接收测试。如果接收测试通过了这个输出，接下来就把这个输出传给一个表决器。因此只有那些通过了接收测试的输出才能提交给表决器。这就意味着表决器在每次表决时不可能处理相同数目的输出，因此表决器的算法必须是动态的。

① 如果没有输出提交给表决器，则系统失效。

② 如果只提交了一个输出，表决器必须假定其为正确并且将之传给下一级。

③ 只有当两个或多个输出提交时，表决器应用动态多数表决(DMV)或动态一致表决(DCV)。DMV与MV之间的差别是即使是少量的结果传给表决器，DMV将找出其中的多数。DCV与CV之间的差别也是类似的。

3. N 自检程序设计

N 自检程序设计 NSCP(N Self - Checking Programming)是一种带恢复的 N 版本程序设计变种，在 NSCP 中 N 个模块成对执行(对于一个偶数 N)，可以比较模块的输出，或用其他方法评价为正确。假定使用比较，对每一个对的输出进行比较：

① 如果产生了不一致的输出，该比较对的输出就被丢弃。

② 如果产生了一致的输出，该比较对的输出将参加后续的比较。直至产生一致的系统输出，否则系统失效。

N 自检程序设计的重点是制定模块输出的比较协议。

图 9.12 示意了 N＝4 的 N 自检程序设计，其比较协议可描述如下。

① 先对第一对模块 M1 和 M2 的输出进行比较，如果模块 M1 和 M2 输出一致，即可作为系统的“正确”输出。

② 否则接着对第二对模块 M3 和 M4 的输出进行比较，如果模块 M3 和 M4 输出一致，作为系统的“正确”输出。

③ 否则系统失效。

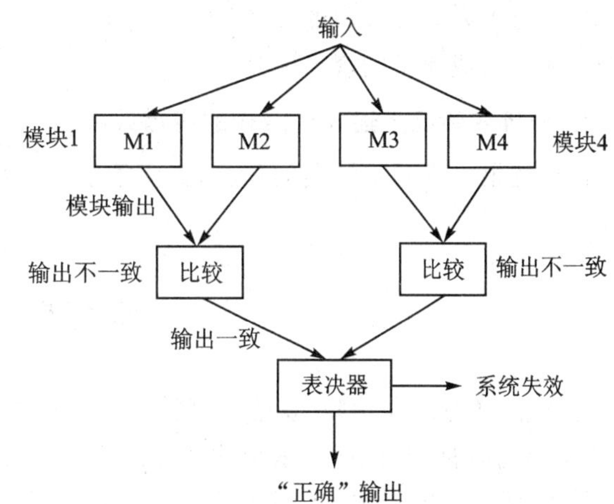

图 9.12　N＝4 时的 NSCP(N 自检程序设计)

9.6　容错软件的设计过程

容错软件的设计过程如图 9.13 所示，包括以下设计步骤。

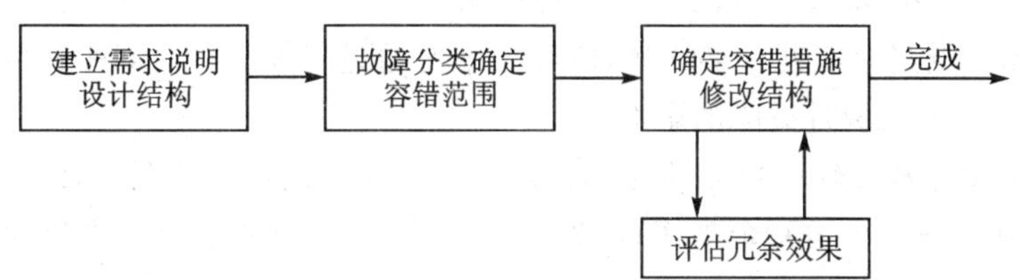

图 9.13　容错软件的设计过程

1. 按设计任务要求进行常规设计，尽量保证设计的正确性

为到达这个目的，要求合理地组织软件的开发，使用先进的方法与工具，严格实现质量管理等一系列措施来避免引入故障。需要注意：常规设计得到的非容错结构，正是容错系统构成的基础。在结构容错中，无论主模块还是备用模块的设计和实现，都要在费用许可的条件下，尽可能提高可靠性。不能忽视常规设计和实现的质量，只把目光盯住采用容错手段实现高可靠性，空中楼阁是靠不住的。

2. 根据系统的工作环境，对可能出现的故障分类，确定实现容错的范围

对可能发生的系统故障正确地进行判断和分类，是有效实现容错的关键。例如，对于由硬件及外界干扰引起的外部故障,可以采用信息容错和时间容错;对于内部故障,则需要采用结构容错。如果判断不正确,就达不到应有的容错效果并造成资源的浪费。对于软件来说,只有最大限度地弄清故障发生和暴露的规律,才能正确地判断,实现成功的容错。这种规律的掌握,要求深入调查和分析软件系统设计和运行环境。

3. 按照"成本-效益"最优原则,选用某种冗余手段实现容错

虽然对事先难以预料的故障不一定都能屏蔽,但应尽量考虑适当的对策(信息、时间、结构冗余),最终形成完整的容错体系。

4. 分析或验证上述冗余结构的容错效果

如果效果没有到达预期的程度,则应重新进行容错设计。如此反复,直到有一个满意的结果为止。

本章要点

① 软件通过缺陷预防、缺陷检测等技术不能做到没有故障,只能让软件达到一定的可靠性,为了提高软件的可靠性,采用软件容错技术是很重要的方法之一。

② 实现软件容错技术的主要手段是冗余。软件可以对信息、时间和结构资源进行冗余配置,故软件容错技术可包括信息容错、时间容错及结构容错。

③ 故障检测和故障处理是容错任务的两个层次。故障检测指检测系统中是否发生故障,指示故障状态。故障检测的实施方法有很多种,常用方法有:功能检测法、合理性检测法、基于监视定时器的检测法、软件自测试、表决判定检测法;故障处理是当检测到故障时如何解决故障,一般有四类处理方式:改正、恢复、报告、立即停机。

④ 信息容错是通过信息冗余实现的,信息冗余就是在数据(信息)中外加的一部分信息,以检查数据是否发生偏差,并在有偏差时纠正偏差。

⑤ 时间容错是通过时间冗余实现的,时间冗余是通过附加执行时间来诊断数字系统是否发生永久性故障,并排除瞬时故障的影响。

⑥ 结构容错设计基于软件单元的冗余和模块一致性失效很少的假设,结构容错是基于软件相异性设计原理,利用结构冗余来实现,通常包括 N 版本程序设计和恢复块法两种主要的方法。

⑦ 软件 N 版本程序设计从一个初始规范出发,N 个设计组独立地开发 N(N>=2)个功能等价的软件版本,在 N 个硬件通道的容错计算机上运行,从而避免软件设计共性故障。

⑧ 恢复块 RB 法在每次模块处理结束时都要检验运算结果,在找出故障后,通过替代模块进行再次运算以便实现容错的功能。

⑨ 组合容错的研究包括一致性恢复块、接收表决和 N 自检程序设计,进展缓慢并且大多停留在理论上的研究。

本章习题

1. 软件容错设计的作用是什么?软件容错技术在软件可靠性工程中的有何作用?

2. 有哪些软件容错技术？各自的冗余资源和容错目的是什么？

3. 针对下面各种情况请给出恰当的故障检测方法，并指出该方法所属的类别：

a. 对于一段降序排序数组的算法，在线检查算法是否完成了规定的功能。

b. 检查飞行控制系统是否能在一个运行周期(100ms)内完成规定的任务。

c. 检查系统磁盘是否存在坏道(硬盘损坏)。

d. 检查指针是否为空。

4. 针对下面各种情况请给出恰当的故障处理方法，并指出该方法所属的类别：

a. 提供敏感信息服务的服务器被第三者入侵，导致服务不可用。

b. 由于网络原因，接收方没有接收到发送方发送的消息。

c. 在多冗余度的传感器数据中，一个传感器的数据和其他传感器数据存在显著差异。

d. 系统磁盘空间不足，可能导致后续操作发生异常。

5. 针对下面各种情况请给出恰当的容错方法，并指出该方法所属的类别：

a. 判断网络传输瞬时故障是否导致传输的信息发生变化。

b. 系统崩溃后，发现系统自动保存了最近的检查点。

c. 在分布式系统中，需要通过将同一任务同时分配给多个计算机节点进行计算来保证计算结果的正确性。

d. 银行系统希望关键数据不会因意外物理情况(断电、火灾等)而丢失。

e. 希望某个关键模块开发后具有高可靠性，该关键模块可由两个开发团队，这两个开发团队使用不同的的开发语言和组织管理方式。

f. 火箭点火命令不希望设计为 0/1 开关量，以避免电平翻转造成的火箭误点火。

6. 在根据相同软件需求规格说明书开发冗余模块或冗余部件时，应该采用什么样的技术以防止“人类共同的错误模式”的发生？你认为“人类共同的错误模式”可能有哪些？

7. 如果“人类共同的错误模式”一旦发生，将会对软件容错设计带来什么样的影响？

8. 容错软件的设计过程是什么？

本章参考资料

[1] 蔡开元. 软件可靠性工程基础[M]. 北京：清华大学出版社，1995.

[2] Michael R. Lyu 主编，刘喜成，等译. 软件可靠性工程手册[M]. 北京：电子工业出版社，1997.

[3] 徐仁佐. 软件可靠性工程[M]. 北京：清华大学出版社，2007.

[4] 黄锡滋. 软件可靠性、安全性与质量保证[M]. 北京：电子工业出版社，2002.

[5] 张海藩. 软件工程[M]. 北京：人民邮电出版社，2003.

[6] 陆民燕. 软件可靠性工程[M]. 北京：国防工业出版社，2011.

第四部分
缺陷度量技术

第 10 章　软件可靠性度量

本章学习目标

本章介绍软件可靠性度量，主要包括以下内容：

- 软件可靠性度量的内容、目的、意义；
- 软件可靠性度量参数；
- 软件可靠性数据；
- 典型的软件可靠性模型；
- 基于失效数据的软件可靠性度量的应用。

软件可靠性是软件质量中最重要的特性之一，如何保证开发出来的软件具有较高的可靠性水平已经成为软件研制中的一个亟待解决的关键问题。为了解决这个问题，需要从以下三个方面努力：

① 提出软件开发任务时，明确规定适当的软件可靠性指标要求；

② 在软件开发过程中恰当地运用各种软件可靠性设计、分析、测试的方法和技术，以保证达到规定的软件可靠性要求；

③ 验证软件是否达到了规定的软件可靠性要求。

显然，这三个方面的努力都需要以软件可靠性度量为基础。当要回答下述问题“软件是否可靠？在多大程度上可靠？是否达到所需的可靠程度？能否达到所需的可靠程度？”时，都需要用到软件可靠性度量。可以说，没有软件可靠性度量，针对软件可靠性的各项工程活动，就无法考核和控制，也就无法真正地开展和执行。

所谓度量（metric），是指已定义的测量方法和测量标尺；所谓测量（measurement 或 measure），是指使用某种度量对一个实体的某属性赋予某种标尺中的一个值（该值可以是数值，也可以是等级）。软件可靠性度量是指对软件产品具有可靠程度的测量。

软件可靠性度量贯穿于软件生存周期的各个阶段，但显然，不同阶段的软件可靠性度量具有不同的工作内容。

在需求分析阶段，首先需要确定软件可靠性要求，包括定性的和定量的可靠性要求，它既是软件承制单位开发软件的可靠性目标，也是用户验收软件产品时的可靠性依据。目前，硬件系统已经建立了一套完整的可靠性参数和指标体系，对于软件来说，可以选用哪些参数、如何确定指标的量值对于开展软件可靠性工程活动来说都至关重要。

在设计阶段，尽管软件尚未最终开发出来，但是通过一些定性分析方法，或是一些定量手段，如美国 Rome 中心提出的 S－R 法和 M－R 法，都可以从可能导致软件不可靠的各个因素入手对软件可靠性水平进行定性或定量地分析，帮助了解软件可靠性设计方法和技术的应用效果，为软件的设计和改进提供参考。

在测试阶段，通过软件可靠性测试，及早暴露使用中具有高发生概率的缺陷，可以有效地提高软件的可靠性，通过测试过程中收集到的失效数据，对软件的可靠性水平进行估计，并能够对可能达到的可靠性水平进行预计。

在软件投入使用后，通过收集软件的失效数据，可以对软件可靠性进行评估，从某种意义上说，此时的可靠性度量结果才是真正意义上"软件完成规定功能能力"的反映，即：此时的可靠性度量，不仅获得真正意义上可靠性水平的定量表示，也为下一代软件或同类型软件的可靠性定量要求的确定提供参考。

虽然不同阶段的软件可靠性度量工作的内容和成果不同，但软件可靠性度量工作均具有下述目的和意义。

① 软件可靠性度量有助于了解软件在开发和维护过程中所发生的情况，在对当前可靠性水平进行评估的同时，为今后的工作设定目标。所以，从这层意义上说，度量可以将各种过程产生的对可靠性的影响和产品的当前可靠性水平直观地呈现出来，使人们对活动之间的关系和活动对软件可靠性水平的影响有更加深入的了解。

② 度量有助于对项目所发生的情况进行控制。通过利用当前可靠性水平、可靠性目标等信息以及对活动之间关系的了解，不但可以预测今后可靠性发展的情况，还可以对开发过程和软件产品进行变更，以帮助实现可靠性的目标。

③ 度量还有助于进行过程和产品改进。例如，在度量过程中，如果发现可靠性水平低于预期值，则需要对过程进行改进，增加能够提高可靠性水平的设计、分析方法的运用，如增加设计评审的次数和类型、提高测试的力度等。

需要强调的一点是，由于软件可靠性是面向用户的质量属性，是在软件运行过程中才能表现出来的特性，因此软件领域的许多专家认为：在软件测试和使用之前，即能够获得软件的实际使用失效数据之前对软件可靠性进行的度量活动，更多获得的是对软件可靠性产生影响的过程的度量，通常称之为软件可靠性早期预计。具有代表性的研究成果有大家熟知的美国Rome中心提出的S-R法和M-R法。为避免概念内涵上的混乱和不一致，本文中的软件可靠性度量仅仅指获得了软件的实际使用失效数据之后对软件可靠性水平的定量评估，不包括软件可靠性早期预计或定性评价，特此说明。

综上，软件可靠性度量不仅是软件可靠性工程活动的基础，其本身也具有非常丰富的内涵和极其重要的价值，是"以正确性和可靠性为中心的软件质量观点"在可靠性方面的基础和支撑。因此，本章的内容针对软件可靠性度量涉及的各个环节逐级展开，重点是围绕"基于失效数据的软件可靠性度量"这一主题。

10.1 软件可靠性度量参数

软件可靠性度量参数就是用于表示软件可靠性的一个或几个特征量。

根据软件的不同特点，可以用不同的特征量表示软件可靠性。例如，从定义的概率度量可以派生出"可靠度"这一度量，用可靠度可以表示软件产品从开始到某个时刻 t 这段时间内完成规定功能的能力。可靠度值越大，表示软件越可靠；可靠度值越小，表示软件越不可靠。但是，只用可靠度这个数量指标并非在任何情况下都是方便的。例如，对那些失效会造成严重后果的系统(如核反应堆的安全控制系统)，人们就十分关心软件的平均失效前时间，即软件投入运行到出现一个新失效的平均时间。因此，根据软件的特点和用户对可靠性关注点的不同，可以采用不同的参数来表示产品的可靠性。

本节介绍一些常用的软件可靠性度量参数，首先明确参数的定义，然后对其计算所需的数据元素及获得方法进行介绍，最后对参数的特点、使用时的注意事项等有关问题加以说明和分析。

10.1.1　可靠度

1. 定　义

软件可靠度 R 是指软件在规定的条件下，规定的时间内完成规定的功能的概率，或者说是软件在规定时间内无失效发生的概率。

设规定的时间为 t，则从数学角度来说，可靠度 $R(t)$ 是指系统从零时刻到 t 时刻正常运行的概率：

$$R(t)=P(\xi>t) \tag{10-1}$$

其中，ξ 为一个随机变量，表示软件发生失效前时间。

2. 数据元素及获得方法

假设软件寿命服从指数分布，则其可靠度可以用下式来表示：

$$R(t)=\mathrm{e}^{-\lambda t} \tag{10-2}$$

其中，λ 为失效率（注：对于指数分布，失效强度和失效率是等同的，说明详见 10.1.2 节），计算方法见 10.1.2。

如果测量到的产品的 λ 为 0.0000375 次失效/运行小时，则任务时间为 1 年时（假设全年不间断运行，一年 8 760 小时）的软件可靠度为：

$$R(8760)=\mathrm{e}^{-0.0000375\times 8760}=\mathrm{e}^{-0.3287}=0.72 \tag{10-3}$$

可以说，当任务时间为 1 年时，软件系统的可靠度是 0.72。然而，"系统的可靠度为 0.72"这样的陈述是没有意义的，因为系统的运行时间是未知的。随着执行时间的增加，系统成功运行的概率从 1 逐渐减少到 0，显然，可靠度是任务时间的函数。

3. 说　明

该参数是关于软件失效行为的概率描述，是软件可靠性的基本定义，它和硬件可靠性的定义相同，可利用一般的概率规律将其和系统其他部分，如硬件部分组合在一起。该参数适用于对在规定时间内无失效工作要求高的系统，如航空电子系统。

使用该参数时应注意以下问题：

① 给定时间 t 是指软件系统运行时间；

② 在测试阶段为计算该度量进行测试时，测试用例必须是基于软件的操作剖面设计得到的测试用例，否则计算的结果不能代表实际使用时的可靠性水平。

10.1.2　失效率、失效强度

这两个术语在软件可靠性相关的书籍、文献中经常会看到。它们的内涵并不相同，但有密切关系。

1. 失效率定义

失效率（Rate of Occurrence of Failure，ROCOF）是指在 t 时刻尚未发生失效的条件下，在

t 时刻后单位时间内发生失效的概率。即：设 ξ 为发生失效的时间，Z 为失效率，则有

$$\begin{aligned} Z(t) &= \lim_{\Delta t \to 0} \frac{P(t < \xi < t + \Delta t \mid \xi > t)}{\Delta t} \\ &= \lim_{\Delta t \to 0} \frac{P(t < \xi < t + \Delta t)}{P(\xi > t) \cdot \Delta t} \\ &= \lim_{\Delta t \to 0} \frac{R(t) - R(t + \Delta t)}{R(t) \cdot \Delta t} \\ &= -\frac{1}{R(t)} \cdot \frac{\mathrm{d}R}{\mathrm{d}t} \\ &= \frac{f(t)}{R(t)} \end{aligned} \tag{10-4}$$

2. 失效强度定义

假设软件在 t 时刻的失效数的期望值为 $N(t)$，显然 $N(t)$ 是一个随机变量，且随时间 t 的变化而不同。设 $u(t)$ 为随机变量 $N(t)$ 的均值，即有

$$u(t) = E\left[N(t)\right] \tag{10-5}$$

则

$$\lambda(t) = \frac{\mathrm{d}u(t)}{\mathrm{d}t} \tag{10-6}$$

为 t 时刻的失效强度。

3. 数据元素及获得方法

设失效时间 x_i 表示第 $i-1$ 到第 i 次失效之间的时间间隔，累计失效时间 t_i 表示第 i 个失效发生时的累计运行时间。理论上，失效时间应尽可能收集 CPU 时间（即从程序执行开始到程序执行完毕实际占用 CPU 的时间），但如果无法收集到准确的 CPU 时间时，可以根据时钟时间（指从程序执行开始到程序执行完毕所经过的钟表时间，该时间包括了等待时间和其他辅助时间，但不包括停机时间）或日历时间（指日常生活中所使用的时间）进行换算得到 CPU 时间的估计值。例如，一个供秘书用的字处理系统，一周内运行 50 小时，如果 CPU 的占用率是 50%，则 25 小时为字处理系统程序的执行时间。

(1) 发生失效后对软件不作修改的情况

在基于操作剖面的软件测试或实际使用中，如果发生失效后对软件不进行错误纠正，则失效时间服从指数分布，失效强度与失效率在数值上相等，其估计值可用下式计算：

$$Z = \lambda = \frac{N}{\sum_{i=1}^{N} x_i} = \frac{N}{t_N} \tag{10-7}$$

其中：t_N 为最后一个失效发生时的总的运行时间，N 为 t_N 时间内发生的总的失效数，x_i 为第 i 个失效发生的失效间隔时间。

如果在 $t_N = 2000$ 小时的执行时间中发生了 $N = 15$ 次失效，则失效强度为 15/2000 = 0.0075 次失效/小时。

(2) 发生失效后对软件进行修改的情况

在基于操作剖面的软件测试或实际使用中，如果发生失效后对引起软件失效的缺陷进行

纠正，则需要根据之前的失效经历或模型预计质量选用能够代表当前失效过程的软件可靠性模型(见 10.3 节)对失效率或失效强度进行估计。

4. 说　明

从定义可以看出，失效率和失效强度是两个不同的概念，失效率的定义和硬件可靠性中瞬时失效率的定义是完全一致的，是基于寿命的观点给出的，是一个条件概率密度。而失效强度则是基于随机过程定义的，是失效数均值的变化率。有些文献中，也将失效率称为危险率(Hazard rate)。

但在一定条件下，失效率和失效强度之间又具有密切的关系。可以证明，如果在稳定使用软件、且不对软件作任何修改的条件下，软件的失效强度为一常量。事实上，在这种情况下，$\{N(t),t>0\}$为一齐次泊松过程(HPP 过程)，或者称失效时间服从参数为 λ 的指数分布，任一时间点上的失效强度和失效率均为 λ。

另外，在$\{N(t),t>0\}$为一泊松过程时，条件失效率函数 $Z(\Delta t|t_i)$和失效强度函数 $\lambda(\Delta t+t_i)$的量值是相同的，即有

$$Z(\Delta t \mid t_i)=\lambda(\Delta t+t_i) \quad (\Delta t \geqslant 0) \tag{10-8}$$

其中：t_i 为第 i 次失效的累计时间。此时，这两个概念是可以通用的，这也可能是不少文献中经常对这两个概念不加区分的原因之一。

如果在测试或使用中，对发生的失效采取纠正活动，且纠正活动中不引入新的缺陷，那么随着测试、缺陷改正活动的交替进行，失效率/失效强度应呈现下降趋势；相应地，可靠性应呈现增长趋势。如果随着测试、缺陷改正活动的不断进行，失效率/失效强度呈现增长趋势，则说明缺陷纠正活动引入了更多的缺陷，此时就需要对缺陷纠正活动进行监督和控制，这也是度量能对过程起到监控作用的具体体现。

如果仅就一个纯软件给出软件可靠性要求，选择失效率或失效强度作为可靠性参数都是可以的，但是由于增长模型常常直接给出失效强度的变化规律，因此选用失效强度作为参数可能更直接一些，而选用失效率则还要进行转换。美国的 AT&T 公司在软件开发中就使用失效强度作为参数加以控制。

在确定可靠性要求时，如果软件可靠性是系统可靠性要求的一部分，则选择失效率参数比较合适，因为它不仅和硬件的概念是一致的，而且也是硬件中常用的可靠性参数，这样便于理解和进行系统综合。当然，在可靠性增长预计过程中，由于常常得到的是失效强度的变化规律，因此如果给出的是失效率指标要求的话，则应把失效率指标要求转换为失效强度指标要求，这种转换随模型的不同而不同。

这两个参数适用于失效发生频率要求比较低的系统，如操作系统。

10.1.3　平均失效前时间 MTTF、平均失效间隔时间 MTBF

1. 平均失效前时间 MTTF(Mean Time to Failure)的定义

MTTF 是指当前时间到下一次失效时间的均值。假设当前时间到下一次失效的时间为 ξ，ξ 具有累计概率密度函数 $F(t)=P(\xi\leqslant t)$，即可靠度函数 $R(t)=1-F(t)=P(\xi>t)$，则

$$\mathrm{MTTF}=\int_0^{\infty}R(t)\mathrm{d}t \tag{10-9}$$

2. 平均失效间隔时间 MTBF(Mean Time Between Failures)的定义

MTBF 是指两次相邻失效时间间隔的均值。假设两次相邻失效时间间隔为 ξ,具有累计概率密度函数 $F(t)=P(\xi\leqslant t)$,即可靠度函数 $R(t)=1-F(t)=P(\xi>t)$,则

$$\text{MTBF}=\int_0^\infty R(t)\mathrm{d}t \tag{10-10}$$

3. 说　明

在硬件可靠性中,MTTF 用于不可修复产品,MTBF 用于可修复产品;对于软件来说,不存在不可修复的失效,也就是说软件失效都是可修复的。但是,修复活动对失效特性的影响和硬件存在着很大的不同,具体内容见表 10.1。

表 10.1　软件、硬件修复特性比较

硬　件	软件
存在失效不可修复的产品,如轮胎、电刷	不存在不可修复的失效,即理论上软件失效都是可修复的
失效后若进行完全修复,则失效特性不变,MTBF 不变	失效后完全修复,失效特性发生变化,MTBF 变化
如果失效后不修而继续使用,将导致系统功能降级(与未失效之前比),系统的失效特性发生变化	失效后可以不修而继续使用,但与未失效之前比,并不存在着功能降级。如果对软件的操作剖面也保持不变的话,软件的失效特性也保持不变。这是因为只要不修复,导致失效的程序中的缺陷无论失效与否都是存在的,只要满足一定的条件,缺陷即可导致软件失效

使用本度量应注意以下问题:

① 对于软件来说,不存在按可修复与否区分 MTTF 和 MTBF 两种度量的问题,因此区分的意义不大,两者都可以用;

② 可以按失效严重等级(见 10.2.4 节)测量 MTTF/MTBF,此时测量该度量所用的数据元素都是与该失效严重等级相关的数据,作为该情况的特例,如果只评估关键的(或致命的)软件失效,则可以使用平均关键失效前时间(MTTCF)这一度量,所谓关键失效是指系统不能完成规定任务或可能导致人或物的重大损失的软件失效或失效组合,使用的数据元素是发生关键失效的有关数据;

③ 在测试阶段使用该度量时,测试用例必须基于软件的操作剖面进行设计;

④ 在软件实际使用阶段,可结合产品及其所在系统的特点使用该度量,因此,该参数会派生出一些反映软件使用特点的可靠性度量参数。例如:对于飞机、宇宙飞船中的软件,可以使用平均失效间隔飞行小时(MFHBF),是指软件相邻两次失效间飞行小时的平均值,是外场使用过程中可以直接得到的参数。其度量方法是:在规定时间内,软件累积的总飞行小时数与同一期间内的失效总数之比。同理,对舰载软件,又可使用平均失效前里程等。

10.1.4　成功率、失败率

1. 成功率的定义

成功率(Success ratio)是指在规定的条件下软件完成规定功能的概率。成功率可以定义为在试验结束时成功的试验次数与试验总次数的比值,这些试验方案是基于每次试验在统计

意义上是独立的假设基础。

设 n 是软件运行的总次数，n_s 是在 n 次运行中成功执行的次数，则成功率为

$$S_r = \frac{n_s}{n} \tag{10-11}$$

2. 失败率的定义

失败率(POFOD,Probability of failure on demand)的含义与成功率相反，是指在规定的条件下软件不能完成规定功能的概率。

设 n 是软件运行的总次数，n_e 是在 n 次运行中产生执行故障的次数，则失败率为

$$\mathrm{POFOD} = \frac{n_e}{n} \tag{10-12}$$

3. 说　明

到目前为止的前三项可靠性参数中，所度量的时间均为连续的运行时间。对于连续运行的软件，如操作系统，利用可靠度、失效率和 MTTF 等，上述三项参数来描述长时间的工作能力是很适合的，但对于某些一次性使用的系统或设备，如弹射救生系统、导弹系统、核电站紧急关机系统中的软件，或是只有满足某一环境条件时才能运行的软件，软件运行的结果要么成功、要么失败，在这种情况下，可靠性最重要的度量是运行失败的概率，因此其可靠性参数则要选用成功率(或失败率)。

成功率也派生了一些类似参数，例如：当存在一些自然的任务事件，如军事飞行任务等，人们有理由关心无失效地完成这样任务的概率，任务成功概率 MCSP 是指在规定的条件下和规定的任务剖面内，软件能完成规定任务的概率。

10.1.5　平均恢复时间 MTTR

1. 定　义

平均恢复时间 MTTR(Mean Time to Repair)是指软件失效后到恢复所需的平均时间。该度量反映软件的可恢复性、可维护性。

2. 数据元素及获得方法

假设软件系统恢复总次数 N_r 是指观测到的系统恢复的总次数，则平均恢复时间为

$$\mathrm{MTTR} = \sum_{i=1}^{N} t_{ri} / N_r \tag{10-13}$$

其中，t_{ri} 是指第 i 次失效发生后的软件系统失效恢复时间，即系统恢复到正常工作状态所需的时间。

如果共发生 10 次失效，软件恢复到正常状态所需的时间总和为 1 小时，则 MTTR＝1 小时/10＝6 分钟。

针对不同软件的特点，失效恢复时间可包含不同的内容：

① 如果软件失效后，不修复引起软件失效的缺陷仍能使软件系统恢复正常工作，则建议 t_{ri} 只包括通过自动或手动的方式使软件系统恢复正常工作的时间，不考虑修复引起失效的软件缺陷所做工作的时间，如问题确认、隔离、更改、更改确认等工作时间；

② 如果软件失效后,必须对导致失效的软件缺陷进行修复方可使系统恢复正常工作,则 t_{ri} 还应包括修复引起失效的软件缺陷所做工作的时间,如问题确认、隔离、更改、更改确认等工作时间,但不包括由于管理延迟、预防性维护工作带来的时间。

3. 说　明

本度量给出的是失效发生后系统恢复到正常状态所需时间平均值的估计,数值越小,说明可恢复性、可维护性越好,因此可用性越高。

使用该参数时应注意以下问题:

① 应根据软件的特点来确定如何计算失效恢复时间,如果软件失效后,不修复引起软件失效的缺陷仍能使软件系统恢复正常工作,则建议 t_{ri} 只包括通过自动或手动的方式使软件系统恢复正常工作的时间;如果软件失效后,必须对导致失效的软件缺陷进行修复方可使系统恢复正常工作,则 t_{ri} 还应包括修复引起失效的软件缺陷所做工作的时间。

② 失效恢复时间不包括由于管理延迟、预防性维护工作带来的时间;

③ 在测试阶段使用该度量,如果修复失效所用的资源、条件和实际使用和维护阶段不同的话,则测量得到的 MTTR 值不能代表实际的 MTTR。

10.1.6　可用度

1. 定　义

可用度(Availability)是软件在给定时刻能够运行的概率。

设软件的平均失效前时间为 MTTF,平均修复时间为 MTTR,则

$$\text{Availability}=\frac{\text{MTTF}}{\text{MTTF}+\text{MTTR}}\times 100\% \tag{10-14}$$

2. 数据元素及获得方法

软件系统正常工作时间 T_0 是指在测试或使用中,软件系统正常工作的总时间。

软件系统失效恢复时间 T_r 是指当软件失效发生后,软件系统恢复至正常工作所需要的时间。

成功使用软件次数 N_s 是指在观测期间内用户成功使用软件的总次数。

试图使用软件次数 N_t 是指在观测期间内用户试图使用软件的总次数。

可分别用下式计算可用度:

$$\text{Availability}=\frac{T_0}{T_0+T_r}\times 100\% \tag{10-15}$$

或

$$\text{Availability}=\frac{N_s}{N_t}\times 100\% \tag{10-16}$$

如果在半年的现场使用当中软件系统正常工作时间 30 000 小时,软件失效恢复时间是 2 小时,则可用度为 $\frac{30\ 000}{30\ 000+2}\times 100\%=99.993\ 33\%$。

3. 说　明

该参数指出软件什么时候可用,是对软件系统可用程度的衡量,能够综合反映软件的可靠

性、可恢复性和可维护性。软件正常运行一段时间后可能失效，软件一旦失效，需要花费额外的时间去定位引起失效的故障并修复它，因此软件的平均修复时间(Mean Time To Repair, MTTR)非常重要。结合该时间和平均无失效运行时间(MTTF)，可以知道系统在给定时刻能够运行的概率。

10.2　软件可靠性数据

收集、使用和积累软件可靠性数据不仅对于及时做出有事实根据的决策、保证软件可靠性非常重要，而且对于开展软件可靠性工程，提高软件可靠性工程能力非常关键。那么什么样的数据可以作为软件可靠性数据？

本节介绍软件可靠性数据来源，数据的分类方法和相应数据类型的特点，对不同数据之间能否转换进行介绍，并对软件失效严重等级对软件可靠性数据的影响进行说明。

10.2.1　数据来源

软件可靠性数据，又称为软件可靠性失效数据，是指可用于软件可靠性评估的软件失效情况数据，是进行软件可靠性定量分析、评估与预测的基础，其来源一般有两种：一种是在软件投入使用后收集的失效数据；另一种是在软件可靠性测试中收集的失效数据。对于非可靠性测试收集的测试中发生的失效数据，如边界测试结果、异常测试结果、白盒测试结果等，均不能用于进行软件可靠性的评估，因此，只有反映用户实际使用情况的失效数据才可称之为软件可靠性失效数据，为方便叙述，以下均简称软件失效数据。

10.2.2　数据类型

按照包含信息的不同，失效数据可分为基础失效数据与辅助失效信息，具体内容见表 10.2。

表 10.2　按照包含信息的不同对失效数据的分类

	基础失效数据		辅助失效信息
分类依据	包含可以直接被用于进行软件可靠性参数评估的定量失效数据		包含不可以直接被用于进行软件可靠性参数评估的定量失效数据，但是与失效相关的信息
表现形式举例	软件失效的发生时间、规定时间单位内的失效个数、任务成败次数		失效的状态、严重等级、发生失效时的软硬件测试环境信息、引发该失效的缺陷信息
进一步的分类依据	与时间相关的失效数据	与时间无关的失效数据	无

按照数据来源的不同，失效数据可以分为实验室失效数据和外场失效数据(field failure data)，具体内容见表 10.3。

按照收集数据包含失效发生时间的完整性，失效数据又分为完全失效数据和不完全失效数据，具体内容见 10.2.2.1 和 10.2.2.2 节。

表 10.3　按照失效数据来源的不同对失效数据的分类

	实验室失效数据	外场失效数据
分类依据	被测软件系统在实验室构建的测试环境下收集到的失效数据	被测系统在外场实际使用环境中发生软件失效时记录下来的数据或者被测系统在外场测试中发生软件失效时记录下来的数据(此处的测试均指可靠性测试)
特点	一般是质量优良的数据	反映了软件在实际使用环境/维护条件下的情况,比实验室的测试环境更代表了产品的使用表现,是非常珍贵的数据

1. 完全失效数据

完全失效数据是指由每一次失效发生的时间构成的失效数据,也称为失效时间数据或时间域数据。它有如下两种形式:

(1) 失效间隔时间

相邻两次失效出现的时间间隔,称为失效间隔时间,如表 10.4 所列,其中第二列为失效间隔时间数据。

(2) 累计失效时间

将每次失效发生的时间相加得到的为累计失效时间,如表 10.4 所列,其中第三列为累计失效时间数据。

2. 不完全失效数据

不完全失效数据是指由各时间段内发生的失效次数构成的失效数据,也称为失效计数数据或间隔域数据。它有如下两种形式:

(1) 失效间隔数

时间间隔内出现的失效数,称为失效间隔数,如表 10.5 所列,其中第二列为失效间隔数。

(2) 累计失效数

到某一时刻为止总共出现的失效数,称为累计失效数,如表 10.5 所列,其中第三列为累计失效数。

表 10.4　失效时间数据

失效序号	失效间隔时间(小时)	累计失效时间(小时)
1	0.5	0.5
2	1.2	1.7
3	2.8	4.5
…	…	…

表 10.5　失效数数据

时间(小时)	失效数	累计失效数
8	4	4
16	4	8
24	3	11
…	…	…

10.2.3　数据之间的转换

两类数据之间的转换是在实际工作中经常遇到的问题,由完全数据转换为不完全数据的过程很简单,然而由不完全数据转换为完全数据则需要某些假设。由不完全数据转换为完全数据时会引起失真。

(1) 从完全数据到不完全数据

完全数据实质上是失效时间数据，每一个失效发生的确切时间都是已知的，因此很容易计算出单位时间内发生的失效数。

(2) 从不完全数据到完全数据

通常采用以下两种方法完成从不完全数据到完全数据的转换：

① 从不完全数据中可以知道发生的失效数，将这些失效随机分配到规定的时间间隔内，就可以计算得到相邻两次失效发生的时间间隔（完全数据）。

② 在时间间隔内均匀分配失效：从不完全数据中可以知道发生的失效数，用规定的时间间隔除以失效数，就可以计算得到相邻两次失效发生的时间间隔（完全数据）。

10.2.4　软件失效严重等级

需要注意的是，软件失效数据的收集不仅要考虑是否与失效相关，有时还需要考虑软件失效严重等级。GB/T—11457 标准对失效的定义是：失效是由软件的错误或故障引起的。软件失效是泛指程序在运行中丧失了全部或部分功能、出现偏离预期的正常状态的事件。当程序不能给出预期的输出时，便发生了软件失效，但不同严重等级的失效对于软件可靠性度量参数所起的作用并不总是一样的。

软件失效严重等级是指单个出现时对用户产生相同影响的一组失效[8]。文献[3]给出了按对人员生命、任务成败影响划分的失效严重等级的划分标准：

① 1 级：丧失生命或系统；

② 2 级：对完成的任务有影响；

③ 3 级：可采用绕过的措施，因而对过程只有极小的影响（达到了任务目标）；

④ 4 级：对需求或标准有轻微的违反，用户在运行使用中看不见；

⑤ 5 级：表面问题，对于将来的行动应予以注意或追踪，但不一定是现在需解决的问题。

表 10.6 所列为一个根据成本划分的失效严重等级的例子（每个失效）。

此外，电信类软件经常是根据失效对系统能力的影响划分失效严重等级，如表 10.7 所列。

表 10.6　根据成本划分的失效严重等级

失效严重程度类	定义（美元）
1	＞100000
2	10000～100000
3	1000～10000
4	＜1000

表 10.7　根据对系统能力影响划分的失效严重等级

失效严重程度类	定　义
1	用户不能进行一项或多项关键操作
2	用户不能进行一项或多项重要操作
3	用户不能进行一项或多项操作，但是有补救方法
4	一项或多项操作中的小缺陷

电话自动转换系统中如果发生了“系统无法处理的电话呼叫事件”这一失效，根据表 10.7 中的失效严重等级的划分标准，则该类失效属于第 1 类失效；如果系统中发生电话呼叫后接通等待时间太长的事件，则该类失效属于第 2 类失效；如果系统中发生电话预约功能失常的事件，则该类失效属于第 3 类失效；如果系统中发生电话接通后响铃延迟的事件，则该类失效属于第 4 类失效。显然，用户对不同等级失效的容忍程度是不一样的，对第 1 类失效来说，用户可能是完全不能容许的，因为一旦发生，会给用户带来极大的经济损失或极大的不方便，而对

第 4 类失效，用户可能允许其存在的概率就高多了。而且，在资源有限的情况下，修改不同严重等级失效的收益差也是悬殊的。因此，对该类系统进行失效数据收集时，就不应将所有失效视为同等重要的失效一并进行收集，而是需要针对不同严重等级进行相应的收集和处理，从而计算相应等级下的软件可靠性度量参数，并以此作为系统改进的依据与参考。

例如：一个软件在运行一段时间内未对缺陷进行改进。设失效根据其后果严重性定为 1、2、3 三个级别。对各个级别的失效间隔时间记录如下：

失效严重等级 1：175，680，310，217，278，500，434。

失效严重等级 2：470，1055，680，401。

失效严重等级 3：890，1426。

收集到的失效数据分别为 3 种不同严重等级下的失效间隔时间记录，则 3 种不同失效严重等级下的 MTBF 的估计值分别为：

$MTBF_1=(175+680+310+217+278+500+434)/7=2594/7=370.57$

$MTBF_2=(470+1055+680+401)/4=2606/4=651.5$

$MTBF_3=(890+1426)/2=2316/2=1158$

这样就可以根据用户对不同等级的可靠性要求进行相应的可靠性水平是否满足要求的判定工作和相应的改进工作。

此外，上述分级标准又可能包括很多子标准，有些子标准对于特定的应用系统来说可能非常重要。例如，成本影响可能包括额外的运行成本、修复和恢复成本、潜在业务的丢失等子标准；系统能力影响可能包括关键数据丢失、可恢复性和停机时间等子标准。

需要注意的是，失效严重等级可能随失效发生时间的不同而发生变化，例如高峰期银行系统的失效远比非高峰期系统的失效要严重的多。

10.3 软件可靠性模型

软件可靠性模型是描述软件失效与软件缺陷之间关系的数学方程，也是用于描述软件失效与操作剖面的关系的数学方程。软件可靠性建模的原理是：对软件可靠性测试中收集的失效数据，利用统计知识分析其规律，建立一个参数模型，在软件可靠性数据的基础上对该统计分布的参数进行估计，从而在此模型基础上对软件的可靠性进行评估。

在软件的测试过程中，一旦其中的错误被查出，一般都要进行排错。因此，随着测试工作的进展，软件中的错误不断被排除，于是软件的可靠性就不断提高。现有的软件可靠性模型的研究成果，绝大多数都是软件可靠性增长模型，当然也有一些模型给出的是软件在稳定使用阶段的软件失效与软件缺陷之间的关系。

本节首先对模型的概况进行介绍，主要针对模型的共性内容、模型的分类和模型的作用，然后选取具有代表性的模型进行详细的说明和分析，最后说明如何对模型进行比较和选择。

10.3.1 模型概述

对软件可靠性模型的建立与应用的研究，至今已有 40 多年的历史，期间各种各样的模型层出不断，软件可靠性建模已经成为软件工程中最活跃的领域之一。比较著名的有 20 多个，各种各样的模型不下百余种。对于众多的模型，能否对其包含的内容进行归纳总结，能否对其加以分类是本节要考虑的内容。

1. 模型组成

虽然现有模型的种类和个数都很多，模型的差异性也非常大，但所有模型的内涵中均包括一些共性的东西，通常由以下几部分构成。

(1) 模型假设

模型是实际情况的理想或简单化，因为正被建模的物理过程（即软件失效现象）很难精确预计，在建立模型的过程中必须无歧义地陈述基本假设。在应用中，基本假设符合时，模型可以运行得好一些，反之亦然。换言之，假设越合理，模型就越好。从模型的发展来看，早期的模型往往会有限制性更强的假设，而近期的模型则趋向于处理更现实的假设。

模型总是包含若干假设，不同模型的假设也不尽相同，但是绝大多数模型都包含以下三类假设。

① 代表性假设：此假设认为软件测试用例的选取代表软件实际的操作剖面，甚至认为测试用例是独立随机地选取的。该假设的实质是指可以用测试产生的软件可靠性数据预计运行阶段的软件可靠性行为。

② 独立性假设：此假设认为软件失效独立发生于不同时刻，一个软件失效的发生不影响另一个软件失效的发生。例如，假设相邻软件失效间隔时间构成一组独立随机变量，或假设一定时间内软件失效次数构成一个独立增量过程。

③ 相同性假设：此假设认为所有软件失效的后果（失效严重等级）相同，即建模过程只考虑软件失效的具体发生时刻，不区分软件失效的性质。

(2) 模型输出

软件可靠性模型常见的输出量有：失效强度、残留缺陷数等。它们通常以数学表达式体现，常常需要经过严格的推导。

(3) 参数估计方法

模型表达中的某些值是无法直接得到的，即模型参数，这就要求模型给出一定的方法估计参数的值，常用的点估计方法有极大似然法、最小二乘法、矩法及贝叶斯估计法。限于篇幅，此处仅对常用的极大似然法和最小二乘法进行简要介绍，矩法和贝叶斯估计法可自行参阅相关书籍。

1) 极大似然法

设总体 X 的分布密度为 $f(x;\theta_1,\theta_2,\cdots,\theta_k)$，其中 $\theta_1,\theta_2,\cdots,\theta_k$ 是未知参数。$x_1,x_2,\cdots,x_n$ 为样本 $X_1,X_2,\cdots,X_n$ 的样本值，记

$$L(x_1,x_2,\cdots,x_n;\theta_1,\theta_2,\cdots,\theta_k)=\prod_{i=1}^{n}f(x_i;\theta_1,\theta_2,\cdots,\theta_k) \tag{10-17}$$

称 $L(x_1,x_2,\cdots,x_n;\theta_1,\theta_2,\cdots,\theta_k)$ 为似然函数。

求解方程组

$$\frac{\partial \ln L(x_1,x_2,\cdots,x_n;\theta_1,\theta_2,\cdots,\theta_k)}{\partial\theta_i}=0,i=1,2,\cdots,k \tag{10-18}$$

即可得到极大似然估计 $\hat{\theta}_1,\hat{\theta}_2,\cdots,\hat{\theta}_k$。

通常，极大似然方程式非常复杂，只能通过计算机求得数值解。

2) 最小二乘法

对大样本，极大似然法估计结果较好。但对于小样本或中样本，最小二乘法的偏差较小或收敛较快。

为表达简便，此处仅以一个自变量的随机变量为例进行说明。

设随机变量 $Y=m(X;\theta_1,\theta_2,\cdots,\theta_k)$，$\theta_1,\theta_2,\cdots,\theta_k$ 为未知参数，m 表示变量 Y 以 X 为自变量的函数，$(x_i,y_i)i=1,2,\cdots,n$ 是一组观测值，记

$$Q=\sum_{i=1}^{n}(y_i-m(x_i;\theta_1,\theta_2,\cdots,\theta_k))^2 \tag{10-19}$$

通过使 Q 最小，可得到参数的最小二乘估计值。

求解方程组

$$\frac{\partial Q}{\partial \theta_i}=0, i=1,2,\cdots,k \tag{10-20}$$

即可得到最小二乘估计 $\hat{\theta}_1,\hat{\theta}_2,\cdots,\hat{\theta}_k$。

(4) 数据要求

一个软件可靠性模型要求一定的输入数据，即软件可靠性数据。前面介绍过，有两类基本的数据，即完全数据和不完全数据可以用于软件可靠性模型。

2. 模型分类

模型分类可以按照模型假设、处理方式、参数估计、失效机理等方法进行，表 10.8 所列为按照是否为随机过程模型进行分类，表 10.9 所列为 Musa 和 Okumoto 的分类方法。

表 10.8 软件可靠性模型分类表

随机过程模型				
	马尔可夫过程二项模型	非齐次泊松过程模型	Musa 执行时间模型	其他
模型特征	假设错误出现率在软件无改动的区间内是常数，并且随着错误数目的减少而下降	排错过程中的累积错误数目作为时间的函数，在一定条件下可以近似为一个非齐次泊松过程	以程序的执行时间，即CPU时间为基本的测度	其统计模型为非上述类型的随机过程类模型
代表模型	Jelinski - Moranda(1972)	Goel - Okumoto(1979) Yamada - Ohba - Osaki (1983)	Musa(1975) Musa - Okumoto 对数泊松执行时间模型	超几何分布模型
非随机过程模型				
	运用贝叶斯估计的模型	Seeding 模型	基于输入域的模型	其他
代表模型	Littlewood - Verrall(1973)	Mills 模型	Nelson 模型	非参数分析方法 结构化模型 Cox 比例风险函数模型 时间序列分析方法

表 10.9　Musa 和 Okumoto 的软件可靠性模型分类表

有限失效模型			
类(class)	型(type)		
	泊　松	二　项	其　他
指　数	Musa(1975) Moranda(1975) Schneidewind(1975) Goel - Okumoto(1979)	Jelinski—Moranda(1972) Shooman(1972)	Goel—Okumoto(1978) Musa(1979) Keiller—Littlewood(1983)
威布尔		Schick—Wolverton(1973) Wagoner(1973)	
C1		Schick—Wolverton(1978)	
Pareto		Littlewood(1981)	
伽　马	Yamada - Ohba - Osaki(1983)		

无限失效模型				
族(family)	型(type)			
	T1	T2	T3	泊　松
几　何	Moranda(1975)			Musa—Okumoto(1984)
线性倒数		Littlewood—Verrall(1973)		
多项式倒数(二次)			Littlewood—Verrall(1973)	
幂				Crow(1974)

注:1) 许多特殊的分布没有一般性的名称,这里用 T1、T2、T3 来表示,“T”表示“型”(type);

2) C1 表示失效率的分布没有普通的名称。

3) 表中的“空白”并不意味着总能开发出填补它们的模型,因为某些族和型或类和型是不可能组合的。

目前对模型尚没有一个完整、系统且科学的分类方法。这里按照模型的标准变量(因变量),将软件可靠性模型分为两大类:失效间隔时间模型(time between failures model)和失效计数模型(fault count model)。

① 失效间隔时间模型:研究的变量是失效之间的时间。这是为软件可靠性评估提出的最早的一类模型。预期随着软件产品缺陷的剔除,两次失效之间的时间会变长。这类模型的共同方法是假设第 $i-1$ 次和第 i 次失效之间的时间遵循一个分布,这个分布的参数是与第 $i-1$ 次失效后产品中剩余的潜在缺陷数相关的。希望利用这个分布反映出当缺陷被检测到并从产品中排除后可靠性的改进情况。这个分布的参数通过失效之间时间的观察值进行估计。到下次失效的平均时间通常是这类模型要估计的参数。

② 失效计数模型:研究的变量是在一个特定时间段里的故障或失效数。这个时间可以是 CPU 执行时间,或是小时、周或月这样的日历时间。时间间隔是先验地设定的,并且将在此时间间隔中观察到的缺陷或失效的数目作为随机变量。随着缺陷被检测到并从软件中剔除,预期每个单位时间所观测到的缺陷数目就会下降。残留缺陷或失效的数量是这类模型要估计的关键参数。

按照这样的分类方法,10.3.2 节将选取 6 个具有代表性的模型进行介绍。前两个模型属于失效间隔时间模型，第3、4、5个模型属于失效计数模型，第5个模型可以划入失效计数模型的范畴，但与前5个模型的显著区别在于在发现缺陷的过程中不进行缺陷的剔除。

3. 模型作用

借助软件可靠性模型，可以对软件的可靠性度量做出定量的评估或预计，估计软件当前的可靠度，预计在预定工作时间的可靠度或预计达到失效率目标值所需要的时间等。例如，图10.1所示的1、2、3、4等点分别代表收集到的软件失效数据，利用这些失效数据，就可以确定适当的可靠性模型来充分拟合这些失效点，如图中的曲线就代表拟合得到的软件可靠性模型的失效率曲线，这样，就可以估计软件当前的失效率值；如果给定软件的预期失效率目标值，还可以根据可靠性模型来预计达到失效率目标值所需要的时间。

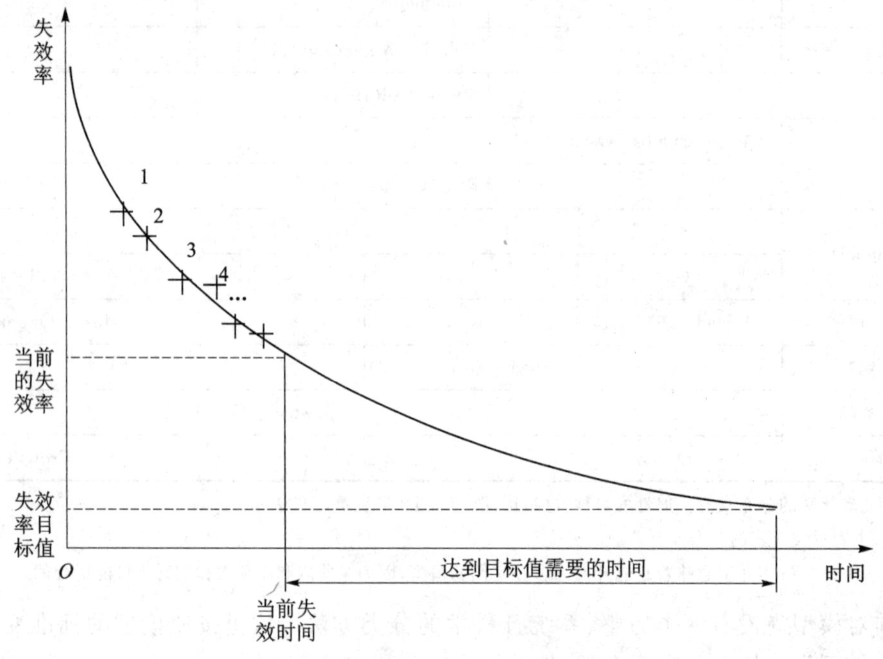

图 10.1　软件失效率估计和预计图

借助软件可靠性模型，可以及时观察软件可靠性水平的变化，确定软件的设计变更和软件的功能扩充是否合理、可行，从而指导软件的设计更改和功能扩充。如图10.2所示，软件失效率变化图中的1～6点分别代表软件生存周期中某一时间点的失效率状况，每一点失效率的具体值都是通过软件可靠性模型估计得到。显然，点2、4、6处的失效率值出现了异常上升，由此可以判断，可能是此时的设计变更引入了新的错误，导致了可靠性水平的降低，或者是其他原因导致了可靠性水平的降低，因此需要对此时的设计变更等活动进行分析，确定究竟是哪些不合理变更导致了软件可靠性水平的下降。因此，以软件可靠性模型为支撑的软件可靠性定量分析技术，可以对各种软件开发技术的优劣做出定量的评估。

需要注意的是，评估和预计是两个有区别又有联系的概念。评估是指对软件现有的可靠性水平做出评价。预计是对软件未来的可靠性特征进行预测。必须指出，在使用数学模型进行预计时蕴含的假定是，事物发展规律在未来的一段时间内保持不变。对于短期预测，这个假设是合理的，但随着预测期的延长，其近似性减弱。因此，为了得到较准确的结果，应随着失效数据的收集不断的应用可靠性模型进行预计。

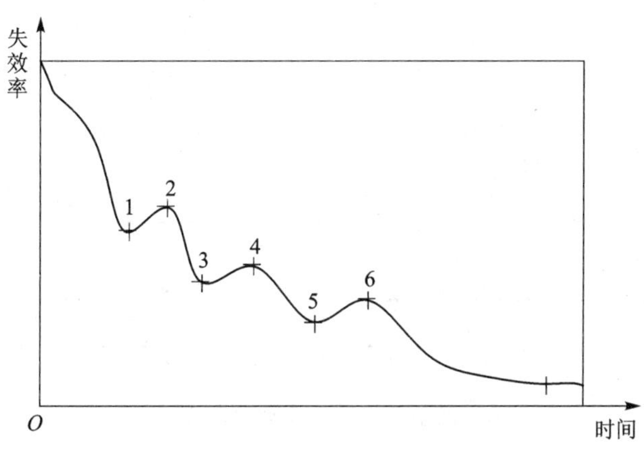

图 10.2　软件失效率变化图

10.3.2　典型软件可靠性模型的介绍

1. Jelinski - Moranda 模型

(1) 模型概述

该模型是由 Jelinski、Moranda 于 1972 年开发的可靠性模型，是最早建立的软件可靠性模型之一，曾用于麦克唐奈道格拉斯海军工程中。该模型以一种简便和合乎直觉的方式表明如何根据软件缺陷的显露历程来预测未来软件可靠性行为，它包含软件可靠性建模中若干典型和最主要的假设，因而引发出后来的许多种变形。事实上，现有大多数软件可靠性模型要么可认为是其变形或扩展，要么与其密切相关。该模型对软件可靠性定量分析技术的建立和发展做出了重要的贡献，是软件可靠性研究领域的第一个历程碑[5,7]。

(2) 假设与数据要求

模型的基本假设如下：

① 程序中的固有错误数 N_0 是一个未知的常数；

② 程序中的各个错误是相互独立的，每个错误导致系统发生失效的可能性大致相同，各次失效间隔时间也相互独立；

③ 测试过程中检测到的错误都被排除，每次排错只排除一个错误，排错时间可以忽略不计，在排错过程中不引入新的错误；

④ 程序的失效率在每个失效间隔时间内是常数，其数值正比于程序中残留的错误数，在第 i 个测试区间，其失效率函数为

$$Z(x_i)=\phi(N_0-i+1) \tag{10-21}$$

式中，ϕ 是比例常数；x_i 是第 i 次失效间隔中以 $i-1$ 次失效为起点的时间变量。图 10.3 所示为 J - M 模型失效率随时间变化的曲线。图中 t_i 是以时间 0 点为起点的第 i 次失效的绝对发生时间，即 $x_i=t_i-t_{i-1}$，且 $i\geqslant 1, t_0=0$。

⑤ 错误以相等的可能发生，且相互独立错误检测率正比于当前程序中的错误数；

⑥ 软件的运行方式与预期的运用方式相似。

模型的数据要求：完全失效数据，即失效间隔时间或累计失效时间。

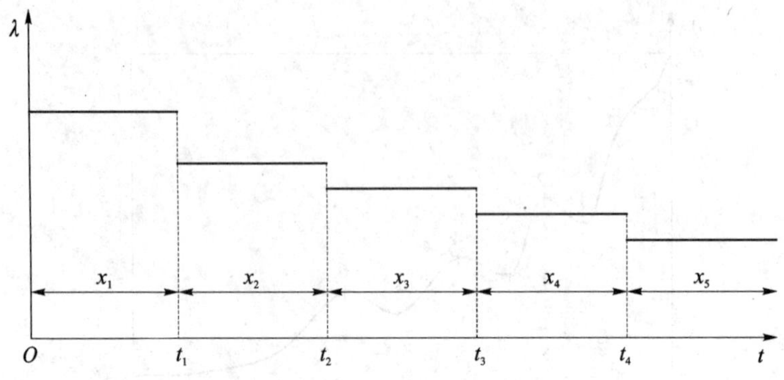

图 10.3　失效率变化曲线

(3) 模型的构造与参数估计

在假设的基础上，运用可靠性工程学的基本理论，以第 $i-1$ 次失效为起点的第 i 次失效发生的时间是一个随机变量，它服从以 $\phi(N_0-i+1)$ 为参数的指数分布，其密度函数为

$$f(x_i)=\phi(N_0-i+1)\exp\{-\phi(N_0-i+1)x_i\} \tag{10-22}$$

其分布函数为

$$\begin{aligned}F(x_i)&=\int_0^{x_i}f(x_i)\mathrm{d}x_i=\int_0^{x_i}\phi(N_0-i+1)\exp\{-\phi(N_0-i+1)x_i\}\mathrm{d}x_i\\&=-\exp\{-\phi(N_0-i+1)x_i\}\Big|_0^{x_i}\\&=1-\exp\{-\phi(N_0-i+1)x_i\}\end{aligned} \tag{10-23}$$

其可靠性函数为

$$R(x_i)=1-F(x_i)=\exp\{-\phi(N_0-i+1)x_i\} \tag{10-24}$$

假设总共发生 n 个失效，似然函数为

$$L(x_1,\cdots,x_n)=\prod_{i=1}^{n}f(x_i)=\prod_{i=1}^{n}\phi(N_0-i+1)\exp\{-\phi(N_0-i+1)x_i\} \tag{10-25}$$

对上式两边取对数，得

$$\ln L(x_1,\cdots,x_n)=\sum_{i=1}^{n}\ln f(x_i)=\sum_{i=1}^{n}(\ln\phi(N_0-i+1)-\phi(N_0-i+1)x_i) \tag{10-26}$$

则模型参数的极大似然法估计值是以下方程组的解：

$$\begin{cases}\hat{\phi}=\dfrac{n}{\hat{N}_0\left(\sum\limits_{i=1}^{n}x_i\right)-\sum\limits_{i=1}^{n}(i-1)x_i}\\[2ex]\sum\limits_{i=1}^{n}\dfrac{1}{\hat{N}_0-(i-1)}=\dfrac{n}{\hat{N}_0-\left(1/\sum\limits_{i=1}^{n}x_i\right)\left(\sum\limits_{i=1}^{n}(i-1)x_i\right)}\end{cases} \tag{10-27}$$

显然，上述方程为超越方程，可用数值计算法求解方程组，得到模型参数 N_0 和 ϕ 的点估计值。

值得注意的是：在用最大似然法(或最小二乘法)求参数估计值时，都得到了超越方程组，只能用数值法求解，因此需要选择一个初值，再根据初值输入后得出的结果重新选择数据逐次逼近。在实际拟合数据时发现，这些方程有时没法得到收敛的数值解，该事实表明，用于模型拟合的数据应该满足某种条件，参数值才收敛，否则参数值发散。我们称这个条件为模型的极限条件。最早研究模型极限条件的是 Littlewood，他于 1981 年得出了 J - M 模型的极限条件。

由极限条件得到模型解的讨论：J - M 模型在 $P \leqslant \frac{n-1}{2}$ 时无合理解，在 $P > \frac{n-1}{2}$ 时有唯一合理解[4]。其中

$$P = \frac{\sum_{i=1}^{n}(i-1)(t_i - t_{i-1})}{t_n} \tag{10-28}$$

(4) 可靠性预计

运用可靠性工程学的基本理论，利用上述推导出的估计值，可相应地求得以下可靠性度量参数的估计值：

1) 可靠度

由

$$R(x_i) = 1 - F(x_i) = \exp\{-\phi(N_0 - i + 1)x_i\} \tag{10-29}$$

其中，x_i 是第 i 次失效间隔中以 $i-1$ 次失效为起点的时间变量。

易得

$$R_{n+1}(x) = R(x \mid t_n) = \mathrm{e}^{-(\hat{N}-n)\hat{\phi}x} \tag{10-30}$$

其中，x 表示以 t_n 为起始点计算的时间。

2) 不可靠度

$$F_{n+1}(x) = 1 - R_{n+1}(x) = 1 - R(x \mid t_n) = 1 - \mathrm{e}^{-(\hat{N}-n)\hat{\phi}x} \tag{10-31}$$

3) 失效密度

$$f_{n+1}(x) = -\frac{\mathrm{d}R_{n+1}(x)}{\mathrm{d}x} = (\hat{N} - n)\hat{\phi}\,\mathrm{e}^{-(\hat{N}-n)\hat{\phi}x} \tag{10-32}$$

4) MTTF

给定第$(i-1)$个软件失效发生于 t_{i-1} 时刻，由失效独立性假设知，t_{i-1} 时刻之后软件失效的 MTTF 为：

$$\begin{aligned}\mathrm{MTTF}_i &= E\{X_i \mid x_1, x_2, \cdots x_{i-1}\} = \int_0^{\infty} R_i(x)\mathrm{d}x = \int_0^{\infty} \exp(-\hat{\phi}(\hat{N}_0 - i + 1)x)\,\mathrm{d}x \\ &= \frac{1}{\hat{\phi}(\hat{N}_0 - i + 1)}\end{aligned} \tag{10-33}$$

2. Goel - Okumoto 不完美改错模型

(1) 模型概述

JM 模型假设修改软件缺陷的时间是可以忽略的，并且每次缺陷的修改都是完美的，即改正了引起失效的缺陷，并且没有引入新的软件缺陷。然而，在实际中并不总是这样。在修改缺陷的过程中，可能会引入新的缺陷。Amrit Goel 和 Kazu Okumoto 于 1978 年提出了一种不完美的改错模型来克服这一假设的局限性。尽管有许多软件可靠性模型都考虑到缺陷剔除不

完善的情形，如 Littlewood－Verrall 模型、Goel－Okumoto NHPP 模型，但无一能像该模型如此直接地考虑缺陷剔除不完善的情形。该模型事实上是 J－M 模型的修改版，允许缺陷剔除不完善的情形发生，数学上简单、且合乎直觉[5]。

(2) 假设与数据要求

模型的基本假设如下：

① 错误检测率正比于当前程序中的错误数；

② 当检测到一个导致软件失效的缺陷时，其被成功剔除的概率为 p，则不被剔除的概率为 $1-p$；

③ 剔除缺陷的时间可被忽略；

④ 软件调试过程中不引入新的缺陷；

⑤ 各个失效的严重等级相同；

⑥ 软件的运行方式与预期的运用方式相同；

⑦ 软件初始残留缺陷数为 N(常数)。

模型的数据要求：完全失效数据，即失效间隔时间或累计失效时间。

(3) 模型的构造与参数估计

令 $Y_i=\begin{cases}1;\text{如果第 } i \text{ 个失效是源于剔除不完善而遗留的缺陷} \\ 0;\text{否则}\end{cases}$，在假设的基础上，运用可靠性工程学的基本理论，以第 $i-1$ 次失效为起点的第 i 次失效发生的时间是一个随机变量，它服从以 $\lambda[N-p(i-1)]$ 为参数的指数分布，这里参数 λ 表示单位时间内平均失效发生率，其密度函数为

$$f(x_i \mid N,p,\lambda)=[N-p(i-1)]\lambda\exp\{-[N-p(i-1)]\lambda x_i\} \tag{10-34}$$

令：

$$L_1(x_1,\cdots,x_n)=\prod_{i=1}^{n} f(x_i \mid N,p,\lambda) \tag{10-35}$$

又 Y_i 的概率分布为

$$P\{Y_i=y_i \mid N,p\}=\left\{\frac{(1-p)(i-1)}{N-p(i-1)}\right\}^{y_i}\left\{\frac{N-(i-1)}{N-p(i-1)}\right\}^{1-y_i} \tag{10-36}$$

再令：

$$L_2(y_1,\cdots,y_n)=\prod_{i=1}^{n} P\{Y_i=y_i \mid N,p\} \tag{10-37}$$

则似然函数为

$$L(x_1,\cdots,x_n;y_1,\cdots,y_n)=L_1(x_1,\cdots,x_n)L_2(y_1,\cdots,y_n) \tag{10-38}$$

则模型参数 N,p,λ 的极大似然法估计值是以下方程组的解：

$$\begin{cases}\hat{\lambda}\sum_{i=1}^{n}x_i=\sum_{i=1}^{n}\dfrac{1-y_i}{\hat{N}-(i-1)} \\ \hat{\lambda}\sum_{i=1}^{n}(i-1)x_i=\sum_{i=1}^{n}\dfrac{y_i}{1-\hat{p}} \\ \dfrac{n}{\hat{\lambda}}=\sum_{i=1}^{n}[\hat{N}-\hat{p}(i-1)]x_i\end{cases} \tag{10-39}$$

其中 $x_i = t_i - t_{i-1}$，为失效间隔时间。

上述方程为超越方程，可用数值计算法求解方程组，得到模型参数 N，p，λ 的点估计值。

(4) 可靠性预计

运用可靠性工程学的基本理论，利用上述推导出的估计值，可相应地求得以下可靠性度量参数的估计值：

1) 不可靠度

由

$$\begin{aligned}F(x_i) &= \int_0^{x_i} f(x_i)\mathrm{d}x_i = \int_0^{x_i} [N - p(i-1)]\lambda \exp\{-[N-p(i-1)]\lambda x_i\}\mathrm{d}x_i \\ &= -\exp\{-[N-p(i-1)]\lambda x_i\}\Big|_0^{x_i} = 1 - \exp\{-[N-p(i-1)]\lambda x_i\}\end{aligned} \tag{10-40}$$

可得

$$\begin{aligned}F_{n+1}(x) &= 1 - R_{n+1}(x) = 1 - R(x \mid t_n) \\ &= 1 - \mathrm{e}^{-(\hat{N}-\hat{p}n)\lambda x}\end{aligned} \tag{10-41}$$

其中，x 表示以 t_n 为起始点计算的时间。

2) 可靠度

由

$$R(x_i) = 1 - F(x_i) = \exp\{-[N-p(i-1)]\lambda x_i\} \tag{10-42}$$

得

$$R_{n+1}(x) = \mathrm{e}^{-(\hat{N}-\hat{p}n)\lambda x} \tag{10-43}$$

3) 失效密度

$$f_{n+1}(x) = -\frac{\mathrm{d}R_{n+1}(x)}{\mathrm{d}x} = (\hat{N} - \hat{p}n)\hat{\lambda}\mathrm{e}^{-(\hat{N}-\hat{p}n)\lambda x} \tag{10-44}$$

3. Goel - Okumoto NHPP 模型的介绍

(1) 模型概述

此模型于 1979 年首先由 Amrit Goel 和 Kazu Okumoto 提出[5,7]，为给定测试时间间隔内观测到的失效数建模，成为使用单位时间内观测到的错误数的模型组的基础。许多其他模型均起源于该模型，如 S 型模型。

(2) 假设与数据要求

模型的基本假设为：

① 到时间 t 的累计失效数 $N(t)$ 满足均值函数为 $u(t)$ 的泊松过程。其中 $u(t) = N(1 - \exp(-bt))$。从均值函数可以看出任意时间间隔 t 到 $t+t$ 内的期望的错误发生数与 t 时刻期望的未检测出的错误数成比例。还要假设该函数为有界的非减时间函数，且：$\lim\limits_{t\to\infty} u(t) = N < \infty$，即为有限失效模型；

② 对于任意的有限时间采样 $t_1 < t_2 < \cdots < t_n$，在每个时间间隔内检测出的错误数是相互独立的；

③ 软件的运行方式与预期的运行方式相同；

④ 每个错误发生的机会相同，且严重等级相同；

⑤ 失效之间相互独立。

模型的数据要求：完全失效数据或不完全失效数据。

(3) 模型的构造与参数估计

由假设可知：均值函数的形式为：

$$u(t)=N(1-\exp(-bt)) \tag{10-45}$$

其中 $b>0$ 和 $N>0$ 为常数。N 是最后检测出的期望错误总数。

失效强度的函数形式为：

$$\lambda(t)=u'(t)=Nb\exp(-bt) \tag{10-46}$$

由于模型属于指数类，对于单个错误 X，有：

$$f_x(t)=b\exp(-bt) \tag{10-47}$$

因此对于失效强度函数有：

$$\lambda(t)=Nf_x(t) \tag{10-48}$$

1) 利用不完全失效数据进行参数估计

根据假设，可得到以下结果：每个 k_i（第 i 个时间间隔内的失效数），都是独立的泊松随机变量，其均值为 $u(t_i)-u(t_{i-1})$。因此，k_i 的联合密度可用下式表示。其中 $i=1,\cdots,n$：

$$\prod_{i=1}^{n}\frac{[\mu(t_i)-\mu(t_{i-1})]^{k_i}\exp\{\mu(t_i)-\mu(t_{i-1})\}}{k_i!} \tag{10-49}$$

基于联合密度函数，可用以下方程组求得 N 和 b 的极大似然估计值：

$$\begin{cases}\hat{N}=\dfrac{\sum\limits_{i=1}^{n}k_i}{(1-\mathrm{e}^{-\hat{b}t_n})}\\[2ex]\dfrac{t_n\mathrm{e}^{-\hat{b}t_n}\sum\limits_{i=1}^{n}k_i}{(1-\mathrm{e}^{-\hat{b}t_n})}=\sum\limits_{i=1}^{n}\dfrac{k_i(t_i\mathrm{e}^{-\hat{b}t_i}-t_{i-1}\mathrm{e}^{-\hat{b}t_{i-1}})}{\mathrm{e}^{-\hat{b}t_{i-1}}-\mathrm{e}^{-\hat{b}t_i}}\end{cases} \tag{10-50}$$

2) 利用完全失效数据进行参数估计

如果已知每个失效发生的累计时间为 $t_i, i=1,2,\cdots,n$，则参数 N 和 b 的最大似然估计值满足下列两个方程式。

$$\begin{cases}\hat{N}=\dfrac{n}{1-\mathrm{e}^{-\hat{b}t_n}}\\[2ex]\dfrac{n}{\hat{b}}=\hat{N}t_n\mathrm{e}^{-\hat{b}t_n}+\sum\limits_{i=1}^{n}t_i\end{cases} \tag{10-51}$$

令 $P=\left(\sum\limits_{i=1}^{n}t_i\right)/(nt_n)$，则可以证明[4]：

当 $P\geqslant 1/2$ 时，Goel - Okumoto 模型参数不存在，

当 $P<1/2$ 时，Goel - Okumoto 模型参数存在且唯一，且 b 的解在 $\left(\dfrac{1-2P}{t_nP},\dfrac{1}{t_nP}\right)$ 区间内。

(4) 可靠性预计

使用上述推导出的估计值，可相应地求得以下可靠性度量的估计值：

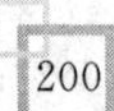

1）失效强度

$$\lambda_n(x)=\hat{N}\hat{b}\mathrm{e}^{-\hat{b}(t_n+x)} \tag{10-52}$$

其中，x 表示以 t_n 为起始点计算的时间。

2）失效数均值函数

$$\mu_n(x)=\hat{N}(1-\mathrm{e}^{-\hat{b}(t_n+x)}) \tag{10-53}$$

3）可靠度、不可靠度

$$R_{n+1}(x)=R(x\mid t_n)=\mathrm{e}^{-\hat{N}(\mathrm{e}^{-\hat{b}t_n}-\mathrm{e}^{-\hat{b}(t_n+x)})} \tag{10-54}$$

$$F_{n+1}(x)=1-R(x\mid t_n)=1-\mathrm{e}^{-\hat{N}(\mathrm{e}^{-\hat{b}t_n}-\mathrm{e}^{-\hat{b}(t_n+x)})} \tag{10-55}$$

4）失效密度

$$\begin{aligned}f_{n+1}(\tau)&=-\frac{\mathrm{d}R_{n+1}(\tau)}{\mathrm{d}\tau}\\&=\hat{N}\hat{b}\mathrm{e}^{-\hat{b}(t_n+\tau)}\mathrm{e}^{-\hat{N}(\mathrm{e}^{-\hat{b}t_n}-\mathrm{e}^{-\hat{b}(t_n+\tau)})}\end{aligned} \tag{10-56}$$

5）MTTF 不存在

因为 $\lim\limits_{x\to\infty}R_{n+1}(x)=\mathrm{e}^{-\hat{N}\mathrm{e}^{-\hat{b}t_n}}\neq 0$

故 $\mathrm{MTTF}_{n+1}=\int_0^{\infty}R_{n+1}(x)\mathrm{d}x$ 不存在。

4. Yamada 延迟 S 型模型的介绍

（1）模型概述

此模型于 1984 年首先由 Yamada、Ohba 和 Osaki 提出[7]，认为在软件测试过程中包含着一个学习过程，在学习过程中，测试人员不断地熟悉软件产品，测试技术会逐渐提高，因此缺陷检测率的曲线呈现 S 形。

（2）假设与数据要求

模型的基本假设为：

① 程序中的所有缺陷都是相互独立的；

② 任意时刻缺陷被检测到的概率与该时刻软件中残存的缺陷数成正比；

③ 缺陷探测的比例系数是恒定的；

④ 软件的初始缺陷数是一个随机变量；

⑤ 第$(i-1)$个失效和第(i)个失效之间的间隔时间依赖于第$(i-1)$个失效的失效前时间；

⑥ 每当发生一个失效时，导致失效的缺陷会被立即排除，同时不会引入新的缺陷。

模型的数据要求：完全失效数据或不完全失效数据。

（3）模型的构造与参数估计

由假设可知：均值函数的形式为：

$$u(t)=a(1-(1+bt)\mathrm{e}^{-bt}) \tag{10-57}$$

其中 $b>0$ 和 $a>0$ 为常数。a 是最后检测出的期望错误总数。

失效强度的函数形式为：

$$\lambda(t)=u'(t)=ab^2te^{-bt} \tag{10-58}$$

软件系统的可靠度为：

$$R(s\mid t)=e^{-[m(t+s)-m(t)]}=e^{-a[(1+bt)e^{-bt}-(1+b(t+s))e^{-b(t+s)}]} \tag{10-59}$$

其中，s 表示以 t 为起始点计算的时间。

t 时刻系统中的残余缺陷数的期望值为：

$$n(t)=\mu(\infty)-\mu(t)=a(1+bt)e^{-bt} \tag{10-60}$$

1）利用不完全失效数据进行参数估计：

根据假设，利用极大似然估计法，可用以下方程组求得 a 和 b 的极大似然估计值：

$$\begin{cases} a=\dfrac{y_n}{1-(1+bt_n e^{-bt_n})} \\ \dfrac{y_n t_n{}^2 e^{-bt_n}}{1-(1+bt_n e^{-bt_n})}=\displaystyle\sum_{i=1}^{n}\dfrac{(y_n-y_{n-1})(t_i{}^2 e^{-bt_i}-t_{i-1}{}^2 e^{-bt_{i-1}})}{(1+bt_{i-1})e^{-bt_{i-1}}-(1+bt_i)e^{-bt_i}} \end{cases} \tag{10-61}$$

2）利用完全失效数据进行参数估计：

利用极大似然估计法，可用以下方程组求得 a 和 b 的极大似然估计值：

$$\begin{cases} a=\dfrac{n}{1-(1+bs_n e^{-bs_n})} \\ \dfrac{2n}{b}=\displaystyle\sum_{i=1}^{n}s_i+\dfrac{nbs_n{}^2 e^{-bs_n}}{1-(1+bs_n e^{-bs_n})} \end{cases} \tag{10-62}$$

（4）可靠性预计

使用上述推导出的估计值，可相应地求得以下可靠性度量的估计值：

1）失效强度

$$\lambda_n(x)=\hat{a}\hat{b}^2(t_n+x)e^{-\hat{b}(t_n+x)} \tag{10-63}$$

其中，x 表示以 t_n 为起始点计算的时间。

2）失效数均值函数

$$\mu_n(x)=\hat{a}(1-(1+\hat{b}(t_n+x))e^{-\hat{b}(t_n+x)}) \tag{10-64}$$

3）可靠度、不可靠度

$$R_{n+1}(x)=R(x\mid t_n)=e^{-[m(t_n+x)-m(t_n)]}=e^{-\hat{a}\left[(1+\hat{b}t_n)e^{-\hat{b}t_n}-(1+\hat{b}(t_n+x))e^{-\hat{b}(t_n+x)}\right]} \tag{10-65}$$

$$F_{n+1}(x)=1-R_{n+1}(x)=1-e^{-\hat{a}\left[(1+\hat{b}t_n)e^{-\hat{b}t_n}-(1+\hat{b}(t_n+x))e^{-\hat{b}(t_n+x)}\right]} \tag{10-66}$$

4）失效密度

$$\begin{aligned} f_{n+1}(\tau)&=-\frac{dR_{n+1}(\tau)}{d\tau} \\ &=\hat{N}\hat{b}e^{-\hat{b}(t_n+\tau)}e^{-\hat{N}\left(e^{-\hat{b}t_n}-e^{-\hat{b}(t_n+\tau)}\right)} \end{aligned} \tag{10-67}$$

5）MTTF 不存在

因为 $\lim_{x\to+\infty} R_{n+1}(x)=\mathrm{e}^{-\hat{a}(1+\hat{b}t_n)\mathrm{e}^{-\hat{b}t_n}}\neq 0$

所以 $\mathrm{MTTF}_{n+1}=\int_0^{\infty} R_{n+1}(x)\mathrm{d}x$ 不存在。

5. Musa - Okumoto(M - O)对数 Poisson 执行时间模型

（1）模型概述

对数泊松模型是另一个被广泛使用的模型，它是由 Musa 和 Okumoto 提出。该模型是失效强度函数随失效发生而指数递减的非均匀泊松过程。指数率递减反映了以下观点：早期发现的失效比晚期发现的失效对失效强度函数的减小作用大。之所以称之为对数泊松模型是因为期望的失效数是时间的对数函数。

（2）假设与数据要求

模型的基本假设为：

① 到时刻 t 的累积失效数 $N(t)$ 符合泊松过程；

② 失效强度随着失效期望数的递减而呈现指数递减，即 $\lambda(t)=\lambda_0\mathrm{e}^{-\theta\mu(t)}$，其中 $u(t)$ 为均值函数，$\theta>0$ 是失效强度递减参量，且 $\lambda_0>0$ 是初始失效强度；

③ 软件的运行方式与预期的运用方式相似；

④ 每个错误发生的机会相同，且严重等级相同；

⑤ 失效之间相互独立。

数据要求为：完全失效数据，即失效间隔时间或累计失效时间。

（3）模型的构造与参数估计

由假设可知：

$$u(t)=\ln(\lambda_0\theta t+1)/\theta \tag{10-68}$$

则

$$\lambda(t)=u'(t)=\lambda_0/(\lambda_0\theta t+1) \tag{10-69}$$

M - O 模型还可以用另一个表达式来给出：

令 $\beta_0=\theta^{-1}$ 且 $\beta_1=\lambda_0\theta$，于是：

$$u(t)=\beta_0\ln(\beta_1 t+1) \tag{10-70}$$

$$\lambda(t)=\beta_0\beta_1/(\beta_1 t+1) \tag{10-71}$$

用以下方程可求得参数的极大似然估计值：

$$\hat{\beta}_0=\frac{n}{\ln(1+\hat{\beta}_1 t_n)}$$

$$\frac{1}{\hat{\beta}_1}\sum_{i=1}^{n}\frac{1}{1+\hat{\beta}_1 t_i}=\frac{nt_n}{(1+\hat{\beta}_1 t_n)\ln(1+\hat{\beta}_1 t_n)} \tag{10-72}$$

（4）可靠性预计

使用上述推导出的估计值，可相应地求得以下可靠性度量的估计值：

1）失效强度

$$\lambda_n(x)=\hat{\beta}_0\hat{\beta}_1/(\hat{\beta}_1(t_n+x)+1) \tag{10-73}$$

其中,x 表示以 t_n 为起始点计算的时间。

2）失效数均值函数

$$u_n(x)=\hat{\beta}_0\ln(\hat{\beta}_1(t_n+x)+1) \tag{10-74}$$

3）可靠度、不可靠度

$$R_{n+1}(x)=R(x\mid t_n)=\left[\frac{\hat{\beta}_1 t_n+1}{\hat{\beta}_1(t_n+x)+1}\right]^{\hat{\beta}_0} \tag{10-75}$$

$$F_{n+1}(x)=1-R(x\mid t_n)=1-\left[\frac{\hat{\beta}_1 t_n+1}{\hat{\beta}_1(t_n+x)+1}\right]^{\hat{\beta}_0} \tag{10-76}$$

4）失效密度

$$\begin{aligned} f_{n+1}(x)&=-\frac{\mathrm{d}R_{n+1}(x)}{\mathrm{d}x} \\ &=\hat{\beta}_0\hat{\beta}_1(\hat{\beta}_1 t_n+1)\hat{\beta}_0/[\hat{\beta}_1(t_n+x)+1]^{\hat{\beta}_0+1} \end{aligned} \tag{10-77}$$

5）MTTF

当 $\theta<1$ 时,有

$$\begin{aligned} \mathrm{MTTF}_{n+1}&=\frac{\hat{\theta}}{1-\hat{\theta}}(\hat{\lambda}_0\hat{\theta}t_n+1)^{1-1/\hat{\theta}} \\ &=\frac{1}{\hat{\beta}_0}(\hat{\beta}_1 t_n+1)^{1-\hat{\beta}_0} \end{aligned} \tag{10-78}$$

当 $\theta\geqslant1$ 时,MTTF 不存在。

6. 指数模型

(1) 模型概述

文献证明了:软件在稳定使用阶段,且在发现缺陷不更改的情况下,软件的寿命服从指数分布。Misra(1983)曾用指数分布模型为美国国家航空和宇宙航行局(NASA)的航天飞机地面系统软件进行了缺陷出现率的估计。该软件为 Johnson 航天中心的飞行控制器提供处理支持,以训练飞行操作的指挥和控制,从 200 小时的飞行任务所得到的实际数据表明这个模型工作得很好。

(2) 假设与数据要求

模型的基本假设为:

① 测试工作量在整个测试阶段是均匀分布的;

② 发现缺陷时不进行修改;

③ 第 i 个软件缺陷对应一个指数分布寿命,可靠度为 $R(x_i)=\mathrm{e}^{-\lambda x_i}$,$\lambda$ 为参数,失效时间 x_i 是指第 $i-1$ 到第 i 次失效之间的时间;

④ 软件的运行方式与预期的运用方式相同;

⑤ 每个错误发生的机会相同,且严重等级相同;

⑥ 失效之间相互独立。

数据要求为:完全失效数据,即失效间隔时间或累计失效时间。

(3) 模型的构造与参数估计

在假设的基础上，运用可靠性工程学的基本理论，以第 $i-1$ 次失效为起点的第 i 次失效发生的时间是一个随机变量，它服从以 λ 为参数的指数分布，其密度函数为

$$f(x_i)=\lambda e^{-\lambda x_i} \tag{10-79}$$

假设总共发生 n 个失效，似然函数为

$$L(x_1,\cdots,x_n)=\prod_{i=1}^{n} f(x_i)=\lambda^n \prod_{i=1}^{n} e^{-\lambda x_i}=\lambda^n e^{-\lambda \sum_{i=1}^{n} x_i} \tag{10-80}$$

对上式两边取对数，得

$$\ln L(x_1,\cdots,x_n)=n\ln\lambda-\lambda\sum_{i=1}^{n} x_i \tag{10-81}$$

则模型参数的极大似然法估计值是以下方程的解：

$$\begin{gathered}\frac{\mathrm{d}\ln L}{\mathrm{d}\lambda}=\frac{n}{\lambda}-\sum_{i=1}^{n} x_i=0\\ \hat{\lambda}=n\Big/\sum_{i=1}^{n} x_i\end{gathered} \tag{10-82}$$

其中 $x_i=t_i-t_{i-1}$，为失效间隔时间。

(4) 可靠性预计

可相应地求得以下可靠性度量的估计值：

1) 失效率

$$Z(x)=\hat{\lambda} \tag{10-83}$$

2) 失效强度

$$\lambda(x)=\hat{\lambda} \tag{10-84}$$

3) 不可靠度

$$F(x)=1-e^{-\hat{\lambda}x} \tag{10-85}$$

4) MTTF

$$\mathrm{MTTF}=\frac{1}{\hat{\lambda}} \tag{10-86}$$

10.3.3 模型的比较和选择

对于一个模型来说，能否进行准确的可靠性预测，是对模型进行选择和比较的重要依据。但目前尚缺少确切的判断模型是否适用的有效方法。通常，判断模型准确性的准则有两方面，一方面是依据模型的拟合性能，另一方面是依据模型的预测性能，但二者又常常不一致，即拟合性能好的模型预测性能却不一定好，反之亦然。对于工程应用来说，人们认为，好的预测性能更为关键。

不论是在简单的短期预测还是在较长时间段的预测中，各种模型所表现出来的可靠性度量的准确性差异很大，目前还无法给出一个普遍适用的模型。1984 年，Iannino、Musa、Okumoto 和 Littlewood 等专家为可靠性模型设计了一套模型评价和比较的标准，主要包括预计

的有效性、模型的能力、假设条件的质量、模型的适用性、模型的简洁性和对噪声的不敏感性等内容。利用这些标准，可对模型进行比较和选择。

1. 预计的有效性

预计的有效性是模型从过去和现在的失效行为(即失效数据)预计将来失效行为的能力，它是所有准则中唯一可以定量度量的，也是最重要的。通常又可以采用准确性、偏差、趋势和噪声等参量进行预计有效性的衡量。此处仅介绍简单易操作的最小相关误差的评价方法，对其他方法感兴趣的同学可自行参阅相关书籍。

最小相关误差准则的计算公式如下所示：

$$\mathrm{ESS}=\sqrt{\sum_{i=m}^{n}\frac{(y_i-\hat{m}(t_i))^2}{n-m}} \tag{10-87}$$

其中，n 为实际失效数据(即观测数据)的个数，y_i 为实际失效数据中 t_i 时刻的失效总数，$\hat{m}(t_i)$为 t_i 时刻的失效数的预计值($i=m,m+1,\cdots,n,m<n$)。该预计值是基于前 $i-1$ 个实际观测数据确定模型参数后，再利用模型表达式 $\hat{m}(t_i)$得到的 t_i 时刻的失效总数的预计值，可见，对应不同的 i，都需要基于前 $i-1$ 个观测数据重新计算得到模型参数的估计值。ESS测量的是模型预计与真实数据之间的距离，值越小，意味着模型的预计精度越高。

2. 模型的能力

模型的能力是指模型对与可靠性有关的量的估计能力如何。它涉及到模型能在软件工程师、软件管理人员制定软件项目开发计划、管理软件项目开发中，对他们所要求的量，以令人满意的精确度进行估计的能力，也涉及用户在操作运行软件系统时，对他们所要求的量作出精确估计的能力。可靠性量值按相对重要性排序如下：① 当前的可靠性，或平均无故障时间(MTTF)；② 期望达到一规定可靠性目标的日期，如 MTTF 目标的日期；③ 与达到规定目标有关的人力和计算机资源以及成本要求。

3. 假设条件的质量

该准则是指假设与真实情况的接近程度，以及对特殊环境的适应性。模型的基本假设条件应该与实际工程的测试及运行环境相符。主要考虑假设条件得到数据支持的程度，以及从逻辑一致性和软件工程经验的观点来看假设条件的合理性。

4. 模型的适用性

模型的适用性就是模型对软件在测试和运行环境中的演变和修改的处理能力。可以通过以下五个方面进行评价：是否适用于不同(规模、结构、功能等)的软件；是否适用于不同操作剖面下的软件；是否适用于不同开发环境下的软件；是否适用于不同测试策略下的软件；是否适用于不完善的软件可靠性数据。

5. 模型的简洁性

一个模型应在下面三个方面具有简洁性：① 在收集模型所需要的数据时应尽可能简单且代价较低；② 模型的概念应该简单明了，即模型的概念及假设条件在实际应用中易于理解；③ 模型中的参数应易于理解且估值过程简单。

6. 对噪声的不敏感性

尽管在输入数据和参数中有小的差别，模型仍能产生结果，同时对显著差别不丢失相应的能力。

10.4　软件可靠性度量应用

下面结合实例对如何通过失效数据、利用软件可靠性模型进行软件可靠性度量的过程进行说明。

图 10.4 所示为基于失效数据的软件可靠性度量过程的简单描述。

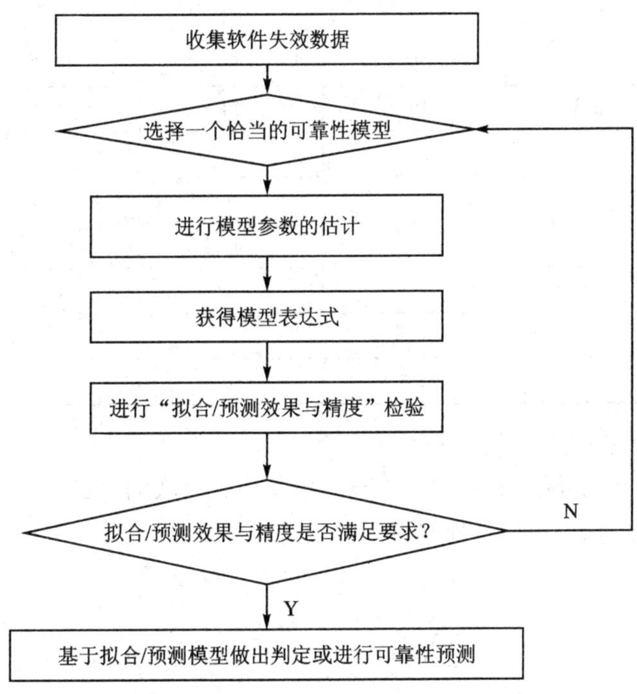

图 10.4　基于失效数据的软件可靠性度量过程

1. 收集软件失效数据

失效数据可采用记录软件失效的时间间隔和记录软件失效数的方法收集。10.2.4 节曾提到,失效数据的收集不仅要考虑与失效相关,还要考虑是否需要关注失效严重等级,因此需要先了解用户对软件失效是否有等级要求,所提的可靠性指标要求是针对何种失效严重等级提出的。经过分析之后,如果用户确实存在不同等级的要求,就需要按照具体要求确定要收集的失效信息,否则,就可以收集所有失效信息,包括发生失效的时间、各次失效的间隔时间、单位时间内的失效次数等。

此处,利用 Ohba 公布的经典可靠性失效数据[1](如表 10.10 所列)。

2. 选择一个恰当的可靠性模型

根据收集到的失效数据的特点、对测试过程和模型假设的理解以及参考模型的分类特征,可以选择一个或几个模型对数据进行拟合,从中确定一种比较恰当的模型。具体过程可参考文献[6]。

此处,假定已根据上述推荐方法选定 GO NHPP、Yamada 延迟 S 型模型为待定模型。

3. 进行模型参数的估计

模型参数估计的方法要依赖于失效数据的特性,通常使用的方法是最大似然估计方法、最小二乘法,如果有可用的软件工具,此时应当充分考虑进来。此处采用极大似然估计法。

表 10.10 软件失效数据集合

测试时间(周)	累计失效数	测试时间(周)	累计失效数
1	15	11	233
2	44	12	255
3	66	13	276
4	103	14	298
5	105	15	304
6	110	16	311
7	146	17	320
8	175	18	325
9	179	19	328
10	206	—	—

(1) GO NHPP 模型的计算过程

根据 10.3.2.3 节的介绍,利用 GO NHPP 模型的失效数均值函数 $u(t)$ 的如下表达式及模型参数的求解方程进行计算,过程如下:

$$u(t)=N(1-\exp(-bt)) \tag{10-88}$$

$$\begin{cases} \hat{N}=\dfrac{\sum\limits_{i=1}^{n}k_i}{(1-\mathrm{e}^{-\hat{b}t_n})} \\ \dfrac{t_n\mathrm{e}^{-\hat{b}t_n}\sum\limits_{i=1}^{n}k_i}{(1-\mathrm{e}^{-\hat{b}t_n})}=\sum\limits_{i=1}^{n}\dfrac{k_i(t_i\mathrm{e}^{-\hat{b}t_i}-t_{i-1}\mathrm{e}^{-\hat{b}t_{i-1}})}{\mathrm{e}^{-\hat{b}t_{i-1}}-\mathrm{e}^{-\hat{b}t_i}} \end{cases} \tag{10-89}$$

分别利用表 10.10 中的前 16、17、18、19 个失效数据,根据数值计算法计算得到模型参数 $\hat{N}$ 和 $\hat{b}$ 的点估计值,如表 10.11 所列。

表 10.11 GO NHPP 模型的参数估计值

参数的估计值	$i=17$	$i=18$	$i=19$	$i=20$
$\hat{N}$	869	716	591	513
$\hat{b}$	0.02771	0.03484	0.0443	0.05365

(2) Yamada 延迟 S 型模型的计算过程

根据 10.3.2.4 节的介绍,利用 Yamada 延迟 S 型模型的失效数均值函数 $u(t)$ 的如下表达式及模型参数的求解方程进行计算,过程如下:

$$u(t)=a(1-(1+bt)e^{-bt}) \tag{10-90}$$

$$\begin{cases} a=\dfrac{y_n}{1-(1+bt_n e^{-bt_n})} \\ \dfrac{y_n t_n{}^2 e^{-bt_n}}{1-(1+bt_n e^{-bt_n})}=\displaystyle\sum_{i=1}^{n}\dfrac{(y_n-y_{n-1})(t_i^2 e^{-bt_i}-t_{i-1}^2 e^{-bt_{i-1}})}{(1+bt_{i-1})e^{-bt_{i-1}}-(1+bt_i)e^{-bt_i}} \end{cases} \tag{10-91}$$

同上,分别利用表10.10中的前16、17、18、19个失效数据,根据数值计算法计算得到模型参数 $\hat{a}$ 和 $\hat{b}$ 的点估计值,如表10.12所列。

表10.12 Yamada延迟S型模型的参数估计值

参数的估计值	$i=17$	$i=18$	$i=19$	$i=20$
$\hat{a}$	372	372	366	360
$\hat{b}$	0.2038	0.2036	0.2076	0.2126

4. 获得模型表达式

通过将上一步所得到的模型参数的估计值代入被选的模型中,就可以建立起选定模型表达式。

(1) GO NHPP模型

将第3步中得到的估计参数代换到模型中,可以得到模型均值函数 $u(t)$ 的表达式,例如当考虑全部失效数据时,模型均值函数 $u(t)$ 为:

$$u(t)=\hat{N}(1-\exp(-\hat{b}t))=513\times(1-\exp(-0.05365t)) \tag{10-92}$$

(2) Yamada延迟S型模型

将第3步中得到的估计参数代换到模型中,可以得到模型中均值函数 $u(t)$ 的表达式,例如当考虑全部失效数据时,模型均值函数 $u(t)$ 为:

$$u(t)=\hat{a}(1-(1+\hat{b}t)e^{-\hat{b}t})=360\times(1-(1+0.2126t)e^{-0.2126t}) \tag{10-93}$$

5. 进行"预计效果与精度"检验

通过预计精度的检验来检查所获得的模型是否与实测数据具有较好的预计精度。如果预计精度好,说明模型能够很好地描述所观察到的失效情况,则进行下一步;反之,就需要重新选择一个更恰当的模型。

根据10.3.3节的介绍,分别计算上述模型的最小相关误差ESS值,具体结果如表10.13所列。

表10.13 软件可靠性模型预计精度值

模　型	$i=17$	$i=18$	$i=19$	ESS(i=17to 19)
	$\hat{m}(t_i)$的预计值	$\hat{m}(t_i)$的预计值	$\hat{m}(t_i)$的预计值	
G-O NHPP	326.4539	333.5644	336.2925	9.5856
Delayed S	320.0400	327.5601	330.9600	2.7674

因此,对于给定的失效数据,利用Yamada延迟S型模型获得的预计效果更好。

6. 基于选定的可靠性模型做出判定或进行可靠性预测

该步骤是进行可靠性度量的主要目标所在，如：基于选定的可靠性模型要做出如下判定：系统是否需要继续进行测试，或者是否可以交付使用？

根据 Yamada 延迟 S 型模型 $u(t)$ 的表达式，预计下一周（即第 20 周）的 $u(t)$ 为

$$u(20)=360\times(1-(1+0.2126\times 20)e^{-0.2126\times 20})=333 \tag{10-94}$$

因此，第 20 周预计发现的缺陷数为 5 个。

也可依据模型的其他可靠性参数的表达式确定其预计值，例如，可靠度函数的表达式为：

$$R(s\mid 19)=e^{-[m(19+s)-m(19)]}=e^{-360\times[0.0887-(1+0.2126\times(19+s))e^{-0.2126\times(19+s)}]} \tag{10-95}$$

其中，s 表示以 19 周为起始点计算的时间。

利用上述计算获得的结果，可以指导实际的测试进程，例如：

根据缺陷总数的预计值，可以知道软件中尚存在 360－328＝32 个缺陷，那么需要继续测试，直到将 32 个缺陷都发现时才可以停止测试，否则，此时发布软件是很危险的。

根据可靠度的预计函数，可以知道任何时刻的可靠度水平，如果用户给出可靠性要求时，就可以根据当前的水平是否满足用户的要求，而决定是否可以停止测试和提交；并可确定要达到用户给出的可靠性要求，还需进行多长时间的测试。

本章要点

① 软件可靠性度量工作贯穿于软件生存周期的各个阶段，是软件可靠性工程活动的基础，不同阶段的软件可靠性活动具有不同的内涵，但均具有重要的目的和意义。

② 软件可靠性度量参数是从不同角度对软件可靠性水平的刻画，是量化软件可靠性水平和定义可靠性指标的基础。

③ 软件可靠性数据是用于软件可靠性评估的软件失效情况数据，是进行软件可靠性定量分析、评估与预测的基础，并与软件失效严重等级密切相关。

④ 软件可靠性模型是描述软件失效与软件缺陷之间关系的数学方程，是软件可靠性工程取得成果最多的领域之一，是基于失效数据的软件可靠性度量的基础。

⑤ 基于失效数据的软件可靠性度量应用基于 6 大步骤逐级展开。

本章习题

1. 已知某软件系统的可用度 $A=0.99$，平均每次失效停机时间 $t_m=0.1$ 小时，试问该软件系统的失效强度 $\lambda=$？

2. 针对下述软件，说明应该选择何种软件可靠性度量参数，并简要说明理由：弹射救生系统软件，操作系统，通用软件包，航空惯导系统软件，导弹紧急关机系统中的软件，民用电话交换系统软件，逃逸救生系统的启动自检程序，导弹系统的自由飞行软件，核电站紧急关机系统中的软件，服务器应用软件，工业过程控制系统软件。

3. 已知失效数据$(t_1,t_2,\cdots,t_n)$是给定的，其中：t_i 是以时间 0 点为起点的第 i 次失效的绝对发生时间。假设某一软件可靠性模型的基本假设为：失效率函数满足 $Z(t)=\alpha t^{\beta-1}$，其中

$\beta>1,\alpha>0$。试对该模型进行推导，给出参数的极大似然估计值的方程表达式，并给出可靠度的估计值的表达式(根据(10－17)、(10－18)进行推导和计算)。

4. 收集到如下软件失效数据：

测试时间(周)	CPU(小时)	累积失效数	测试时间(周)	CPU(小时)	累积失效数
1	519	16	11	6539	81
2	968	24	12	7083	86
3	1430	27	13	7487	90
4	1893	33	14	7846	93
5	2490	41	15	8205	96
6	3058	49	16	8564	98
7	3625	54	17	8923	99
8	4422	58	18	9282	100
9	5218	69	19	9641	100
10	5823	75	20	10000	100

基于 GO NHPP 模型，进行如下计算：

① 基于所有可用的数据，计算 GO NHPP 模型中参数的最小二乘估计值。

② 基于前 17、18、19 周的可用数据，分别预计第 18、19、20 周的累积失效数，并计算从 18 周到 20 周的累积失效数预计精度 ESS 值。

本章参考资料

[1] Ohba M. ,Software Reliability Analysis Models,Ibm Journal of Research & Development,1984,Vol. 21,No. 4:428-443.

[2] Michael R. Lyu. 软件可靠性工程手册[M]. 刘喜成，等译. 北京：电子工业出版社，1996.

[3] GB/T—11457—2006 信息技术 软件工程术语.

[4] Misra P. N. ,Software Reliability Analysis,IBM Systems Journal,1983,Vol. 22:262-270.

[5] 何国伟. 软件可靠性[M]. 北京：国防工业出版社，1998.

[6] 蔡开元. 软件可靠性工程基础[M]. 北京：清华大学出版社，1995.

[7] 徐仁佐. 软件可靠性模型及应用[M]. 北京：清华大学出版社，广西科学技术出版社，1994.

[8] 黄锡滋. 软件可靠性、安全性与质量保证[M]. 北京：电子工业出版社，2002.

第 11 章　软件可靠性特性及度量参数模型

本章学习目标

本章介绍基于 ISO/IEC 25000 标准的软件可靠性参数体系，主要包括以下内容：

- 软件可靠性有哪些子特性
- 各子特性包含的度量参数
- 如何计算度量参数
- 软件可靠性度量参数模型的应用

11.1　基于 ISO/IEC 25010 标准的软件可靠性特性及度量参数模型

基于 ISO/IEC 25010 标准——系统和软件质量需求和评估(SQuaRE)之系统和软件质量模型，软件可靠性包括四个子特性：成熟性、可用性、容错性及易恢复性，每个子特性又包含若干度量参数，软件可靠性特性及度量参数模型如图 11.1 所示。

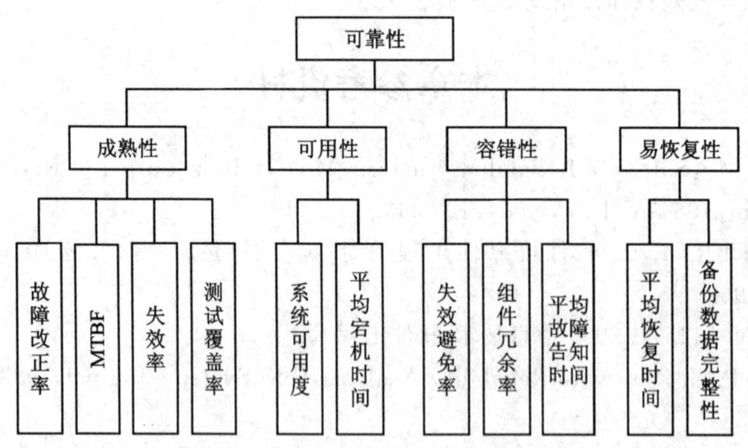

图 11.1　软件可靠性特性及度量参数模型

下面将对每一个特性及其度量参数进行介绍。

11.1.1　成熟性度量

成熟性度量用于评估一个系统、产品或组件在正常操作下满足可靠性需求的程度(见表 11.1)。

表 11.1　成熟性度量

名　称	描　述	度量函数
故障改正率	检测出的可靠性相关故障被改正的比例是多少？	X=A/B A=在设计、编码或测试中被纠正的可靠性相关故障数 B=在设计、编码或测试中被检测出的可靠性相关故障数
注释：不恰当的错误处理是一种可靠性相关故障		
平均失效间隔时间(MTBF)	在系统/软件运行中 MTBF 是多少？	X=A/B A=运行时间 B=系统/软件实际发生的失效数
注释 1：结果取值为 0 到无穷，一般来说，越大越好 注释 2：MTBF 本身可用来比较不同的系统或软件产品的可靠性		
失效率	在定义的一个时间段内，平均的失效数是多少？	X=A/B A=在观察期间检测出的失效数 B=观察持续的时间
注释 1：该度量使用的时间段会根据测试或运行目的的不同而不同，可以是使用时间或测试时间 注释 2：可靠性估计模型可以将此度量作为一个输入 注释 3：该度量的有效性取决于测试过程中测试用例的充分性，或系统使用的范围，比如：正常的、异常的或反常的用例		
测试覆盖率	包含在相关测试集中的系统或软件能力、操作场景或功能中，实际执行所占的百分比是多少？	X=A/B A=实际执行的系统或软件能力数、使用场景或功能数 B=在相关测试集中系统或软件能力、使用场景、功能数

11.1.2　可用性度量

可用性度量用于评估一个系统、产品、或组件按需使用时可用和可达的程度(见表 11.2)。

表 11.2　可用性度量

名　称	描　述	度量函数
系统可用度	在预定的系统使用时间内系统实际可用时间所占的比例是多少？	X=A/B A=实际提供的系统使用时间 B=在使用计划中规定的系统使用时间
注释：这个度量除了用常规的使用时间外，还可扩展到特殊的日子，比如假期和周末		
平均宕机时间	当失效发生时系统不可用的时间持续多久？	X=A/B A=总的宕机时间 B=观察到的宕机数
注释 1：结果取值为 0 到无穷，通常值越小越好 2：显然，可用性可以用系统、产品或组件可用状态时间占总时间的比例来评估。因此可用性是成熟度(控制失效的频率)、容错和可恢复性(控制失效后停机时间的长度)的综合结果		

11.1.3 容错性度量

容错性度量用于评估在出现硬件或软件失效的情况下，系统、产品、或组件仍能按计划使用的程度(见表11.3)。容错度量与在出现操作故障或者违反特定接口的情况下，系统或软件产品还能保持规定的性能水平的产品能力有关。

表11.3 容错性度量

名 称	描 述	度量函数
失效避免率	为避免关键严重失效而受到控制的故障模式的比例是多少？	X=A/B A=已避免的关键严重失效数(基于测试用例) B=测试中已执行的失效模式(几乎导致失效)相关的测试用例数
冗余组件比率	为避免系统失效放置的组件数所占的比例是多少？	X=A/B A=冗余的系统组件数 B=系统组件数
注释:例如，在很多安全关键系统中，为了提高系统可靠性，某些控制系统组成部分会冗余备份		
平均故障告知时间	系统报告发生故障的时间有多快？	$X=\sum_{i=1 \text{ to } n}(A_i-B_i)/n$ A_i=系统报告第 i 个故障的时间 B_i=第 i 个故障被检测出来的时间 N=检测到的故障数
注释:取值为0到无穷，通常越接近0越好		

11.1.4 可恢复性度量

可恢复性度量用于评估在中断或者失效的事件中，产品或者系统能恢复直接受影响的数据并且重建系统所需的状态的程度(见表11.4)。

表11.4 可恢复性测试

名 称	描 述	度量函数
平均恢复时间	系统或软件从失效状态恢复需要多久？	$X=\sum_{i=1 \text{ to } n}A_i/n$ A_i=对每一个失效 i，恢复停机的系统或软件且重新初始化操作所需要的总时间 n=失效总数
注释1:结果取值为0到无穷，通常取值越小越好 2:当该度量与一个目标阈值比较平均恢复时间时，能够被用于检验一致性，该阈值在由供需双方认可的需求中规定		
备份数据完整性	定期备份的数据项所占比例是多少？	X=A/B A=实际定期备份的数据项数量 B=用于错误恢复所需的数据项数量

11.2　软件可靠性特性及度量参数模型的应用

软件可靠性特性及度量参数模型可用于定义需求、确定度量参数、进行可靠性评估。可针对定义的可靠性子特性制定检查单，从而对软件可靠性的需求进行综合考虑，为估计开发所需的活动和工作量提供基础。在定义和评估软件产品可靠性时，模型中的可靠性子特性当做一个集合使用。

对于不同的软件产品选择所有的可靠性度量或子特性可能不必要且不切实际。选择哪些子特性和度量取决于产品的目标。应根据需要对模型进行剪裁，找出最重要的子特性和度量。

图 11.2 所示为软件可靠性需求是如何通过定义和分析过程获得的示意图。在定义过程中参考软件可靠性特性模型将利益相关者或用户的软件可靠性要求转换为利益相关者或用户的软件可靠性需求，接着在分析过程参考软件可靠性度量参数模型获得软件可靠性的度量需求。

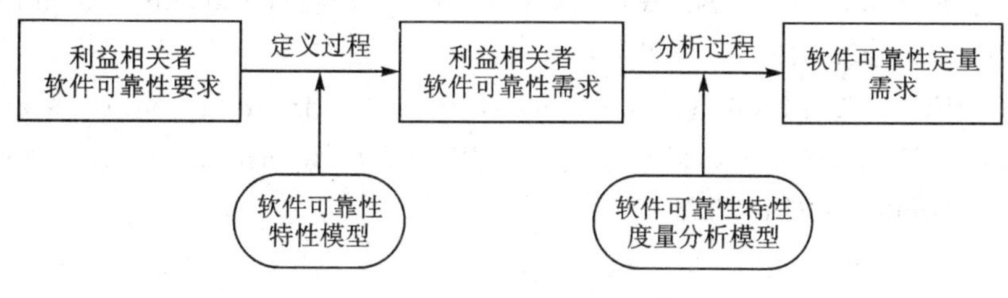

图 11.2　软件可靠性需求定义和分析

本章要点

① 按照 ISO/IEC25010 软件可靠性包括四个子特性：成熟性、可用性、容错性、可恢复性。

② 软件成熟性反映的是软件在正常操作下满足可靠性需求的程度，其度量可分为两类：

- 测试的充分性和故障纠正程度相关的度量：如测试覆盖率、可靠性相关故障的纠正率；
- 与失效时间相关的度量：如平均失效间隔时间 MTBF、失效率。

③ 软件可用性反映的是软件按需使用时可用和可达的程度，其度量可包括：可用度、平均宕机时间。

④ 软件容错性反映的是在出现硬件故障、软件故障或操作故障的情况下，软件仍能按计划使用的程度，其度量可包括：关键严重失效避免率、冗余组件比率、平均故障告知时间。

⑤ 软件可恢复性反映的是出现失效时，软件能恢复直接受影响的数据和重建系统所需状态的程度，其度量可包括：平均恢复时间、备份数据的完整性。

⑥ 软件可靠性特性和度量参数及其度量方法可用于指导软件可靠性定量需求的分析和评估。

本章习题

1. 按照 ISO/IEC25010，软件可靠性包含哪些子特性？并说明你的理解。
2. 请指出哪些度量参数是面向用户、用户使用中可感知的？
3. 请为以下软件选择相应的可靠性特性要求和度量参数及目标值，并说明理由：
① 网络游戏软件；
② 汽车刹车控制软件。

本章参考资料

[1] ISO/IEC25010：2011 Software and software engineering—Systmes and software Quality Requirements and Evalution（SWuaRE）—System and software quality models.

[2] ISO/IEC25030：2007 Software engineering—Software Quality Requirements and Evalution(SQuaRE)—Quality Requirements，2007.

[3] ISO/IEC 25023：2016 Software and software engineering—Systmes and software Quality Requirements and Evalution(SWuaRE)—Measurement of system and software product quality，2016.